Digitalisierung in der Aus- und Weiterbildung

Oliver Thomas · Dirk Metzger
Helmut Niegemann
(Hrsg.)

Digitalisierung in der Aus- und Weiterbildung

Virtual und Augmented
Reality für Industrie 4.0

Herausgeber
Oliver Thomas
Universität Osnabrück
Osnabrück, Deutschland

Helmut Niegemann
Universität des Saarlandes
Saarbrücken, Deutschland

Dirk Metzger
Universität Osnabrück
Osnabrück, Deutschland

ISBN 978-3-662-56550-6   ISBN 978-3-662-56551-3 (eBook)
https://doi.org/10.1007/978-3-662-56551-3

Die Deutsche Nationalbibliothek verzeichnet diese Publikation in der Deutschen Nationalbibliografie; detaillierte bibliografische Daten sind im Internet über http://dnb.d-nb.de abrufbar.

Springer Gabler
© Springer-Verlag GmbH Deutschland 2018
Das Werk einschließlich aller seiner Teile ist urheberrechtlich geschützt. Jede Verwertung, die nicht ausdrücklich vom Urheberrechtsgesetz zugelassen ist, bedarf der vorherigen Zustimmung des Verlags. Das gilt insbesondere für Vervielfältigungen, Bearbeitungen, Übersetzungen, Mikroverfilmungen und die Einspeicherung und Verarbeitung in elektronischen Systemen.
Die Wiedergabe von Gebrauchsnamen, Handelsnamen, Warenbezeichnungen usw. in diesem Werk berechtigt auch ohne besondere Kennzeichnung nicht zu der Annahme, dass solche Namen im Sinne der Warenzeichen- und Markenschutz-Gesetzgebung als frei zu betrachten wären und daher von jedermann benutzt werden dürften.
Der Verlag, die Autoren und die Herausgeber gehen davon aus, dass die Angaben und Informationen in diesem Werk zum Zeitpunkt der Veröffentlichung vollständig und korrekt sind. Weder der Verlag noch die Autoren oder die Herausgeber übernehmen, ausdrücklich oder implizit, Gewähr für den Inhalt des Werkes, etwaige Fehler oder Äußerungen. Der Verlag bleibt im Hinblick auf geografische Zuordnungen und Gebietsbezeichnungen in veröffentlichten Karten und Institutionsadressen neutral.

Lektorat: Susanne Kramer

Gedruckt auf säurefreiem und chlorfrei gebleichtem Papier

Springer Gabler ist ein Imprint der eingetragenen Gesellschaft Springer-Verlag GmbH, DE und ist ein Teil von Springer Nature
Die Anschrift der Gesellschaft ist: Heidelberger Platz 3, 14197 Berlin, Germany

Vorwort

Das Wissen und die Kompetenzen der Menschen sind nicht nur in der Produktion, sondern insb. auch im Bereich von Dienstleistungen kritische Erfolgsfaktoren der Unternehmen. Daher ist auch die Aus- und Weiterbildung von Mitarbeitern essentiell. Die fortwährende Digitalisierung durch mobile und tragbare Informationssysteme bietet in diesem Zusammenhang neue Chancen für die Aus- und Weiterbildung und ermöglicht eine bis dato nicht erreichte Form des Zugangs zu Lerninhalten – unabhängig von räumlichen, zeitlichen und individuellen Gegebenheiten.

Im Rahmen des Forschungsprojekts GLASSROOM,[1] vom Bundesministerium für Bildung und Forschung (BMBF) in der Förderlinie *Digitale Medien in der beruflichen Bildung (DIMEBB)* gefördert (Förderkennzeichen: 01PD14014A), wurde ein bedarfsorientiertes Bildungskonzept entwickelt, das die Potenziale von Virtual Reality (VR) und Augmented Reality (AR) im Verbund mit neuen digitalen Medien für die berufliche Bildung im Bereich des Maschinen- und Anlagenbaus unterstützt. Das Projektakronym lautet GLASSROOM, um durch die orthographische Nähe zum Klassenraum (engl.: classroom) die Verbindung der VR-/AR-Brillen (engl.: glasses) mit digitalen Lerninhalten zu betonen. Die entstandene „hybride" Aus- und Weiterbildung besteht aus zwei Konzepten: der Schulung von Mitarbeitern in der virtuellen Realität und der Unterstützung der Mitarbeiter während der Ausführung ihrer Tätigkeiten in der erweiterten Realität.

Die *virtuelle Realität* bietet dabei eine Lernumgebung, um z.B. Maschinen und Anlagen zu simulieren sowie Aus- und Weiterbildungsprozesse an diesen virtuell durchführen zu können. Dabei werden die zu bearbeitenden Prozesse den Lernenden Schritt für Schritt erläutert, sodass diese über Einblendungen durch das Lernszenario geführt werden. Die Repräsentation der Maschinen und Anlagen kann über die Nutzung von Konstruktionsdaten realisiert werden. Meist liegen diese in Unternehmen bereits vor, da sie für die Konstruktion und Fertigung von Maschinen und Anlagen benötigt werden. Da es sich dabei um Daten zur Abbildung der 3D-Komponenten handelt, werden diese transformiert und in die virtuelle Realität geladen, um so ein konstruktionsgetreues Abbild der Maschine bzw. Anlage zu erreichen. Diese werden angereichert durch die eigentlichen Abläufe der jeweiligen Dienstleistung, basierend auf bestehenden Prozessmodellen. Die Prozessmodelle werden ebenfalls in die virtuelle Lernumgebung geladen und als Hinweise für den

---

[1] Das Akronym GLASSROOM steht für „Kompetenzaufbau, -entwicklung und -definition in virtuellen Lebenswelten des Maschinen- und Anlagenbaus".

Nutzer angezeigt. Auf diese Weise werden das ablauforientierte Anleiten des Lernenden und interaktive Schulungen ermöglicht. Technisch gesehen wird in der virtuellen Lernumgebung auf VR-Brillen (z. B. Oculus Rift) aufgesetzt. In Kombination mit Körperbewegungserfassungskomponenten (Microsoft Kinect bzw. Leap Motion) wird eine vollständige Interaktion mit virtuellen Objekten ermöglicht.

Um darüber hinaus die Mitarbeiter in ihrer Ausführung zu unterstützen, wird in der *erweiterten Realität* auf identische Weise die Unterstützung und Führung durch den Aus- und Weiterbildungsprozess realisiert. Dabei wird auf Basis einer erweiterten Realitätsbrille dem Dienstleistungserbringer der Ablauf zur Durchführung des Serviceprozesses angezeigt und dieser damit durch den Prozess geführt. Aus didaktischen Gründen werden dabei die identischen grafischen Darstellungen wie in der virtuellen Realität wiederverwendet. Dadurch ist es für den Lernenden besonders einfach, die Übertragung aus der virtuellen Lernumgebung in die erweiterte Realität zu vollziehen; die Erinnerung an das virtuelle Lernszenario, in welchem der Lernende den Ablauf erlernt hat, wird bewusst stimuliert. Technisch gesehen werden in der erweiterten Unterstützungsumgebung Augmented-Reality-Brillen (Meta One) oder Smart Glasses (Google Glass oder Vuzix M100) eingesetzt, um zusätzliche Informationen vor Ort einblenden zu können.

GLASSROOM vereint mit diesem Ansatz verschiedene Vorteile: (1) Zunächst ist es möglich, dem Lernenden praktische Aus- und Weiterbildungstätigkeiten zu vermitteln, welche über die Vermittlung von theoretischen Grundlagen hinausgehen. (2) Darüber hinaus werden die Lehrenden entlastet, da diese die Schulungen nur einmalig für die Lernumgebung aufbereiten müssen. Dies ist insb. in der betrieblichen Weiterbildung relevant, um die erfahrenen Mitarbeiter somit zu entlasten. (3) Insgesamt ist ein kostengünstiger Einsatz in Unternehmen jeder Größe möglich, da die Hardwarekomponenten auf Basis aktueller Endgeräte aus dem Bereich der Endkunden stammen. (4) Damit das Gesamtsystem den bestmöglichen Erfolg erzielen kann, wird auf didaktische Gegebenheiten und Vorgaben Rücksicht genommen, sodass das System eine punktgenaue Unterstützung für individuelles Lernen leistet. Dies wird durch unterschiedliche, aufeinander aufbauende Lernszenarien realisiert, welche je nach Erfahrungsstand des Mitarbeiters an unterschiedlichen Stellen begonen werden können. Damit können Dienstleistungserbringer mit unterschiedlichen Vorerfahrungen adäquat eingebunden werden.

Das Projekt GLASSROOM wurde 2014-2017 in Kooperation der Universität Osnabrück, der Universität des Saarlandes, des Fraunhofer-Instituts für Arbeitswirtschaft und Organisation, der IMC AG und den beiden Anwendungspartnern AMAZONEN-Werke H. Dreyer GmbH & Co. KG und Alfred Becker GmbH durchgeführt. Darüber hinaus waren lokale Bildungseinrichtungen wie Berufs- und Meisterschulen als assoziierte Partner mit eingebunden.

Der vorliegende Herausgeberband *Digitalisierung in der Aus- und Weiterbildung – Virtual und Augmented Reality für Industrie 4.0* fasst die Ergebnisse des Forschungsprojekts GLASSROOM zusammen und gibt zugleich einen Überblick über die Gestaltung von AR- und VR-Applikationen für die Aus- und Weiterbildung. Es werden sowohl aktuelle Problemstellungen und Lösungsansätze als auch zukünftige Entwicklungsperspektiven betrachtet. Die einzelnen Kapitel fokussieren einerseits die Entwicklung und anderseits die Anwendung mobiler und tragbarer Assistenzsysteme. Der Aufbau des Herausgeberbandes folgt einer Fünfteilung des Gegenstandsbereichs.

Im ersten Teil des Bandes *Grundlagen, Anwendungsszenarien und Technologien* stellen Oliver Thomas, Dirk Metzger, Helmut Niegemann, Markus Welk und Thomas Becker die zentrale GLASSROOM-Fallstudie und den Projekthintergrund vor. Benedikt Zobel, Sebastian Werning, Lisa Berkemeier und Oliver Thomas erweitern das Blickfeld durch einen State-of-the-Art-Vergleich von Augmented- und Virtual-Reality-Technologien zur Digitalisierung der Aus- und Weiterbildung. Lisa Niegemann und Helmut Niegemann greifen diese technischen Grundlagen auf und untersuchen die Potenziale und Hemmnisse von AR- und VR-Medien zur Unterstützung der Aus- und Weiterbildung im technischen Service.

Im zweiten Teil *Methoden und Modelle* widmen sich Dirk Metzger, Christina Niemöller und Oliver Thomas der Konstruktion und Anwendung der Entwicklungsmethodik für Service-Unterstützungssysteme, die im Rahmen des GLASSROOM-Projekts eingesetzt wurde. Die Modellierung technischer Serviceprozesse zur Digitalisierung der Aus- und Weiterbildung wird von Simon Schwantzer und Sven Jannaber thematisiert. Mit dem Design darauf aufbauender digitaler Aus- und Weiterbildungsszenarien befassen sich Helmut Niegemann und Lisa Niegemann.

Im Rahmen des dritten Teils *Konzeption und Implementierung* werden die beiden zentralen in GLASSROOM entwickelten Informationssysteme vorgestellt. Simon Schwantzer übernimmt diese Aufgabe für das Smart-Glasses-basierte Informationssystem (Augmented Reality) und Matthias Bues, Tobias Schultze und Benjamin Wingert präsentieren die entsprechende Lernumgebung für die virtuelle Realität (Virtual Reality).

Der vierte Teil *Erstellung digitaler Lerninhalte und Evaluation* erweitert die vorhergehenden Untersuchungen. Sven Jannaber, Lisa Berkemeier, Dirk Metzger, Christina Niemöller, Lukas Brenning und Oliver Thomas erläutern, wie Smart Glasses als Autorenwerkzeug zur Erstellung digitaler Aus- und Weiterbildungsinhalte verwendet werden können. Die Evaluation der im GLASSROOM-Projekt implementierten Systeme erfolgt anschließend zweigeteilt, einerseits für die Akzeptanz von Smart Glasses für die Aus- und Weiterbildung von Lisa Berkemeier, Christina Niemöller, Dirk Metzger und Oliver Thomas und andererseits für die Evaluation digitaler Aus- und Weiterbildung im virtuellen Raum von Tobias Schultze und Matthias Bues.

Im fünften und letzten Teil *Kooperations- und Geschäftsmodelle* analysieren und gestalten Christina Niemöller, Tim Schomaker und Oliver Thomas Geschäftsmodelle im Rahmen des Einsatzes von Smart Glasses in Unternehmen. Die in GLASSROOM verwendeten Produktivitätsmess- und -bewertungsmodelle für komplexe IT-gestützte Dienstleistungen werden von Jennifer Braesch, Christina Niemöller und Oliver Thomas aufgearbeitet. Der Herausgeberband schließt mit einem Beitrag von Friedemann Kammler, Lisa Berkemeier, Novica Zarvić, Benedikt Zobel und Oliver Thomas zur Branchenübertragbarkeit und Cross Innovation von Smart Glasses Applications.

Insgesamt haben die Diskussionen während der Laufzeit des Forschungsprojekts GLASSROOM und bei der Zusammenstellung der einzelnen Beiträge dieses Bandes verdeutlicht, dass das Themengebiet *Digitale Medien in der beruflichen Bildung* stärker als bisher eine interdisziplinäre Ausrichtung und eine Auseinandersetzung mit fachübergreifenden Vorgehensweisen, Paradigmen und Methoden erfordert. Die Ziele des Projekts konnten nur durch eine Kombination der umfangreichen Erfahrungen der Projektpartner in den Bereichen der Aus- und Weiterbildung, der Bildungstechnologie, der neuen Medien (insb. AR und VR) sowie der Anwendungsdomäne technischer Kundendienst erreicht werden. Wir hoffen, dass der Herausgeberband in diesem Sinne zur Digitalisierung der Aus- und Weiterbildung einen nachhaltigen Beitrag leistet.

Osnabrück und Saarbrücken, im Sommer 2017
                                          Oliver Thomas
                                                                       Dirk Metzger
                                                                Helmut Niegemann

Inhaltsübersicht

Teil I: Grundlagen, Anwendungsszenarien und Technologien 1

GLASSROOM – Kompetenzaufbau und -entwicklung
in virtuellen Lebenswelten
*Oliver Thomas, Dirk Metzger, Helmut Niegemann, Markus Welk
und Thomas Becker* 2

Augmented- und Virtual-Reality-Technologien zur Digitalisierung
der Aus- und Weiterbildung – Überblick, Klassifikation und Vergleich
Benedikt Zobel, Sebastian Werning, Lisa Berkemeier und Oliver Thomas 20

Potenziale und Hemmnisse von AR- und VR-Medien zur Unterstützung
der Aus- und Weiterbildung im technischen Service
Lisa Niegemann und Helmut Niegemann 35

Teil II: Methoden und Modelle 49

Konstruktion und Anwendung einer Entwicklungsmethodik
für Service-Unterstützungssysteme
Dirk Metzger, Christina Niemöller und Oliver Thomas 50

Modellierung technischer Serviceprozesse zur Digitalisierung
der Aus- und Weiterbildung
Simon Schwantzer und Sven Jannaber 64

Design digitaler Aus- und Weiterbildungsszenarien
Helmut Niegemann und Lisa Niegemann 75

Teil III: Konzeption und Implementierung 93

Konzeption und Implementierung eines Smart-Glasses-basierten
Informationssystems für technische Dienstleistungen
Simon Schwantzer 94

Konzeption und Implementierung einer VR-Lernumgebung
für technische Dienstleistungen
Matthias Bues, Tobias Schultze und Benjamin Wingert 113

Teil IV: Erstellung digitaler Lerninhalte und Evaluation.......................... 125

Smart Glasses als Autorenwerkzeug zur Erstellung digitaler
Aus- und Weiterbildungsinhalte
*Sven Jannaber, Lisa Berkemeier, Dirk Metzger, Christina Niemöller, Lukas
Brenning und Oliver Thomas* 126

Akzeptanz von Smart Glasses für die Aus- und Weiterbildung
Lisa Berkemeier, Christina Niemöller, Dirk Metzger und Oliver Thomas 143

Evaluation digitaler Aus- und Weiterbildung im virtuellen Raum
Tobias Schultze und Matthias Bues 157

Teil V: Kooperations- und Geschäftsmodelle.. 169

Einsatz von Smart Glasses in Unternehmen – Analyse und Gestaltung
von Geschäftsmodellen
Christina Niemöller, Tim Schomaker und Oliver Thomas 170

Produktivitätsmessung und -bewertung komplexer
IT-gestützter Dienstleistungen
Jennifer Braesch, Christina Niemöller und Oliver Thomas............................. 182

Smart Glasses Applications – Branchenübertragbarkeit und Cross Innovation
*Friedemann Kammler, Lisa Berkemeier, Novica Zarvić, Benedikt Zobel und
Oliver Thomas* 211

Inhaltsverzeichnis

Teil I: Grundlagen, Anwendungsszenarien und Technologien 1

GLASSROOM – Kompetenzaufbau und -entwicklung in virtuellen Lebenswelten
Oliver Thomas, Dirk Metzger, Helmut Niegemann, Markus Welk und Thomas Becker 2

1 Aus- und Weiterbildung im digitalen Wandel 2
2 Bedarfe und Mehrwert digitaler Medien 3
3 GLASSROOM – Konzeption und Zielsetzung 5
   3.1 Technische Ziele 5
      3.1.1 Kompetenzaufbau in der virtuellen Realität 5
      3.1.2 Kompetenzentwicklung in der erweiterten Realität 6
      3.1.3 Zusammenspiel der Realitäten 7
   3.2 Didaktische Ziele 8
   3.3 Anwendungsziele 10
4 Umfeldanalyse und Abgrenzung 12
   4.1 Stand der Technik 12
   4.2 Stand der Praxis 13
   4.3 Stand der Wissenschaft 15
5 Zusammenfassung und Entwicklungsperspektiven 16
6 Literatur 17

Augmented- und Virtual-Reality-Technologien zur Digitalisierung der Aus- und Weiterbildung – Überblick, Klassifikation und Vergleich
Benedikt Zobel, Sebastian Werning, Lisa Berkemeier und Oliver Thomas 20

1 Einführung 20
2 Anwendungsdomäne technischer Kundendienst 21
3 Entwicklungsstand 22
   3.1 State-of-the-Art von Virtual Reality 22
      3.1.1 Full-Feature-Endgeräte 23
      3.1.2 Mobile- und Low-Budget-Endgeräte 24
      3.1.3 Mixed Reality 25
   3.2 State-of-the-Art von Augmented Reality 25
      3.2.1 Unterstützte Realität 25

　　　　3.2.2 „Echte" erweiterte Realität 26
4 Klassifikation 27
　　4.1 Untersuchungskriterien und Klassifikationskategorien 27
　　4.2 Virtual Reality 28
　　4.3 Augmented Reality 30
　　4.4 Vergleich 31
5 Fazit und Ausblick 32
6 Literatur 33

Potenziale und Hemmnisse von AR- und VR-Medien zur Unterstützung der Aus- und Weiterbildung im technischen Service
Lisa Niegemann und Helmut Niegemann 35

1 Besonderheiten der Aus- und Weiterbildung im Bereich technischer
　　Kundendienstleistungen 35
2 Einsatz der AR-Technik in der Aus- und Weiterbildung bei Klima Becker 36
　　2.1 Aus- und Weiterbildung bisher 36
　　2.2 Erfahrungen mit der AR-Brille 38
　　2.3 VR-System 40
3 Weiterbildung mit AR- und VR-Technik bei den Amazonenwerken 40
　　3.1 Einsatz digitaler Medien in Aus- und Weiterbildung 41
　　3.2 AR-Brille 41
　　3.3 VR-System 43
4 Zusammenfassung der Befragungen 44
　　4.1 Einsatz von AR- und VR-Technik bei Klima Becker 44
　　4.2 Einsatz von AR- und VR-Technik bei Amazonenwerke 45
5 Gelingensbedingungen des Einsatzes von AR- und VR-Technologie
　　in der Aus- und Weiterbildung 46
　　5.1 Einsatzmöglichkeiten 46
　　5.2 Qualitätsanforderungen an die Systeme 47
　　5.3 Qualifizierung der Fachkräfte für die Aus- und Weiterbildung 47
6 Literatur 48

Teil II: Methoden und Modelle 49

Konstruktion und Anwendung einer Entwicklungsmethodik für Service-Unterstützungssysteme
Dirk Metzger, Christina Niemöller und Oliver Thomas 50

1 Einleitung 50
2 Konstrukte 52
　　2.1 Anwendungsspezifische Konstrukte 53
　　2.2 Methodenspezifische Konstrukte 53
　　2.3 Ausgabespezifische Konstrukte 53
　　2.4 Integrierte Konstruktion eines Service-Unterstützungssystems 54

3	Entwurf der Engineering-Methode 54
	3.1 Product-Service-Systems-Engineering-Schritte 55
	3.2 Schritte der Wissensbrücke 56
	3.3 Information-Systems-Engineering-Schritte 59
4	Fazit und Ausblick 60
5	Literatur 61

Modellierung technischer Serviceprozesse zur Digitalisierung der Aus- und Weiterbildung
Simon Schwantzer und Sven Jannaber **64**

1	Einleitung 64
	1.1 Beschreibung von Serviceprozessen 64
	1.2 Digitalisierung von Serviceprozessen 65
	1.3 Serviceprozesse als Grundlage für die digitale Unterstützung ... 66
2	Modellierung von Serviceprozessen mit BPMN 66
	2.1 Prozessdiagramme in BPMN 67
	2.2 Technische Repräsentation von BPMN 70
3	Erweiterung zur digitalen Unterstützung 70
	3.1 Metainformationen und Internationalisierung 71
	3.2 Inhalte in GLASSROOM und Zusammenspiel mit Prozessen ... 71
	3.3 Modellierung der Unterstützungsinformationen 72
	3.4 Verknüpfung von Serviceprozess und VR-System 73
4	Zusammenfassung und Ausblick 74

Design digitaler Aus- und Weiterbildungsszenarien
Helmut Niegemann und Lisa Niegemann **75**

1	Instructional Design 75
	1.1 Was ist Instruktionsdesign? 75
	1.2 Gagnés Ansatz 75
	1.3 Interne und externe Lernbedingungen 76
2	Instruktionsdesignmodelle 76
	2.1 Vier-Komponenten-Modell für komplexes Lernen 77
	2.2 Klauers Lehrfunktionen 77
3	Ein Rahmenmodell: DO ID 78
	3.1 Didaktische Entscheidungen 78
	3.2 Qualitätssicherung: Ziele, Projektmanagement und Evaluation . 79
	3.3 Analysen 79
	3.4 Entscheidungsfelder 80
4	Didaktische Entwurfsmuster 85
5	Ein Assistenzsystem für Praktiker 86
6	Fazit und Ausblick 88
7	Literatur 89

Teil III: Konzeption und Implementierung 93

Konzeption und Implementierung eines Smart-Glasses-basierten Informationssystems für technische Dienstleistungen
Simon Schwantzer 94
1 Einführung 94
2 Technische Rahmenbedingungen und User Experience für Smart Glasses 95
   2.1 Technische Rahmenbedingungen 95
   2.2 Möglichkeiten und Grenzen von Smart Glasses 96
   2.3 Richtlinien zum UX Design für Smart Glasses 96
3 Basistechnologien und Frameworks 98
4 Prozessaufnahme mit dem GLASSROOM Recording Tool 100
   4.1 Rapid Authoring vs. Modellierung 101
   4.2 Aufnahmefunktionen 101
   4.3 Erstellung von Anleitungen 102
   4.4 Erfassung eines Schrittes 102
   4.5 Ergänzung und Löschung von Anleitungen 104
5 Unterstützung mit dem GLASSROOM Support Tool 104
   5.1 Auswahl einer Anleitung 105
   5.2 Anzeige einer Anleitung 105
6 Prozess- und Inhaltsverwaltung mit dem GLASSROOM Manager 106
   6.1 Anforderungen und Konzept 107
   6.2 Installation und Konfiguration 108
   6.3 Anlegen und Bearbeiten von Anleitungen 108
   6.4 Bearbeitung der Unterstützungsinformationen 109
   6.5 Synchronisation und Distribution 110
7 Zusammenfassung und Ausblick 111
8 Literatur 112

Konzeption und Implementierung einer VR-Lernumgebung für technische Dienstleistungen
Matthias Bues, Tobias Schultze und Benjamin Wingert 113
1 Einleitung und Problemstellung 113
2 Eingesetzte VR-Technik 114
   2.1 VR-Hardware 114
   2.2 VR-Softwareplattform 116
3 Nutzerzentrierung 117
4 Prozessintegration 120
5 Datenintegration 120
6 Erstellung der VR-Lerninhalte 121
7 Zusammenfassung und Ausblick 122
8 Literatur 122

Teil IV: Erstellung digitaler Lerninhalte und Evaluation 125

Smart Glasses als Autorenwerkzeug zur Erstellung digitaler Aus- und Weiterbildungsinhalte
Sven Jannaber, Lisa Berkemeier, Dirk Metzger, Christina Niemöller, Lukas Brenning und Oliver Thomas 126

1 Motivation 126
2 Charakterisierung technischer Dienstleistungsprozesse und Implikationen für die Modellierung 128
3 Methode 130
4 Anforderungen für die Modellierung technischer Dienstleistungsprozesse.... 130
    4.1 Immaterialität 131
    4.2 Integrativität 131
    4.3 Modularisierbarkeit 132
5 Laufzeitmodellierung mit Smart Glasses 132
    5.1 Sprachendefinition 132
    5.2 Prozessmuster 135
    5.3 Implementierung 135
    5.4 Architektur 137
6 Demonstrationsbeispiel 138
7 Zusammenfassung und Ausblick 140
8 Literatur 141

Akzeptanz von Smart Glasses für die Aus- und Weiterbildung
Lisa Berkemeier, Christina Niemöller, Dirk Metzger und Oliver Thomas 143

1 Einleitung 143
2 Nutzerakzeptanz im betrieblichen Kontext 145
    2.1 Akzeptanzbegriff 145
    2.2 Technology Acceptance Model 147
3 Durchführung der Akzeptanzstudie 148
    3.1 Szenario 148
    3.2 Prototyp 148
    3.3 Fragebogen zum Technology Acceptance Model 149
    3.4 Beschaffenheit der Stichprobe 149
4 Auswertung des Fragebogens 150
    4.1 Ergebnisse 150
    4.2 Korrelationen 152
    4.3 Implikationen 153
5 Diskussion 154
6 Ausblick 154
7 Literatur 155

Evaluation digitaler Aus- und Weiterbildung im virtuellen Raum
Tobias Schultze und Matthias Bues 157

1 Einleitung.. 157
2 Evaluation auf der Agritechnica 158
   2.1 Zielsetzung der Evaluation.. 159
   2.2 Technische Voraussetzungen 159
   2.3 Wahl des Lehrinhaltes und der Aufgabe 160
   2.4 Erhebung der Daten 163
   2.5 Ergebnisse... 163
3 Evaluation mit Fachpersonal 165
   3.1 Ziel der Evaluation 165
   3.2 Technische Voraussetzungen 166
   3.3 Wahl des Lehrinhaltes und der Aufgabe 166
   3.4 Erhebung der Daten und Ergebnisse... 167
4 Fazit und Ausblick.. 167
5 Literatur 167

Teil V: Kooperations- und Geschäftsmodelle.. 169

Einsatz von Smart Glasses in Unternehmen – Analyse und Gestaltung von Geschäftsmodellen
Christina Niemöller, Tim Schomaker und Oliver Thomas 170

1 Einleitung.. 170
2 Klassifikation von Geschäftsmodellen.. 171
   2.1 Definition und Eingrenzung.. 171
   2.2 Dimensionen zur Beschreibung von Geschäftsmodellen 172
3 Einfluss von Datenbrillen auf die Klassifikationskriterien eines Geschäftsmodells... 175
   3.1 Nutzen- und Wertangebot 175
   3.2 Zielkunden 176
   3.3 Kundenbeziehung.. 176
   3.4 Vertriebskanäle.. 176
   3.5 Wertkonfiguration und Kernkompetenzen 177
   3.6 Partnernetzwerk.. 178
   3.7 Erlösmodell... 178
   3.8 Kostenmodell 179
4 Fazit und Ausblick.. 179
5 Literatur 180

Produktivitätsmessung und -bewertung komplexer IT-gestützter Dienstleistungen
Jennifer Braesch, Christina Niemöller und Oliver Thomas 182

1 Einleitung 182
2 Produktivitätsmodelle für Dienstleistungen 183
    2.1 Produktivitätsbegriff 183
    2.2 Konzepte zur Messung von Dienstleistungsproduktivität 184
    2.3 State-of-the-Art der Produktivitätsmessung mobiler Assistenzsysteme.. 189
3 Vorgehensmodell zur Konstruktion eines Kennzahlenmodells
   für komplexe Dienstleistungen 190
4 Konstruktion eines Kennzahlenmodells für komplexe Dienstleistungen 191
    4.1 Problemdefinition der Produktivitätsmessung von Dienstleistungen 191
    4.2 Analyse bestehender Messmodelle zur Produktivitätsmessung
        von Dienstleistungen 192
    4.3 Entwicklungsstrategie 194
    4.4 Theoretische Entwicklung eines Kennzahlenmodells zur
        Produktivitätsmessung komplexer IT-gestützter Dienstleistungen 195
    4.5 Spezifisches Kennzahlenmodell mit Ausprägungen
        des Maschinen- und Anlagenbaus 201
    4.6 Generisches Kennzahlenmodell 204
5 Diskussion und Fazit 206
6 Literatur 207

Smart Glasses Applications – Branchenübertragbarkeit und Cross Innovation
Friedemann Kammler, Lisa Berkemeier, Novica Zarvić, Benedikt Zobel und Oliver Thomas 211

1 Einleitung 211
2 Klassifikation von Adaptionsszenarien 213
3 Transferszenarien 214
    3.1 Reine Adaption 214
    3.2 Funktionale Erweiterung 215
    3.3 Kontexttransfer 216
    3.4 Cross-sektorale Innovation 217
4 Cooperative Cross Innovation als Treiber des innovativen
   Technologieeinsatzes 218
5 Auswahl geeigneter Innovationsstrategien 220
6 Fazit 221
7 Literatur 222

Autorenverzeichnis 223

Teil I:
Grundlagen, Anwendungs-
szenarien und Technologien

GLASSROOM – Kompetenzaufbau und -entwicklung in virtuellen Lebenswelten

Oliver Thomas, Dirk Metzger, Helmut Niegemann, Markus Welk und Thomas Becker

Ziel von GLASSROOM ist es, ein bedarfsorientiertes Bildungskonzept zu entwickeln, das die Potenziale der virtuellen und erweiterten Realitätsbrillen (VR-/AR-Brillen) im Verbund mit neuen digitalen Medien für die berufliche Bildung im Bereich des Maschinen- und Anlagenbaus unterstützt. Die zentrale These ist, dass durch eine modernere Gestaltung der beruflichen Bildung den Herausforderungen aus dem Bereich der technischen Kundendienstleistungen wirkungsvoll begegnet werden kann. Zu diesen Herausforderungen gehören insb. komplexe Produkte, hohe Fehlerfolgekosten und kurze Innovationszyklen. Die besondere Innovation von GLASSROOM liegt in der Verwendung von VR-/AR-Brillen aus dem Privatkundensektor, welche sich aktuell als „Wohnzimmertechnik" manifestieren. Aufgrund der geringen Anschaffungskosten und der hohen Potenziale von virtuellen Technologien in der Bildung ist von einer breiten Anwendbarkeit des GLASSROOM-Ansatzes auszugehen. Mit GLASSROOM wird eine bis dato nicht erreichte Form des Zugangs zu Lerninhalten geschaffen, der zudem unabhängig von räumlichen, zeitlichen und individuellen Gegebenheiten erreichbar ist. Das Projektakronym lautet GLASSROOM, um durch die orthographische Nähe zum Klassenraum (engl.: classroom) die Verbindung der VR-/AR-Brillen (engl.: glasses) mit digitalen Lerninhalten zu betonen.

1 Aus- und Weiterbildung im digitalen Wandel

Der demographische Wandel erfordert eine kontinuierliche berufliche Aus- und Weiterbildung. Zum einen wird die Rekrutierung hochqualifizierter Fach- und Führungskräfte durch demographische Veränderungen in Zukunft zwangsläufig schwieriger. Zum anderen birgt die demographische Entwicklung neue Herausforderungen, da die Mitarbeiter vom Schulabgang bis zum Rentenalter mit dem aktuellen Stand der Technik, gerade im komplexen Maschinen- und Anlagenbau, Schritt halten müssen.

Um dieser Situation gerecht zu werden, ist das lebenslange Lernen unumgänglich. Die Unternehmen benötigen Mitarbeiter, die über das erfolgskritische Wissen

© Springer-Verlag GmbH Deutschland 2018
O. Thomas et al. (Hrsg.), *Digitalisierung in der Aus- und Weiterbildung*,
https://doi.org/10.1007/978-3-662-56551-3_1

und die erfolgskritischen Kompetenzen verfügen und bereit sind, diese kontinuierlich weiterzuentwickeln (Rump & Eilers 2013).

Zu erfolgskritischen Qualifikationen zählen dabei in der größten deutschen Industriebranche, dem Maschinen- und Anlagenbau, zunehmend auch Kompetenzen im Dienstleistungsbereich wie der Wartung und der Reparatur. Die Differenzierung im Wettbewerb gelingt nicht mehr allein anhand des physischen Produkts, sodass eine Hybridisierung der Wertschöpfung nötig ist (Schlicker et al. 2010). Ein hoher Anteil des Ertrags wird durch den After-Sales-Bereich generiert, zu dem die Wartung und Reparatur zählen (Blinn et al. 2010).

Die berufliche Bildung ist als zentrales Werkzeug für die Weiterentwicklung der Mitarbeiterkompetenzen zu verstehen. Eine besondere Herausforderung ist dabei die Überwindung technologischer Hürden, wobei ein selbstverständlicher Umgang mit IT innerhalb der Lebenswelt der Mitarbeiter erforderlich ist. Darüber hinaus gehört ebenso die für Bildung förderliche Implikation von Fehlern zum Lernprozess dazu (Kapur 2008). Problematisch sind jedoch Fehler, die während der Arbeit an realen Objekten gemacht werden, insb. bedingt durch den Trend zu komplexeren und kostenaufwändigeren Produkten.

Produkte und Dienstleistungen wandeln sich in zunehmenden Maße, sodass die Aus- und Weiterbildung der jeweiligen Anbieter sich diesem Tempo anpassen muss. Innovationszyklen werden immer kürzer, da im Wettbewerb – mit seiner steigenden Dynamik – kontinuierlich neue Produktmodelle entwickelt werden (Russwurm 2013). Insgesamt führt dies dazu, dass immer komplexer werdende Sachverhalte in kürzerer Zeit von Mitarbeitern verstanden werden müssen. Dazu können neue digitale Medien eingesetzt werden, um die klassische Weiterbildung anhand der genannten Anforderungen *Komplexität der Produkte*, *Kostspieligkeit von Fehlern* und *Schnelllebigkeit der Entwicklungszyklen* zu erweitern.

2 Bedarfe und Mehrwert digitaler Medien

Gerade im Maschinen- und Anlagenbau sind die Produkte, gegeben durch ihre Komplexität und Größe, sehr aufwändig und teuer. Die Ausbildung neuer Mitarbeiter am Objekt ist zum Teil nicht oder nur eingeschränkt möglich. Die Situation bei vielen mittelständischen Unternehmen spiegelt dies wider. Obwohl zum Teil Weiterbildungsmaßnahmen intensiv überarbeitet und um E-Learning-Unterstützung erweitert werden, sind nicht immer alle Produkte abgedeckt. Teilweise sind die Produkte aus technischer Sicht derart komplex, dass kaum Schulungen für neue Mitarbeiter dafür durchgeführt werden und somit nur einzelne erfahrene Mitarbeiter das jeweilige Produkt warten und reparieren können. Vor allem im Falle großer Exportanteile können die After-Sales-Dienstleistungen durch die häufig wenigen spezialisierten Mitarbeiter nicht vollständig abgedeckt werden. Es ist somit zwingend notwendig, eine Aus- und Weiterbildungsmöglichkeit zu konzipieren, die es den Mitarbeitern ermöglicht, auch die Arbeit an komplexen Objekten zu erlernen.

Eine idealtypische Technologie, welche entsprechende Aus- und Weiterbildungsprozesse adäquat unterstützen kann, ist die der tragbaren Informationssysteme, die vor allem in Kombination mit Augmented- und Virtual-Reality-Anwendungen (kurz: AR bzw. VR) aktuell in den Markt drängen. Der weltweite Absatz für die Wearable Devices wird im Jahre 2020 auf über 200 Mio. Geräte jährlich geschätzt (IDC 2016). VR-Technologien ermöglichen dem Nutzer das Erleben und Interagieren mit einer virtuellen Realität. AR bedeutet das zusätzliche Einblenden von Informationen oder anderen Elementen bspw. direkt in das Sichtfeld des Benutzers, während dieser, im Unterschied zur VR, weiterhin die echte Realität wahrnehmen kann. Bei der sog. Mixed Reality erfolgt eine Vermischung von realer Umgebung und virtueller Realität.

Der Mehrwert der AR- und VR-Technologien besteht in der zeitlichen und räumlichen Flexibilität der Lernprozesse. Die Weiterbildung am virtuellen Objekt hat den Vorteil, dass Fehler, die durch die Mitarbeiter gemacht werden, keine finanziellen Folgen für das Unternehmen haben. Dadurch wird der Umgang mit Fehlern ermöglicht und gefördert, um den Einsatz der aufgebauten Fähigkeiten in der Lebenswelt zu verbessern. Außerdem ist es erstmals möglich, den Schulungs- und Qualitätsstandard auch an ausländischen Standorten und bei Dienstleistungspartnern zu etablieren.

Der Einsatz von virtueller Realität, beispielsweise zu Simulationszwecken, ist nicht neu, jedoch ist durch den Wandel der Technologie in Bezug auf Kosten- und Dimensionsfaktoren die Akzeptanz der Arbeitnehmer erheblich gestiegen, wodurch ein großflächiger Einsatz möglich wird. Dadurch kann erstmals die Weiterbildung mithilfe der – aufgrund des günstigen Preises „Wohnzimmertechnik" genannten – Technologie unterstützt werden, sodass auch KMU diese zur bedarfsorientierten Weiterbildung effizient einsetzen können, um das berufliche Lernen durch ein attraktives Lernumfeld zu fördern.

Hierbei muss jedoch berücksichtigt werden, dass, gegeben durch die demographische Entwicklung, die weiterzubildenden Mitarbeiter in Relation zunehmend älter werden. Da diese ein langsameres Lernverhalten aufweisen als ihre jüngeren Kollegen, sind effektive Lernmethoden nötig, um den jeweils gleichen Stand zu erreichen (Staudinger 2007). Die 3D-Visualisierung und das Lernen durch eigene Fehler kann auch älteren Mitarbeitern das Lernen erleichtern. Hinzu kommt, dass – unabhängig vom Stand der Lerngruppe – der zu schulende Mitarbeiter selbstbestimmt und seinem Lernfortschritt gemäß bspw. die Wartung und Reparatur so oft wiederholen kann, wie es notwendig ist, um die erforderlichen Kompetenzen aufzubauen. Dass eine erste Durchführung am realen Objekt durch Anweisungen in der erweiterten Realität unterstützt wird, gibt den Mitarbeitern eine weitere Sicherheit. Nicht zuletzt führen die Modernisierung der Aus- und Weiterbildung durch diese neuen digitalen Medien sowie die realitätsnahe und dadurch intuitive Nutzung zu einer höheren Lernmotivation und Akzeptanz.

3 GLASSROOM – Konzeption und Zielsetzung

Der Leitgedanke des Forschungsprojekts GLASSROOM ist es, ein bedarfsorientiertes Bildungskonzept zu entwickeln, das die Potenziale der virtuellen und erweiterten Realitätsbrillen (VR-/AR-Brillen) im Verbund mit neuen digitalen Medien für die berufliche Bildung im Bereich des Maschinen- und Anlagenbaus unterstützt. Die Ziele des Vorhabens lassen sich in drei Teile gruppieren, diese sind *technische Ziele*, *didaktische Ziele* und *Anwendungsziele*.

3.1 Technische Ziele

Durch GLASSROOM wird einerseits die Notwendigkeit der beruflichen Bildung adressiert und andererseits der Mehrwert der digitalen Medien für Lernprozesse in der beruflichen Bildung erschlossen.

Das Ziel der Implementierung besteht aus zwei Teilkonzepten, welche erst durch eine zielgerichtete Integration ihren vollen Nutzen erbringen können: das erste Konzept bezieht sich auf die *virtuelle Realität*, das zweite Konzept auf die *erweiterte Realität*. Grundlage beider Konzepte sind CAD-Zeichnungen, die in der Entwicklung komplexer Maschinen eingesetzt werden. Diese Zeichnungen bilden ein Konstruktionsmodell der komplexen Objekte und dienen dem Entwurf sowie verschiedenen Berechnungen und zeigen somit ein zu erschaffendes Objekt. Auf diese aus dem Konstruktionsprozess bereits vorliegenden Zeichnungen wird zurückgegriffen, um a) ohne zusätzlichen Aufwand in der virtuellen Realität b) ein detailgetreues Abbild der Objekte zu realisieren, was ein realistisches Erleben der Objekte erlaubt.

3.1.1 Kompetenzaufbau in der virtuellen Realität

Die virtuelle Realität wird umgesetzt durch die Kombination einer Videodisplaykomponente (z. B. Oculus Rift) und einer Gestensteuerungskomponente (z. B. Microsoft Kinect II). Dadurch wird es möglich, vollständige virtuelle Welten für den Nutzer zu schaffen, welche die gestenbasierte Interaktion mit dem Nutzer erlauben. Diese Kombination ist wesentlich kostengünstiger als 3D-Installationen auf der Basis von Projektionssystemen, die bisher vereinzelt in Großunterunternehmen Anwendung fanden. Im Gegensatz zu letzteren ist die GLASSROOM-Lösung auch mobil einsetzbar, was für den Projektkontext einen wesentlichen Vorteil darstellt. Durch die Kombination von kostengünstigen technischen Endgeräten mit 3D-CAD-Daten und Prozessmodellen kann somit durch GLASSROOM erstmals in der breiten Masse mit virtuellen Prototypen interagiert, Wartungen und Schulungen durchgeführt und das Produkt erlebt werden. Der Fokus liegt dabei insb. auf Schulungsszenarien in der beruflichen Bildung.

Um die virtuelle Realität mit Lerninhalten zu „füllen", soll auf Prozessmodelle zurückgegriffen werden. Diese eignen sich idealtypisch, um Informationen eines Ablaufs (wie beispielsweise einer konkreten Schulung) systematisch zu erheben und dann in technischen Umgebungen zur Umsetzung zu integrieren. Dazu wird eine Autorenlösung für Lern-/Trainingsszenarien entwickelt werden, mit welcher Inhalte für die Lernumgebung effizient und bedienerfreundlich erstellt werden können.

Die Schulungsszenarien fördern den Kompetenzaufbau in virtuellen Lebenswelten, welcher als Vorbedingung gesehen werden kann, um einen tatsächlichen Auftrag, etwa eine Wartung oder Reparatur, durchzuführen. Dabei handelt es sich beispielsweise um den Wechsel des Schneidwerks, der Motoren, der Kabelbäume oder ähnlichem. Diese Kompetenzen können dann von einem Mitarbeiter des technischen Kundendiensts in der virtuellen Realität erlernt, geübt und verfeinert werden (vgl. Abb. 1).

Abb. 1. Lebensweltnahe Interaktion mit der virtuellen Realität

3.1.2 Kompetenzentwicklung in der erweiterten Realität

Das zweite Konzept, welches das GLASSROOM-Projekt in der beruflichen Weiterbildung vervollständigt, liegt in der Kompetenzentwicklung durch Ansätze der erweiterten Realität (AR). Diese werden technisch beispielsweise durch AR-Brillen umgesetzt. Bei diesen lassen sich Informationen in das Bild des Betrachters einblenden (vgl. Abb. 2). Diese Technik wird genutzt, um eine Referenz aus der virtuellen Welt als Bild zur Unterstützung der realen Ausführung zu bilden. Die Möglichkeiten reichen dabei je nach eingesetzter AR-Brille von der reinen Darstellung von Zusatzinformationen bis zur echten Überlagerung realer und virtueller Objekte im Sichtfeld des Nutzers. Dies ermöglicht, dass die Nutzer die Situation aus der virtuellen Realität wiedererkennen und in der erweiterten Realität an der realen Maschine die Wartung genauso durchführen können, wie in der virtuellen Realität erlernt. Dabei wird versucht, durch den identischen Aufbau die Erinnerung des Benutzers zu stimulieren.

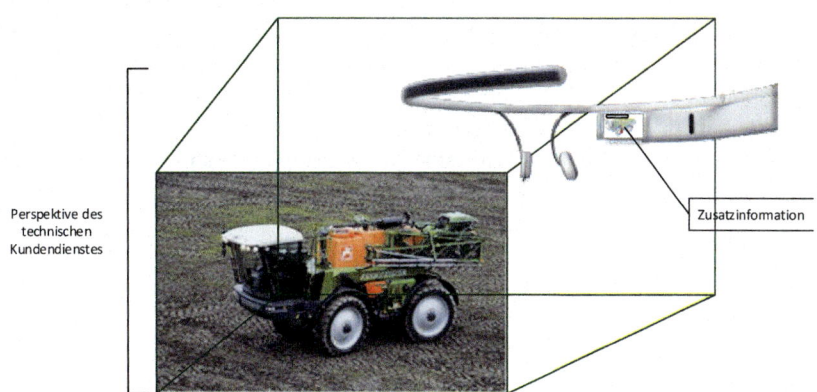

Abb. 2. Lebenswelterweiterung durch die erweiterte Realität

3.1.3 Zusammenspiel der Realitäten

Wie in Abb. 3 illustriert wird, gehen die CAD-Modelle in die virtuelle und erweiterte Realität ein. Darüber hinaus wird, wie oben beschrieben, das Bild der virtuellen Realität in die erweiterte Realität übernommen, um die Erinnerung zu stimulieren.

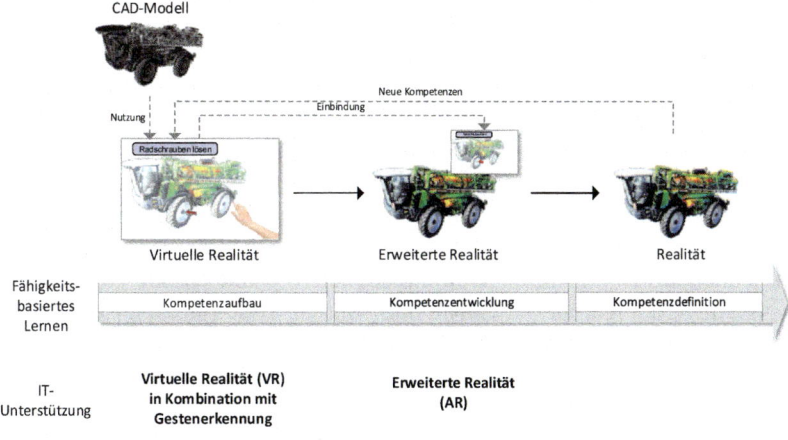

Abb. 3. Integriertes Konzept des Projektes GLASSROOM

Auf diese Weise kann der Techniker einen Ablauf zunächst zum Kompetenzaufbau am virtuellen Modell beliebig oft proben, womit ein selbstbestimmtes Lernen durch GLASSROOM ermöglicht wird. Erreicht der Techniker einen bestimmten Grad an Sicherheit, so besteht der nächste Schritt darin, das Erlernte im Rahmen der Kompetenzentwicklung in der Realität durchzuführen. Sehr erfahrene Techniker erreichen darüber hinaus den Status, dass sie die meisten Kompetenzen vereinen und spezifizieren können, welche weiteren Kompetenzen für das spezifische Berufsbild notwendig sind. Sobald virtuelle Lernumgebungen dafür geschaffen sind, können sie dann wiederum mit dem vorgestellten Konzept ihre weniger erfahrenen Kollegen schulen. Somit sind die Konzepte in den Ablauf eines fähigkeitsbasierten Lernens integriert und ermöglichen die lebenslange berufliche Weiterbildung.

3.2 Didaktische Ziele

Ziel von GLASSROOM ist aus didaktischer Perspektive die Konzeption und die empirische Prüfung beispielhafter Szenarien mit Lernangeboten zum Kompetenzerwerb von Servicetechnikern unter Verwendung von Virtual-Reality- und Augmented-Reality-Geräten (VR-/AR-Brillen). Zweck der didaktischen Nutzung der VR-/AR-Brillen ist die Erhöhung des Lebensweltbezugs der schulischen und betrieblichen Bildung. Die Ausbildung von Menschen für die Arbeit an teuren und zum Teil fehlerempfindlichen Geräten kann nur effektiv sein, wenn solche Geräte im Kontext des Bildungsprozesses verfügbar sind und die zu erlernenden mentalen und physischen Operationen an den Geräten demonstriert, erläutert und von den Lernenden ausgeführt werden können. Dabei müssen auch Fehler möglich sein – eine Rückmeldung durch „natürliche Konsequenzen" sind ein wirksames Feedback (Schank 2002). Dem stehen die hohen Kosten der entsprechenden Geräte und deren Fehleranfälligkeit bei Fehlbedienungen gegenüber. Virtual Reality erlaubt die relativ lebensnahe Simulation aller Funktionen nahezu beliebiger Geräte ohne Kostenrisiko, es können aus didaktischen Gründen sogar Fehler provoziert werden und den Lernenden die Folgen „vor Augen geführt" werden.

Um den Übergang von der Simulation mittels VR zum Umgang mit den realen Geräten abzusichern und kostenträchtige Auswirkungen von Fehlern zu vermeiden, ist eine weitere Phase mit Hilfe von Augmented-Reality-Anwendungen vorgesehen. Hier wird zwar mit dem realen Gerät gearbeitet, die AR-Technologie erlaubt jedoch das Einblenden von Informationen, die Darstellung von geräteinternen Abläufen, die real nicht sichtbar sind und Hinweise (prompts) zur Unterstützung der korrekten Ausführung der erlernten bzw. zu erlernenden Fertigkeiten.

In der dritten Phase wird – bei sukzessive abnehmender Anleitung (fading) – an dem realen Gerät geübt. Die Augmented-Reality-Anwendungen sollen das selbstständige Handelns der Lernenden fördern, sie durch eingeblendete Hinweise lediglich vor kostenträchtigen Fehlern warnen, jedoch nicht einschränken. Sie sollen das Verständnis für das jeweilige Gerät fördern und damit ein späteres selbstständiges Handeln ermöglichen. Eine enge Führung durch Vorgaben, was exakt zu tun ist, würde diesem Ziel widersprechen.

Die Konzeption der Kompetenzvermittlung im Rahmen von GLASSROOM erfordert sorgfältige Analysen der internen Lernvoraussetzungen (Vorwissen, Motivation der Lernenden) und insb. des Lehrstoffs (Wissens- und Aufgabenanalysen) (Niegemann et al. 2008; Merriënboer & Kirschner 2007): Welches Wissen ist jeweils für welche Aufgabenbewältigung erforderlich? Welche Teilaufgaben sind routinisierbar und können separat geübt werden? Wie können erworbene Teilkompetenzen zweckmäßig zusammengeführt und integriert werden in komplexeren Lernaufgaben?

Die Förderung des Lerntransfers erfordert jeweils eine systematische Variation und Zusammenstellung von Übungsaufgaben. Gleichzeitig wäre eine individualisiert-adaptive Auswahl und Zuweisung von Übungsaufgaben optimal. Adaptivität erfordert Informationen über den jeweiligen Lernstand der Lernenden, wobei passend zum Kontext der Datenschutz zu gewährleisten ist.

Vor dem Übergang von einem Szenario (VR – AR – Real) zum nächsten ist jeweils eine Überprüfung der individuellen Kompetenz erforderlich; diese Prüfung soll durch geeignete hinreichend komplexe und authentische Aufgaben erfolgen. Während bei herkömmlicher Weiterbildung mit Präsenzveranstaltungen die konkrete Gestaltung zumindest zu einem Teil improvisiert werden kann, erfordert jede Art medialer Online-Lernangebote zwingend eine sorgfältige Planung und Konzeption bis ins Detail. Unabdingbar ist dabei die Orientierung an empirisch fundierten Prinzipien der Lernpsychologie bzw. der Kognitionswissenschaft. Die auf derartige Aufgaben spezialisierte Disziplin wird international als *Instructional Design* bzw. Instructional Systems Design bezeichnet (dt.: Instruktionsdesign, Didaktisches Design). In GLASSROOM wird die erfolgreiche Konzeption durch die Berücksichtigung empirisch fundierter Modelle sichergestellt. Diese erleichtern es, die vielfältigen und interdependenten Entscheidungen zu treffen, die mit dem Entwurf und der Realisierung von Instruktionsdesigns einhergehen. Beispiele für solche Entscheidungen sind die Wahl der Reihenfolge bei der Stoffdarbietung, den Umfang der einzelnen Lerneinheiten, die Multimedialität der Darbietungen sowie Art und Ausmaß der Interaktivität.

Innerhalb der letzten 50 Jahre wurden für unterschiedliche didaktische Aufgaben unterschiedliche Instruktionsdesignmodelle entwickelt und erprobt; für Praktiker sind diese allerdings oft schwer zugänglich und es ist daher schwierig, das geeignete Modell zu finden. Zur besseren Orientierung in der Praxis bei gleichzeitiger Anbindung an den Stand der Instruktionspsychologie wurde daher ein Rahmenmodell entwickelt: das Entscheidungsorientierte Instruktionsdesignmodell (DO ID Modell). Dieses Modell wird ab S. 75 ff detailliert vorgestellt.

Das Modell repräsentiert die wesentlichen Entscheidungsfelder des Instruktionsdesigns, wobei diesen Feldern jeweils didaktische Entwurfsmuster (pedagogical design patterns) zugeordnet sind (Niegemann & Niegemann 2008), die wiederum ganz oder teilweise bewährten ID-Modellen entsprechen können. Wie bei allen ID-Modellen ist eine sorgfältige Analyse der internen (insb. Vorwissen, kognitive und psychomotorische Kompetenzen, Motivation, Lerneinstellungen der Adressaten, aktueller Lernstand) und der externen Bedingungen (u. a. Kontext, Budget, Zeit) der Lehr-Lern-Situation eine notwendige Voraussetzung für den Erfolg der Konzeption.

Im Kontext dieser Modelle kann GLASSROOM als ein innovativer, für Bildungszwecke bisher selten oder nie realisierter Ansatz des beruflichen Lernens auf der Basis der Simulation von virtueller und erweiterter Realität charakterisiert werden. Bei Trainings an Simulatoren besteht dabei die zentrale didaktische Herausforderung in der systematischen, sequenziell sinnvollen und an die Lernvoraussetzungen jedes Lernenden adaptierten Vorgabe der zu bewältigenden Lernaufgaben. Wie Studien zum Einsatz von Simulatoren zeigen, wird dies bisher in der Praxis von Simulationstrainings wenig berücksichtigt (z. B. Aßmann 2013).

Die Systematik der vom jeweiligen Trainer/Ausbilder adaptiv auszuwählenden Aufgaben orientiert sich an den im Rahmen einer Aufgabenanalyse (task analysis) zu ermittelnden Aufgabenmerkmalen. Für diese Systematisierung der möglichen Lern- bzw. Arbeitsaufgaben wird auf Analyseverfahren der Ingenieurpsychologie (z. B. Hacker 1986) einerseits, der kognitionswissenschaftlichen „Task Analysis" (Jonassen et al. 1999; Schraagen et al. 2000) andererseits zurückgegriffen. Dabei ist u. a. auch zu unterscheiden zwischen wiederkehrenden (routinisierbaren) und nicht routinisierbaren komplexen Aufgaben.

3.3 Anwendungsziele

Aus Sicht der Anwendungsunternehmen sind insb. Ziele relevant, die sich auf die Nutzung des GLASSROOM-Prototyps beziehen. Dabei ist vor allem wichtig, dass für die unterschiedlichen Nutzer deren spezifische Anforderungen berücksichtigt werden. Dabei kann es sich beispielsweise um eine unterschiedliche Herangehensweise von jungen und alten Mitarbeitern handeln. Außerdem kann für einige Nutzer des Prototyps eine ausgiebigere Einführung nötig sein und somit auch berücksichtigt werden, dass unterschiedliche Vorkenntnisse existieren. Nicht zuletzt soll der Prototyp natürlich so gestaltet sein, dass geschlechtsspezifische oder kulturell bedingte Hintergründe von Nutzern berücksichtigt werden. Darüber hinaus sind für alle Nutzer folgende Aspekte relevant:

- Die *Nutzerfreundlichkeit* des Systems muss gegeben sein, sodass eine motivierende Lernumgebung geschaffen wird.
- Darüber hinaus sind die *Einstiegshürden* für neue Nutzer niedrig zu halten, sodass eine geführte und schnell nachvollziehbare Einführung möglich ist.
- Um das System langfristig erfolgreich werden zu lassen ist insb. die *Nutzbarkeit* so zu gestalten, dass ein langfristiges und frustfreies Arbeiten damit möglich ist.

- Aus Perspektive des Lehrenden ist es besonders relevant, dass sich *Inhalte* leicht *einpflegen* und warten lassen, sodass man die Inhalte schnell an neue Gegebenheiten und Anforderungen anpassen kann.
- Darüber hinaus ist die Gestaltung der Hardwarekomponenten so zu realisieren, dass ein *kostengünstiger Einstieg* in die Thematik möglich wird, und es ist nicht unbedingt die technisch beste, sondern die am besten und günstigsten verfügbare Hardware zu nutzen.
- Ebenfalls muss ein möglich *günstiger Betrieb* des Prototyps möglich sein, sodass auch in KMU die Nutzung möglich wird.

Damit die mit diesen Aspekten verbundenen Anwendungsziele adäquat berücksichtigt werden konnten, sind, neben den wissenschaftlichen Partnern (Fachgebiet Informationsmanagement und Wirtschaftsinformatik (IMWI), Universität Osnabrück; Fachgebiet Bildungstechnologie, Universität des Saarlandes, Saarbrücken; Fraunhofer-Institut für Arbeitswirtschaft und Organisation (IAO), Geschäftsfeld Engineering-Systeme, Stuttgart) und dem Implementierungspartner (IMC information multimedia communication AG, Saarbrücken), die beiden Unternehmen AMAZONEN-Werke H. Dreyer GmbH & Co. KG, Hasbergen-Gaste, und Alfred Becker GmbH, Saarbrücken, in das GLASSROOM-Projektkonsortium eingebunden worden.

Als Hersteller von Landmaschinen sind die Amazonenwerke über 130 Jahre historisch gewachsen. Mit knapp 2.200 Mitarbeitern weltweit und einem Umsatz von rund 466 Mio. € im Jahr 2016 handelt es sich um einen Global Player in seinem Marktsegment. Dabei werden rund 80 % der Verkäufe als Export im Ausland erwirtschaftet. Die Komplexität der Produkte nimmt durch den steigenden Anteil an elektronischen Komponenten laufend zu. Der Bereich des technischen Kundendienstes als Dienstleistung zu dem ursprünglich produktgetriebenen Geschäft nimmt auch bei den Amazonenwerken einen zunehmend wichtigeren Rahmen ein. Dabei ist die Schulung der Mitarbeiter von essentieller Bedeutung. Anknüpfungspunkte für besonders komplexe Produkte, wie beispielsweise den Pantera, sind ideal für das Projekt GLASSROOM geeignet, da einige Wartungen nicht mehr auf konventionelle Weise in Schulungsseminaren und nur bedingt in klassischen E-Learning-Umgebungen abbildbar sind.

Die Alfred Becker GmbH ist ein mittelständisches Familienunternehmen in dritter Generation. Das Leistungsspektrum reicht von technischer Gebäudeausstattung, Industrie- und Prozesslösungen im Anlagenbau, umfangreichen Wartungs- und Serviceleistungen, Reinraumtechnik bis hin zur Erstellung von Sonderkonstruktionen für den Luftkanalbau. Die Becker-Gruppe legt viel Wert auf Forschung und Entwicklung neuer Verfahren und Produkte und steht daher mit Hochschulen, Forschungseinrichtungen und Unternehmen in Bereichen wie Energiemanagement, Hygiene, Luftreinigung, technischer Gebäudeausrüstung in Kooperation. Seit der Gründung von Alfred Becker 1928 hat sich der Familienbetrieb kontinuierlich weiterentwickelt und beschäftigt derzeit ca. 240 Mitarbeiter auf dem neuesten Stand der Technik mit Fokus auf Energieeffizienz, Nachhaltigkeit, Wirtschaftlichkeit und Qualität. So verfügt die Becker-Gruppe neben ihrer Hauptverwaltung in Saarbrücken und weiteren Standorten in Deutschland auch über weitere Stützpunkte und Partnerunternehmen in Frankreich, Luxemburg und internationalen Partnern in Indien und Georgien. Das Projekt GLASSROOM ist für Klima Becker von großem Interesse, da im Bereich technischer Gebäudeausrüstung jahrzehntelange Erfahrung in der Planung, Ausführung sowie auch im Bereich Service und Wartung umfangreiche Kenntnisse vorliegen. Das Unternehmen legt bereits während der Ausbildung viel Wert auf eine qualifizierte Schulung ihrer zukünftigen Mitarbeiter, nicht nur im kaufmännischen, sondern auch im technischen Bereich.

In Ergänzung zu den genannten Projektpartnern waren die folgenden assoziierten Partner an GLASSROOM beteiligt:

- Landakademie des Deutschen Bauernverlag GmbH, Berlin
- Berufsbildende Schulen des Landkreises Osnabrück – Brinkstraße
- Living Lab Business Process Management e.V., Osnabrück
- DEULA Westfalen-Lippe GmbH, Warendorf
- Association for Service Management International (AFSMI), German Chapter e.V., München

4 Umfeldanalyse und Abgrenzung

4.1 Stand der Technik

Die Auswahl der geeigneten Hardware sowohl für VR/AR als auch für die Interaktivitätskomponente in Kombination mit der virtuellen Realität unterliegt unterschiedlichen Anforderungen. Neben offensichtlichen Anforderungen, wie Preis und Verfügbarkeit, können auch tiefergehende Aspekte relevant sein, wie die unterstützte Programmiersprache, die Möglichkeiten, welche die mitgelieferte oder anderweitig erhältliche Software bietet, und ähnliches. Darüber hinaus können weitere Kriterien genannt werden:

- Die *Transportierbarkeit* der Hardware und damit einhergehend der Bedarf an zusätzliche Geräten (einige Brillen benötigen beispielsweise einen leistungsstarken Computer, welcher damit die Portabilität einschränkt).
- Die *Robustheit* der Hardware, die in einem möglicherweise staubigen, schmutzigen oder feuchten Umfeld nutzbar zu sein sollte.
- Die *Datenverbindung*, also auf welche Weise die Daten der Brille synchronisiert/übertragen werden können.

- Die *Nutzerbeeinträchtigung*, welche insb. Aspekte wie das Gewicht, die Bewegungseinschränkung und mögliche andere ungewünschte Effekte berücksichtigt.
- Die *Benutzerschnittstellen*, über welche Daten an den Nutzer übertragen bzw. Daten vom Nutzer eingelesen werden können.
- Die *Identifikation von bestehenden Objekten* über Hilfsmittel wie Barcodes, RFID-Chips, GPS etc.
- Die *Verarbeitung der Daten*, was eng mit der Transportierbarkeit zusammenhängt. Einige Brillen verarbeiten die Daten selbst, andere wiederum lassen sie durch externe Geräte verarbeiten.
- Die *Datenhaltung* und damit verbunden der mögliche Speicherplatz für Lernszenarien.
- Die *Datensicherheit* und der Umgang mit den Daten, die auf die Brille gelangen. Einige Hersteller liefern beispielsweise die Daten indirekt über eigene Server an die Brillen, was aus Unternehmenssicht ggf. nicht akzeptabel ist.

Legt man all diese Aspekte zugrunde, so ergibt sich ein großes Feld potenzieller Brillen, die für den Einsatz von GLASSROOM in Frage kommen (zu einer Übersicht vgl. S. 20 ff). Zu den wichtigsten Herstellern zählen u.a. Google, Oculus VR, Meta, Vuzix, Laster Technologies, Epson und Sony. Von den jeweiligen Geräten der Hersteller sind einige Versionen bereits seit kurzem oder manche bereits seit einigen Jahren verfügbar. Andere Versionen hingegen erscheinen erst noch bzw. stehen kurz vor der Markteinführung.

Insgesamt soll eine geeignete Hardware und Software auf Basis der verschiedenen Aspekte systematisch ausgewählt werden. Unabhängig von der Hardwarewahl sollte jedoch das zu schaffende System von der Hardware möglichst weit abstrahieren, um sicher zu gehen, dass nicht das gesamte System bei einem Wechsel zu einer anderen Brille neugestaltet werden muss.

4.2 Stand der Praxis

Virtuelle und erweiterte Realitäten werden in den vergangenen Jahren gleichermaßen in Forschung und Unternehmenspraxis diskutiert. Die virtuelle Realität als simulierte Entwicklungsfläche wird im Besonderen für schwer handhabbare Objekte (beispielsweise in der Fabrikplanung) erforscht (Bracht & Fahlbusch 2000). Die Adoption in andere Forschungsbereiche, wie z.B. Medizin (Voelker et al. 2011; Bauer 2010), Psychotherapie (Eichenberg 2007) und Fahrzeugtechnik (Symietz 2000), erweitert das Einsatzgebiet von einer reinen Entwicklungsfläche zu einer auch in der praktischen Durchführung verwendbaren Technologie.

Während die virtuelle Realität die komplette Umwelt des Nutzers simuliert, zielt die erweiterte Realität auf eine Anreicherung der bestehenden Umwelt ab.

Dabei steht vor allem die Unterstützung des Nutzers durch Informationsbereitstellung in Form einer *gemischten Realität* im Vordergrund. Diese kann beispielsweise durch Technologien wie *Head-Up-Displays*, die zusätzliche Informationen im Sichtfeld einblenden, umgesetzt werden.

Die Entwicklung von VR-Brillen und -Realitäten ist dabei nicht neu, hatte jedoch für den breiten Praxiseinsatz aufgrund der enormen Entwicklungskosten bisher kaum Relevanz. Dies verspricht indes nun anders zu werden, was sich durch die große Anzahl an Hardware und dem enormen medialen Interesse widerspiegelt. Die derzeitige Situation in der Unternehmenspraxis ist gekennzeichnet durch die Schwelle zum Durchbruch von virtuellen und erweiterten Realitäten in den Bereich der Endkunden.

Als Schlüsseltechnologie ist in diesem Zusammenhang vor allem das Smartphone zu sehen, welches die nötigen Voraussetzungen für einen ubiquitären Einsatz von Augmented-Reality-Applikationen schafft. Gerade durch diese Entwicklung kann von einer mittel- bis langfristigen Adoption der Technologie ausgegangen werden. Smart Glasses trafen insofern auf ein etabliertes Umfeld mobiler Endgeräte. Gleichwohl sollte in diesem Zusammenhang nicht unerwähnt bleiben, die ersten Einführungen am Markt nicht alle nach den Wünschen der Hersteller liefen. So hatte bspw. Google 2014 bei der Einführung der „Google Glass" im B2C-Bereich mit Akzeptanzproblemen zu kämpfen. Die Träger der Brillen wurden als „Glassholes" bezeichnet und das Unternehmen musste mit Benimmregeln für die Nutzung der Wearables reagieren (Kaiser 2016).

Deloitte klassifiziert die verschiedenen Segmente über VR/AR in sechs verschiedene Anwendungsgebiete. Dabei kommen neben der Kontext-Darstellung und der Sammlung und Aufbereitung von Daten aus dem Umfeld auch Navigations- und standortbezogene Dienste, Identifizierungsdienste, die Ermöglichung von Kollaborationsfunktionen sowie Training und Fortbildung als Einsatzfeld in Frage (Doolin et al. 2013).

Diese Technologien zielen trotz ihrer Medienwirksamkeit aber nicht nur auf eine Endkundenanwendung ab. Viel mehr versucht man, mit Hilfe von VR/AR-Technologien auch Produktionsprozesse anzureichern. So setzt das Unternehmen *Intel* bereits projektionsbasierte Augmented-Reality-Systeme sowohl zum Training von Mitarbeitern als auch zur aktiven Unterstützung von Anlagentechnikern in der Chipfertigung ein (Mcculley 2012). Dabei stellt die Navigation innerhalb komplexer technischer Systeme eine Herausforderung dar, die mit Hilfe von projizierter Einfärbung der zu bearbeitenden Komponenten schneller und mit weniger Trainingsaufwand bewältigt werden kann. Neben der von *Intel* angestrebten, proaktiven Unterstützung des Technikers (also einer Form die ohne Steuerung auskommt und eigenständig das richtige Element zum richtigen Zeitpunkt markiert) weist auch die vorausgehend erwähnte Hardware in Form von VR/AR-Brillen interessante Perspektiven für diesen Anwendungsfall auf. Die Unterstützung auf Geräteseite wird so zunehmend flexibilisiert und kann noch besser auf die Bedürfnisse des Technikers sowie spontane Veränderungen von Aufgabe und Umwelt angepasst werden.

Die VR/AR-Technologie bietet neben dem aufstrebenden Marktvolumen, das nicht zuletzt durch Technologie für den Privatkunden-Markt erreicht wird, Potenziale zur Steigerung von Produktivität und Arbeitseffizienz, die von der Industrie erkannt werden und erforscht werden müssen. Aktuelle Fragestellungen sind dabei neben der ubiquitären Nutzung von Augmented Reality, die sich beispielsweise in den weiterführenden Entwicklungen von Fahrerassistenzsystemen widerspiegeln (Blume et al. 2014), auch solche, die Forschungsbedarf in Kerntechnologien aufzeigen. Hier ist u.a. die Mensch-Maschine-Schnittstelle in Form der Interaktion zwischen Nutzer und VR/AR-System (Anon 2014), aber auch die Entwicklung einer realistischen Einbettung von Information in die Umwelt (Meier et al. 2011) relevant.

Die vielfältigen Möglichkeiten, die im Feld Virtual/Augmented Reality erörtert werden, bieten Unternehmen umfangreiche Potenziale. Forschung und Entwicklung findet sowohl im Feld der Hardware und Software als auch in dem der Nutzung in branchen-/unternehmensindividuellen Geschäftsprozessen statt, wie beispielsweise der Unterstützung von Wartungsaufgaben und Fortbildung von Mitarbeitern. Der durch Virtual Reality fokussierte Simulationsaspekt kann dabei gerade im Bereich der Fortbildung eine Rolle spielen, während die Unterstützung von Wartungsaufgaben, die durch den Techniker selbst ausgeführt werden sollen, eher im Bereich der Augmented Reality zu verorten ist.

4.3 Stand der Wissenschaft

Die Begriffe der virtuellen und erweiterten Realität sind bereits 1991 durch Rheingold (1991) bzw. 1992 durch Caudell und Mizell (1992) eingeführt worden worden. Zuvor gab es bereits Entwicklungen unter dem Namen *Head-Up-Display*, welche bis ins Jahr 1968 zurückreichen (Sutherland 1968).

Die wissenschaftlichen Veröffentlichungen in diesen Bereichen thematisieren mehrheitlich die Möglichkeiten einer virtuellen bzw. erweiterten Realität, inkludieren jedoch, trotz der großen Relevanz für betriebswirtschaftliche Fragestellungen, bisher kaum neue Geschäftsmodelle. Gleichwohl wurden Wartung und Instandhaltung schon früh als potenzielle Anwendungsfelder genannt (Feiner et al. 1993; Azuma 1997). Nachdem zahlreiche Beiträge veröffentlicht wurden, wie AR in einzelnen Case Studies in der Wartung und Instandhaltung genutzt werden kann (Lawson & Pretlove 1998; Haritos & Macchiarella 2005; Henderson & Feiner 2009), wurde allgemeiner der Nutzen dieser Technologie in der Branche untersucht. Dazu zählen u.a., dass die Mechaniker schneller die Aufgaben lösen bzw. einfacher den Fehler am Gerät finden können sowie im Sinne körperlicher Belastungen eine Reduzierung der Kopf- und Nackenbewegungen im Gegensatz zur Nutzung von Handgeräten (Henderson & Feiner 2011).

Aufgrund der neuentwickelten günstigeren Hardware stieg die Relevanz, sodass seit einigen Jahren vermehrt die Nutzung von VR und AR zur Aus- und Weiterbildung diskutiert wird (Yuen, Steve Chi-Yin, Yaoyuneyong & Johnson 2011; Herber 2012; Lee 2012). Die meisten Konzepte beziehen sich dabei auf die Anwendung in der medizinischen Bildung, aber auch im Bereich der Wartung und Instandhaltung wurden erste Konzepte mit erweiterten Realitäten vorgestellt (Webel et al. 2013; Westerfield et al. 2013; Seth et al. 2010; Gavish & Gutierrez 2011; Yuviler-Gavish et al. 2013; Woll et al. 2011). Dabei wurde jedoch nicht auf die Kombination von virtuellen und erweiterten Realitäten eingegangen. Der Unterschied besteht darin, dass Lernende verschiedenen Leistungsstandes (Anfänger/Kompetenzaufbau: virtuell; Fortgeschrittene/Kompetenzentwicklung: erweitert) angesprochen werden und die Stimulation des in der virtuellen Realität Erlernten durch die Wiederverwendung in der erweiterten Realität am realen Objekt eintritt.

Genau an dieser Stelle setzt GLASSROOM an, um die Forschungslücke zwischen Weiterbildung, beruflicher Bildung und virtuellen/erweiterten Realitäten für den technischen Kundendienst zu schließen.

5 Zusammenfassung und Entwicklungsperspektiven

Mit GLASSROOM wird ein innovatives Bildungskonzept und eine richtungsweisende 3D-Lern- und Unterstützungsumgebung für die Serviceerbringung gestaltet. Durch den zweistufigen Ansatz von Kompetenzaufbau in der virtuellen Realität und der Service-Unterstützung vor Ort durch Augmented Reality werden Vorteile wie geringerer Personalaufwand, kürzere Reaktionszeiten und lebenslanges Lernen adressiert.

Die Vermittlung von Wissen an Lernende ist Kern der Aus- und Weiterbildung. In GLASSROOM wird durch die Kombination einer Virtual-Reality-Brille und einer Gestensteuerungskomponente eine virtuelle Welt erschaffen, die nicht nur betrachtet, sondern mit der auch interagiert werden kann. Essentiell ist dabei, dass die Gestik des Nutzers in die virtuelle Welt übertragen werden kann. In dieser Umgebung können virtuelle Schulungen durchgeführt werden. Die Repräsentation des Schulungsobjekts wird auf Basis bestehender Konstruktionsdaten (CAD) generiert und in die virtuelle Umgebung eingebettet. Darüber hinaus werden Arbeitsschritte in die virtuelle Lernumgebung geladen, sodass der Nutzer durch den Arbeitsprozess geführt wird. Technisch basiert das System auf kostengünstigen Virtual-Reality-Brillen, wie Oculus Rift, kombiniert mit Gestensteuerungskonzepten, wie Leap Motion. Erst durch die Kombination dieser Technologien wird eine annähernd lebensgetreue Tätigkeit an den komplexen Landmaschinen möglich.

Als Ergänzung des Lernkonzepts wird die Service-Unterstützung vor Ort durch Augmented-Reality-Brillen (Smart Glasses) konzipiert. Während des Serviceprozesses lassen sich Informationen in das Bild des Betrachters einblenden. Durch diese Informationen kann mittels Sprach-, Bild- und Objekterkennung „handsfree" navigiert und dem Techniker vor Ort kontextsensitiv und proaktiv Informationen bereitgestellt werden. Die eingeblendeten Anweisungen sind dabei analog zur Lernumgebung, sodass ein Wiedererkennungseffekt erzielt wird. Die Nutzer können so in der erweiterten Realität an der realen Maschine die Prozessschritte genauso durchführen, wie in der virtuellen Realität erlernt.

Die methodischen und technologischen Grundlagen, die in GLASSROOM verwendeten Methoden und Modelle, die umgesetzten Konzeptionen und Implementierungen für AR- und VR-Umgebungen sowie die aus deren Anwendung resultierenden potenziellen Geschäftsmodelle werden in den nachfolgenden Kapiteln dieses Bandes detailliert beschrieben.

6 Literatur

Anon (2014) Thermal Touch – Münchner Start-up will echte Welt anklickbar machen. CIO.de

Aßmann S (2013) Technologiebasierte Simulationen in der Aus- und Weiterbildung, Universität Erfurt, unveröffentlichte Master-Thesis

Azuma R (1997) A survey of augmented reality. Presence 6(4):355–385

Bauer H (2010) Chirurgische Weiterbildung aus Sicht der Deutschen Gesellschaft für Chirurgie: Wir wissen, was zu tun ist. Wir müssen tun, was wir wissen. Der Chirurg 81(1):5–6

Blinn N et al. (2010) Lebenszyklusmodelle hybrider Wertschöpfung: Modellimplikationen und Fallstudie. In: Thomas O, Loos P, Nüttgens M (Hrsg) Hybride Wertschöpfung. Springer, Berlin. 711–722

Blume J, Kern T, Richter P (2014) Head-up-Display – Die nächste Generation mit Augmented-Reality-Technik. In Siebenpfeiffer W (Hrsg) Vernetztes Automobil. ATZ/MTZ-Fachbuch. Springer, Wiesbaden, 137–143

Bracht U, Fahlbusch MW (2000) Einsatz von Virtual Reality-Systemen in der Fabrik-und Anlagenplanung. TU Contact Technische Universität Clausthal 7:47–50

Caudell TP, Mizell DW (1992) Augmented reality: an application of heads-up display technology to manual manufacturing processes. In: Proceedings of the Twenty-Fifth Hawaii International Conference on System Sciences 1992. 659–669

Doolin C, Holden A, Zinsou V (2013) Augmented government – Transforming government services through augmented reality, Deloitte Development LLC

Eichenberg C (2007) Einsatz von „virtuellen Realitäten" in der Psychotherapie: Überblick zum Stand der Forschung. Psychotherapeut, 52(5):362–367

Feiner S, Macintyre B, Seligmann D (1993) Knowledge-based augmented reality. Communications of the ACM

Gavish N, Gutierrez T (2011) Design guidelines for the development of virtual reality and augmented reality training systems for maintenance and assembly tasks. BIO Web of Conferences, 29(1):1–4

Hacker W (1986) Arbeitspsychologie: Psychische Regulation von Arbeitstätigkeiten. Hans Huber Verlag

Haritos T, Macchiarella ND (2005) A Mobile Application of Augmented Reality for Aerospace Maintenance Training. In: 24th Digital Avionics Systems Conference. IEEE

Henderson S, Feiner S (2009) Evaluating the benefits of augmented reality for task localization in maintenance of an armored personnel carrier turret. Mixed and Augmented Reality, 2009

Henderson S, Feiner S (2011) Exploring the benefits of augmented reality documentation for maintenance and repair. Visualization and Computer Graphics

Herber E (2012). Augmented Reality–Auseinandersetzung mit realen Lernwelten.

Jonassen DH, Tessmer M, Hannum WH (1999) Task analysis methods for instructional design, Psychology Press

Kaiser A (2016) Die großen Flops des Silicon Valley – und ihre Comeback-Chancen, http://www.manager-magazin.de/unternehmen/it/silicon-valley-flops-nest-apple-watch-google-glass-a-1087091-3.html

Kapur M (2008) Productive Failure. Cognition and Instruction, 26(3):379–424

Lawson SW, Pretlove JRG (1998) Augmented reality for underground pipe inspection and maintenance. In: Stein MR (Hrsg). Photonics East (ISAM, VVDC, IEMB). International Society for Optics and Photonics, 98–104

Lee K (2012) Augmented reality in education and training. TechTrends, 56(2):13–21

Mcculley D (2012) Projected Augmented Reality: Keeping Pace with Innovation

Meier P, Kuhn M, Angermann F (2011) Verfahren zur Darstellung von virtueller Information in einer Ansicht einer realen Umgebung

Merriënboer J van, Kirschner PA (2007) Ten steps to complex learning: A systematic approach to four-component instructional design, Routledge London

Niegemann HM et al. (2008) Kompendium multimediales Lernen, Springer

Niegemann HM, Niegemann L (2008) Didaktische Entwurfsmuster: Idee und Qualitätsanforderungen. Prozessorientiertes Authoring Management: Methoden, Werkzeuge und Anwendungsbeispiele für die Erstellung von Lerninhalten, 12:87.

Rheingold H (1991) Virtual Reality: Exploring the Brave New Technologies, Simon & Schuster Adult Publishing Group

Rump J, Eilers S (2013) Lebensphasenorientierte Personalpolitik – alle Potenziale ausschöpfen. In: Papmehl A, Tümmers HJ (Hrsg) Die Arbeitswelt im 21. Jahrhundert. Springer Wiesbaden, 137–145

Russwurm S (2013) Software: Die Zukunft der Industrie. In: Sendler U (Hrsg) Industrie 4.0. Springer Berlin, 21–37

Schank R (2002) Designing world class e-learning: how IBM, GE, Harvard Business School, and Columbia University are succeeding at e-learning

Schlicker M, Thomas O, Johann F (2010) Geschäftsmodelle hybrider Wertschöpfung im Maschinen- und Anlagenbau mit PIPE. In: Thomas O, Loos P, Nüttgens M (Hrsg) Hybride Wertschöpfung. Springer Berlin

Schraagen JM, Chipman SF, Shalin VL (2000). Cognitive task analysis, Psychology Press

Seth A, Vance JM, Oliver JH (2010) Virtual reality for assembly methods prototyping: a review. Virtual Reality, 15(1):5–20

Staudinger UM (2007) Personalmanagement und demographischer Wandel: Eine interdisziplinäre Perspektive. In: Esslinger A, Schobert D (Hrsg) Erfolgreiche Umsetzung von Work-Life Balance in Organisationen. DUV Wiesbaden, 81–96

Sutherland IE (1968) A head-mounted three dimensional display. In: Proceedings of the fall joint computer conference, part I. ACM, New York, 757–764

Symietz M (2000) Echtzeitbasierte Generierung und Verlegung von Leitungsobjekten in einem digitalen Fahrzeugmodell mit einem Virtual-Reality-System

Voelker W et al. (2011) Qualitätsverbesserung von Koronardiagnostik und -intervention durch „Virtual-Reality"-Simulation. Herz, 36(5):430–435

Webel S et al. (2013) An augmented reality training platform for assembly and maintenance skills. Robotics and Autonomous Systems, 61(4):398–403

Westerfield G, Mitrovic A, Billinghurst M (2013) Intelligent Augmented Reality Training for Assembly Tasks. Artificial Intelligence in Education, 542–551

Woll R et al. (2011) Augmented reality in a serious game for manual assembly processes. 37–39

Yuen, SC-Y, Yaoyuneyong G, Johnson E (2011) Augmented Reality: An Overview and Five Directions for AR in Education. Journal of Educational Technology Development & Exchange, 4(1)

Yuviler-Gavish N, Krupenia S, Gopher D (2013) Task Analysis for Developing Maintenance and Assembly VR Training Simulators. Ergonomics in Design: The Quarterly of Human Factors Applications, 21(1):12–19

Augmented- und Virtual-Reality-Technologien zur Digitalisierung der Aus- und Weiterbildung – Überblick, Klassifikation und Vergleich

Benedikt Zobel, Sebastian Werning, Lisa Berkemeier und Oliver Thomas

Zur nachhaltigen Entwicklung von Unternehmen ist die Aus- und Weiterbildung der Mitarbeiter ein Kernaspekt, der in vielen Bereichen aktiv vorangetrieben wird. So sind Techniker des Kundendienstes hochspezialisierte Fachkräfte, die verschiedene Tätigkeiten nur durch eigene Erfahrungswerte und eine sehr intensive Ausbildung durchführen können. Diese notwendige Ausbildung wird allerdings auch heutzutage noch häufig durch klassische Lernmedien, wie Bücher und Vorträge, unterstützt. Durch unterschiedliche Entwicklungen unter den Schlagworten Digitalisierung oder Industrie 4.0 erreichen innovative Technologien ihre Marktreife, die eine tragende Rolle bei der Aus- und Weiterbildung von technischen Mitarbeitern einnehmen können. Eine vielversprechende technologische Entwicklung stellen verschiedene Arten von Augmented Reality sowie Virtual Reality dar. In diesem Artikel werden diese beiden Technologiestränge hinsichtlich der vorhandenen Ausprägungen untersucht und klassifiziert. Dabei besteht ein zentrales Ziel darin, Klarheit in bislang uneinheitlich verwendeten Begrifflichkeiten herzustellen, und entsprechende Kategorien zu vergleichen.

1 Einführung

Die Bedeutung der virtuellen und erweiterten Realitäten steigt für eine Vielzahl von Anwendungsgebieten, wie z. B. die Produktentwicklung, aber auch den Service und die Produktion. Ein prominentes Beispiel sind Smart Glasses und verwandte mobile Endgeräte, die auch unter den Schlagwörtern Industrie 4.0 oder Internet of Things in bestehende Prozesse von Unternehmen eingebunden werden und damit den Arbeitsplatz der Zukunft strukturieren. Derartige Technologien ermöglichen eine Korrespondenz von Realität und digitaler Welt (Urbach & Ahlemann 2016). Insbesondere Smart Glasses werden mit großen Nutzenpotenzialen im beruflichen Einsatz assoziiert (Theis et al. 2015).

Die Technologie Smart Glasses wird in der Literatur allerdings verschiedenen Bereichen zugeordnet. Sie entspricht sowohl der Definition eines Head-Mounted-Displays (HMD), des Wearable Computing als auch des Ubiquitous Computing oder eines Augmented-Reality-Systems. Eine Abgrenzung der verschiedenen Brillentechnologien ist aktuell noch nicht erfolgt.

HMD umfassen am Kopf befestigte Bildschirme, welche die durch den Nutzer wahrgenommene Realität durch die Einblendung von Informationen erweitern. Dementsprechende Technologien werden, bedingt durch die Erweiterung der Realität des Nutzers, auch dem Bereich Augmented Reality (AR) zugeordnet (Schega et al. 2014). Von einer Vielzahl heute vorhandener Hersteller und Produkte war eine der zentralsten Produkteinführungen für den AR-Markt die Google Glass im Jahr 2012. Auch wenn Google im ersten Schritt keinen Massenmarkt etablieren konnte, so ist zumindest die Technologiegruppe AR wieder in den Fokus von Wissenschaft, Konsumenten und anderen Produzenten gerutscht. Hierzu gehören Firmen wie Epson und Vuzix. Google selbst hat sich nach der ersten Version der Google Glass vorerst aus dem AR-Markt zurückgezogen. Der AR-Markt wartet seither auf das Erscheinen eines Nachfolgers, der Google Glass 2.

Dem Begriff HMD werden neben AR-Technologien jedoch auch Virtual-Reality-Brillen (VR-Brillen) zugeordnet. VR-Technologien ermöglichen dem Nutzer das Erleben und Interagieren mit einer virtuellen Realität. Durch den immersiven Charakter dieser Brillentechnologie wird die reale Umwelt für den Anwender vollständig ausgeblendet. Dem Nutzer wird durch diese Technologie die Möglichkeit gegeben, komplett in die virtuelle Realität „einzutauchen".

Durch den Einsatz von AR und VR werden heute Servicetechniker virtuell am Produkt oder Einsatzort geschult oder auch Autos mit Head-Up-Displays (HUD) ausgestattet, um den Fahrer mit Zusatzinformationen zu versorgen.

Die HMD-Technologien unterschieden sich in ihren jeweiligen Eigenschaften als auch Einsatzmöglichkeiten und können daher in verschiedene Kategorien eingeordnet werden. Eine trennscharfe Abgrenzung voneinander ist jedoch nicht immer einfach. Zusätzlich gibt es verschiedene Definitionen oder Einteilungen in der Literatur. Ziel dieses Beitrags ist daher eine Kategorisierung, die sich aus dem Konsens der untersuchten Quellen zusammensetzt.

2 Anwendungsdomäne technischer Kundendienst

Der Kontext von sowohl AR als auch VR wurde im Rahmen des Projekts GLASSROOM in der Anwendungsdomäne des technischen Kundendienstes untersucht. Dabei wurde der Hauptfokus mit zwei praktischen Anwendungspartnern auf den Maschinen- und Anlagenbau spezifiziert. Durch eine generell hohe Komplexität unterschiedlicher Maschinen ist eine Unterstützung der Mitarbeiter durch unterschiedliche Technologien in dieser Einsatzkombination optimal. Insbesondere mit Blick auf große komplexe Landmaschinen lassen sich verschiedene Herausforderungen für die zu unterstützenden Techniker feststellen. So gibt es nur wenige Mitarbeiter, welche die entsprechenden Maschinen und Anlagen im Detail kennen, und somit sind alle weiteren auf zusätzliche Informationen angewiesen. Gleichzeitig sind aufgrund der hohen Saisonabhängigkeit des Geschäfts für Landtechnik Wartungszeiträume flexibel zu halten. Darüber hinaus sind Schulungen an den entsprechenden Maschinen nur unter hohem Kostenaufwand am realen Objekt möglich.

Im Projekt GLASSROOM wurden zur Unterstützung vom technischen Kundendienst zwei verschiedene Einsatzszenarien identifiziert und untersucht. Ein VR-Prototyp soll die Schulung für den technischen Kundendienst dezentral ermöglichen und dabei Kosten reduzieren und realitätsnahe Möglichkeiten erhöhen. Durch diese orts-, zeit- und wetterunabhängige Durchführung von Schulungsmaßnahmen werden die Inhalte einer breiteren Zielgruppe von zu Schulenden zugänglich. Eine zweite Stufe des Projekts stellte eine AR-Anwendung dar, die Techniker während des Außeneinsatzes durch Informationen auf Smart Glasses unterstützt. Techniker können in diesem Fall beispielsweise durch eine Prozessführung schrittweise angeleitet werden.

3 Entwicklungsstand

3.1 State-of-the-Art von Virtual Reality

Für den Begriff „Virtual Reality" (VR), dt.: virtuelle Realität, ist eine Vielzahl an Definitionen zu finden. Ein Grund dafür sind unterschiedliche Umgebungen, Anwendungsbereiche und Ergonomie-Aspekte, in denen Technologien eingesetzt werden. So wird VR bspw. als eine simulierte Realität beschrieben, in die der Nutzer durch ihm gegebene Interaktionsmöglichkeiten eintaucht (Brill 2009). Weiterhin beschreibt Palmer Luckey, Gründer der Firma Oculus VR und Erfinder der Oculus Rift, VR als eine stereoskopische Perspektive mit deutlich erhöhter Sichtweite, was wiederum das Gefühl vermittelt, Teil einer virtuellen Welt zu sein (BBC 2012).

Das „Eintauchen" in die virtuelle Welt wird als Immersion bezeichnet. Sherman und Craig definieren den (1) Effekt der Immersion als einen der vier Kernelemente zur Entstehung einer virtuellen Realität. Für eine immersive Wirkung existieren weitere Anforderungen: (2) die virtuelle Welt selbst, (3) das sensorische Feedback und (4) die Interaktion zwischen Elementen der virtuellen Realität und dem Endanwender. Diese Kernelemente bilden die Voraussetzung für das Etablieren einer virtuellen Realität (Sherman & Craig 2002). Entgegen der realen Wahrnehmung erlaubt die virtuelle Realität dem Anwender die Wahl eines eigenen Stand- und Sichtpunkts (Point-of-View, PoV). Dadurch können Geschehnisse innerhalb der virtuellen Welt beeinflusst werden.

Die Hauptmerkmale von VR-Brillen im Unterschied zu Produkten der AR-Sparte sind das komplett geschlossene Gehäuse und die Linsen, die vor dem Bildschirm befestigt sind. Nur so kann der Benutzer komplett in eine virtuelle Welt eintauchen und diese ohne störende Lichteffekte der realen Welt wahrnehmen. Die asphärischen Linsen vor dem OLED-Bildschirm sind dabei so konzipiert, dass ein scharfes Sehen in diesem ungewöhnlich nahen Bereich ermöglicht wird.

Eine Übersicht über die derzeit auf dem Markt erhältlichen Produkte ist in Tabelle 1 dargestellt. Die Endgeräte können in die Bereiche *Full-Feature*, *Mobile* und *Low-Budget VR-Brillen* unterschieden werden. Die differenzierten Typen werden im Folgenden weiter ausgeführt, der Vollständigkeit halber wird Mixed Reality ebenfalls berücksichtigt.

Tabelle 1. Endgeräte für Virtual Reality

Produkt	*VR*			*Mixed Reality*
	VR-Brillen			
	Full-Feature	*Mobile*	*Low-Budget*	
Oculus Rift	x			
HTC Vive	x			
Playstation VR	x			
LG 360 VR	(x)	x		
Samsung Gear VR		x		
Google Daydream View		x		
Huawei VR		x		
Google Cardboard			x	
Homido			x	

3.1.1 Full-Feature-Endgeräte

Als Beispiel für den Standard-Aufbau einer VR-Brille sollen im Folgenden die Komponenten und die Funktionsweise der Oculus Rift näher erläutert werden (vgl. Abb. 1).

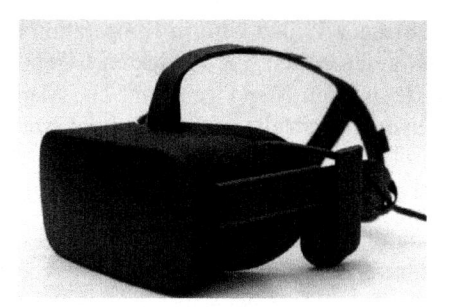

Abb. 1. Oculus Rift (Foto von Sam Walton / CC-BY)

Der Korpus der Brille wird mit Hilfe elastischer Bänder am Kopf fixiert. Dies ist eine zentrale Anforderung für die später notwendige Portabilität und Bewegungsfreiheit. Das Gehäuse selbst hat ein minimales Gesamtgewicht, um die Träger auch bei längerer Verwendung nicht zu belasten und einzuschränken. Genauso wie das Eigengewicht ist auch die Verteilung des Gewichts einer der primären

Komfortfaktoren für den längeren Einsatz einer VR-Brille. Des Weiteren werden Stellschrauben benötigt, mit denen der Abstand zum Auge reguliert werden kann.

Im Front-Cover befindet sich der OLED-Bildschirm, der damit unmittelbar vor dem Auge des Anwenders sitzt. Zusätzliche Linsen vor dem Bildschirm erlauben darüber hinaus eine Art Lupen-Funktion, um auf eine ggf. vorhandene Kurz- oder Weitsichtigkeit zu reagieren (Parkin 2014). Aktuelle VR-Brillen, wie z. B. die Oculus Rift, arbeiten mit einer Full-HD-Auflösung von 1920 x 1080 Pixel. Die Bilder werden separat pro Auge angezeigt und sind dabei nicht äquivalent, sondern leicht versetzt positioniert. Dank dieser separaten Perspektive entsteht der bereits erwähnte gewünschte stereoskopische Effekt (Parkin 2014).

Neben der leicht versetzten Positionierung der einzelnen Bilder ist eine hohe Bildwiederholrate (Oculus Rift 75 Hz) und eine niedrige Persistenz notwendig. Werden beide Kriterien eingehalten, so ergibt sich ein flüssiges Bild und eine Bewegungsunschärfe (engl.: motion blur). Ebenfalls werden dadurch etwaige „Ruckler" (engl.: judder) reduziert. Sind alle Eigenschaften optimal abgestimmt, so entsteht die gewünschte immersive Wirkung, die wiederum das Risiko für die Simulations-Krankheit (engl.: Simulator oder Cyber Sickness bzw. Motion Sickness) senkt (Oculus VR Inc. 2014). Aufgrund des breiten Sichtfeldes (Oculus Rift 110° Grad) und des kurzen Abstands zwischen Auge und Bildschirm, verliert der Anwender das Gefühl auf einen Bildschirm zu schauen, und gewinnt den Eindruck, sich innerhalb der virtuellen Welt zu befinden (Oculus VR Inc. 2012). Änderungen der Blickrichtung in der realen Welt werden dabei automatisch auf die virtuelle Welt adaptiert. Diese Täuschung des Gehirns verursacht das Gefühl, Bestandteil der simulierten Welt zu sein.

Einer der beiden größten Konkurrenten zur Oculus Rift ist das aktuelle VR-Produkt der Firma Sony, das inzwischen als „PlayStation VR" erhältlich ist. Eine weitere, auf dem Markt erhältliche VR-Brille ist die „HTC Vive". Diese basiert auf der VR-Technologie „SteamVR" und wird in Kooperation mit Valve und Nvidia entwickelt. Neben den aufgezählten VR-Produkten haben u. a. auch Epson und Carl Zeiss VR-Produkte auf den Markt gebracht. Die Marktanteile von Oculus, Sony und HTC konnten diese Hersteller allerdings nicht erreichen.

3.1.2 Mobile- und Low-Budget-Endgeräte

Nach der Reaktivierung und Forcierung des VR-Marktes durch die Oculus Rift haben sich weitere Anbieter mit consumer-orientierten Produkten dem Markt angeschlossen. Als mobile Varianten einer vollständigen Brille bietet Samsung eine VR-Brille als Zubehör für aktuelle Samsung-Smartphones an: die Samsung Gear. Google bietet weiter seit Ende 2016 die Google Daydream als VR-Brille an. Auch bei diesem Produkt wird das Einlegen eines Smartphones vorausgesetzt (Google 2017b). Die günstigste Alternative zur Oculus Rift ist das VR-Einstiegsprodukt „Google Cardboard". Hierbei handelt es sich um eine kleine Selbstbau-Box aus Pappe, in die ein Smartphone eingelegt wird.

3.1.3 Mixed Reality

In Ergänzung zu den bisher betrachteten Geräteklassen der VR ist auch der Begriff „Mixed Reality" (MR) zu definieren. Bei der Mixed Reality, dt.: gemischte Realität, erfolgt eine Vermischung von realer Umgebung und virtueller Realität. Dabei existieren neben einer rein virtuellen Umgebung insb. die erweiterte Realität (AR), und die erweiterte Virtualität, Augmented Virtuality (AV). Der Begriff „Mixed Reality" wurde dabei erstmals von Milgram & Kishino (1994) bei dem Versuch eingeführt, verschiedene Mischformen von computergenerierter Realität (Virtual Reality) und realer Welt zu beschreiben. Die Mixed Reality ist daher eine Umgebung, in der reale und virtuelle Objekte in einer Visualisierung kombiniert werden können (Milgram & Kishino 1994). Vorstellbar ist eine Anwendung auf einer Brille, welche ähnlich wie eine VR-Brille komplett geschlossen ist, jedoch über Kameras die reale Welt wiedergibt.

3.2 State-of-the-Art von Augmented Reality

Der Grundgedanke von AR beschreibt das zusätzliche Einblenden von Informationen oder anderen Elementen bspw. direkt in das Sichtfeld des Benutzers, während dieser, im Unterschied zur VR, weiterhin die echte Realität wahrnehmen kann. Für den Anwender sind so z. B. bei dem Blick durch eine AR-Datenbrille die virtuellen Objekte koexistent mit der realen Welt. Zusätzlich besteht je nach zusätzlicher Sensorfunktionalität die Möglichkeit einer Interaktion, die in Echtzeit stattfindet (Azuma 1997; Ma et al. 2011; Mehler-Bicher et al. 2011). Durch verschiedene technologische Entwicklungen in den letzten Jahren haben sich allerdings weitere Untergruppen gebildet, da AR als Schlagwort für eine Vielzahl unterschiedlicher Arten von Geräten verwendet wurde. Eine Übersicht der derzeit gängigen Endgeräte kann Tabelle 2 entnommen werden, darüber hinaus werden die Endgerätetypen im Folgenden erörtert.

Tabelle 2. Endgeräte für Augmented Reality

Produkt	AR	
	Smart Glasses	AR-Brillen
Vuzix M100/M300	x	
Google Glass	x	
Epson Moverio	x	(x)
Microsoft HoloLens		x
Meta 2		x

3.2.1 Unterstützte Realität

Die Funktion und der Aufbau einer AR-Brille sollen im Folgenden anhand der Google Glass näher erläutert werden (vgl. Abb. 2).

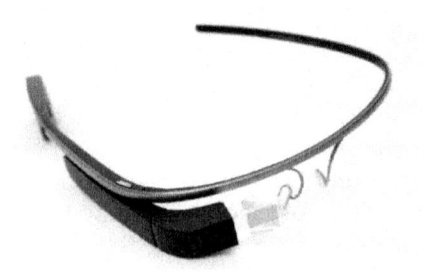

Abb. 2. Google Glass (Foto: T. Reckmann / CC-BY)

Das im Februar 2012 erschienene tragbare Head-Mounted-Display projiziert eine überlagerte Realität in die reale Welt. Hierzu nutzt die AR-Brille ein optisches Prisma und einen Miniprojektor (Rhodes & Allen 2014). Die Visualisierung erfolgt durch die Projektion auf ein Display, welches direkt vor den Augen des Anwenders angebracht ist. Dieses sog. See-Through-Display erlaubt es, die reale Umgebung wahrzunehmen und gleichzeitig virtuelle Objekte zusätzlich auf dem Display anzuzeigen, ohne das komplette Eintauchen in eine virtuelle Realität und somit den Verlust zur realen Welt hervorzurufen. Weitere Vorteile liegen in einer freien Bewegung im Raum ohne Kabel oder sonstige Drittgeräte zur Positionsbestimmung. Nachteilig ist jedoch, dass das gesamte Zubehör (Kamera, Display, Recheneinheit als auch weitere Sensorik) am Körper getragen werden muss (Mehler-Bicher et al. 2011).

Neben Google haben weitere Anbieter AR-Brillen auf den Markt gebracht, von denen hier die relevantesten aufgelistet werden sollen.

Die Moverio BT-200 von Epson ist eine AR-Brille, welche ebenfalls 3D-Inhalte abspielen kann. Die Rechenleistung ist hier jedoch nicht in der Brille abgebildet, sondern auf eine externe Bedieneinheit ausgelagert.

Als weiteres AR-Produkt ist die Vuzix M100 zu nennen, welche mit einem monokularen Display arbeitet und nicht transparent ist. Diese AR-Brille ist auf Grund des separaten Displays ohne integrierte Überlagerung mit der realen Welt vergleichsweise simpel und flexibel anpassbar. Die M100 kommt somit besonders in der Industrie zum Einsatz und ist nicht für den privaten Gebrauch konzipiert.

3.2.2 „Echte" erweiterte Realität

Bei den Geräten, die tatsächlich dem ursprünglichen Anwendungsfeld von AR nachgehen und die reale Welt um virtuelle Elemente erweitern wollen, spricht man von der sog. „echten" erweiterten Realität. Es handelt sich dabei maßgeblich um Brillen, die zusätzliche kontextsensitive Informationen oder Elemente direkt in das Sichtfeld des Benutzers einblenden. Diese können durch Oberflächen-Erkennungen im Sichtfeld des Anwenders an einer definierten Position fixiert werden. Weiterführend ist auch die Interaktion mit virtuellen Objekten möglich. Die Anzahl von verfügbaren Technologien, welche diese Eigenschaften mit sich bringen, ist bisher, verglichen zur Technologiegruppe der unterstützen Realität, sehr begrenzt. So unterscheidet sich das von Microsoft entwickelte System „Hololens" stark von den bisher genannten AR-Brillen, wie z. B. der Google Glass oder Vuzix M100. Auf der Hololens werden 3D-Objekte, oder auch Hologramme generiert, in die Realität des Benutzers eingebunden und visualisiert (Microsoft 2017). Die Anzeige erfolgt über eine separate Displayfläche vor jeweils beiden Augen. Zusätzliche Sensorik erlaubt durch Gesten, Sprachen und Kopfbewegungen diverse Interaktionsmöglichkeiten mit den virtuellen Objekten. Klarer Unterschied zu den bisher genannten AR-Brillen ist, dass die Hololens nicht nur einen Teil, sondern das gesamte Sichtfeldes einnimmt. Neben Microsoft hat auch Meta ein Produkt im dieser Technologiegruppe platziert. Die Meta 2 ist in Abb. 3 dargestellt. Erste veröffentliche Tests und die Produktspezifikation legen nahe, dass auch die Meta 2 den Anforderungen an eine echte erweiterte Realität gerecht wird (Meta Company 2016).

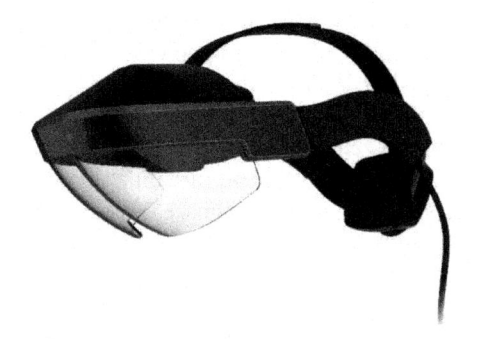

Abb. 3. Meta 2 (Foto: MetaMarket / CC-BY)

4 Klassifikation

4.1 Untersuchungskriterien und Klassifikationskategorien

Für eine genaue Abgrenzung der Endgeräte fehlt eine Klassifikation der unterschiedlichen Technologien oder Geräte im Hinblick auf die verwendeten Begrifflichkeiten VR und AR bzw. deren Einordnung in Virtualität und Realität. Diese Forschungslücke führt zu stetigen Unschärfen bei der Abgrenzung der verschiedenen Begriffe und erschwert die Erforschung konkreter Szenarien, beispielsweise in der Bildung. Um diesem Umstand entgegenzuwirken, ist in Abb. 4 eine Abgrenzung zwischen AR und VR dargestellt. Dabei bildet der Mittelpunkt die Realität ab, also meist den Ist-Zustand des derzeitigen Bildungswesens. Zu den konventionellen Medien, die somit keine Verbindung zu AR oder VR haben, zählen beispielsweise Schulbücher, Arbeitshefte, gedruckte Anleitungen, Schulungsmaterial in Form von Präsentationsfolien und vieles mehr.

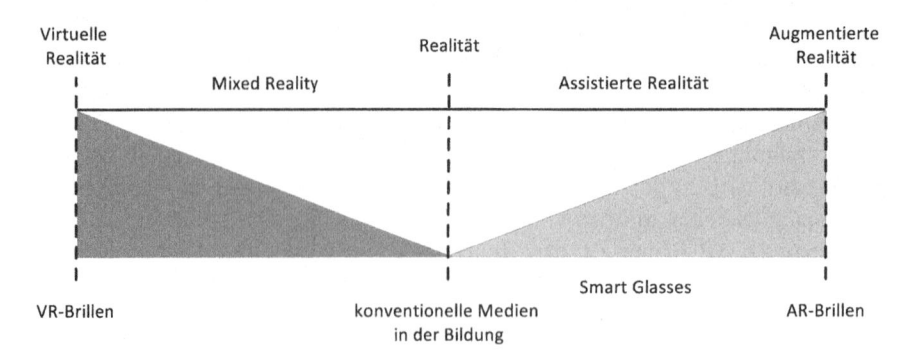

Abb. 4. Klassifikation von VR und AR

Von diesem Punkt aus können sich nun die Terminologien in zwei Richtungen entwickeln. Nach links, in Richtung virtuelle Realität (VR), verlagert sich das Verhältnis von Realität und Virtualität zunehmend, über Mixed-Reality-Anwendungen die die außerhalb der Brille vorhandene Realität in den virtuellen Raum überführen, bis hin zu VR-Brillen, die unabhängig des jeweiligen Aufenthaltsortes jegliche Realität virtualisiert zeigen.

Eine analoge Entwicklung der Begriffe „Realität" und „Augmentation" wird rechts des Mittelpunkts vollzogen. Über Smart Glasses, welche die vorhandene Realität mit zusätzlichen Inhalten, wie bspw. Hinweisen, anreichern, wird die Realität bei AR-Brillen vollumfänglich überblendet und dadurch angereichert. Diese allgemeinen Technologiebezeichnungen lassen sich jedoch noch weiter in verschiedene Endgeräte sowie Klassifikationskriterien unterteilen.

4.2 Virtual Reality

Wie in Abb. 5 ersichtlich, können bereits die konventionellen Medien in der Bildung in verschiedene Untergruppen eingeteilt werden. So gibt es beispielsweise unterschiedliche Geräteklassen, die bei der Weiterbildung eine Rolle spielen. Diese sind in dieser Grafik Beamer und Laptop, allerdings existieren weitere, die jedoch nicht Betrachtungspunkt dieses Beitrags sind.

Die nächste Evolutionsstufe ist die sog. Mixed Reality. Von allen Begriffen ist dieser der uneindeutigste, da er bereits von verschiedenen Instanzen mit unterschiedlichen Bedeutungen verwendet wurde. Beispielsweise hat Microsoft die Hololens anfangs noch als Mixed Reality betitelt, ist davon aber inzwischen abgekommen. Stattdessen steht Mixed Reality in diesem Beitrag für eine Verbindung der realen Welt mit der Technologie von VR, die dementsprechend stark an diese angelehnt ist. Ein Beispiel wäre also eine VR-Brille, die mit Kameras und Sensoren zur Außenwahrnehmung ausgestattet ist. So ist das eigene Sehen des Benutzers zwar vollständig von der Außenwelt abgeschirmt, er würde die Realität allerdings übertragen von den Kameras als angezeigtes Bild wahrnehmen. Diese Videoübertragung kann dann live auf unterschiedliche Weisen verändert, ergänzt oder reduziert werden. Eine Art dieser Technik wird im militärischen Sektor bereits länger eingesetzt, beispielsweise im Fahrerstand von Panzerpiloten, wo dies Sichtluken vollständig ablösen konnte. Bis auf Visionen existiert allerdings noch kein marktreifes Produkt, das auf AR-Brillen aufbaut.

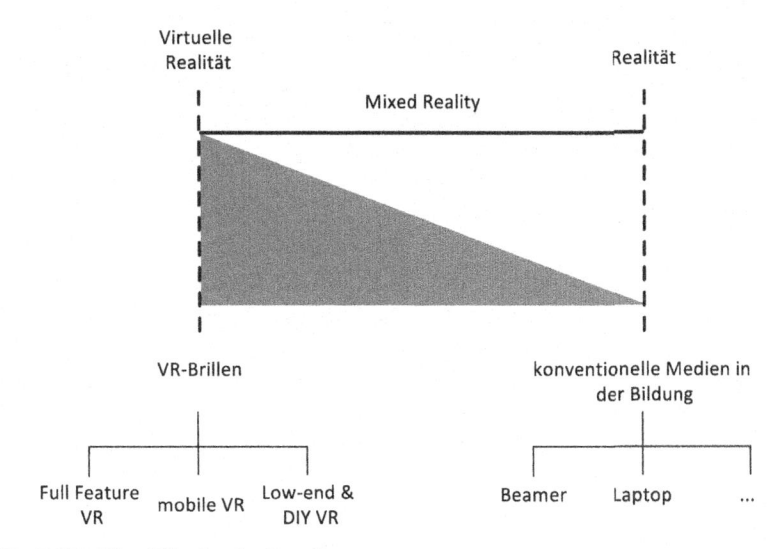

```
          Virtuelle                                    Realität
          Realität
                          Mixed Reality


          VR-Brillen                      konventionelle Medien in
                                                der Bildung

     Full Feature              Low-end &
         VR      mobile VR     DIY VR       Beamer    Laptop    ...
```

Abb. 5. VR-Klassifikation im Detail

Auf der linken Seite der Grafik sind schließlich die verschiedenen Arten von VR-Brillen dargestellt. Da die Virtual Reality bereits einen relativ hohen Reifegrad erreichen konnte, kann bereits zwischen drei verschiedenen Varianten von Endgeräten differenziert werden (Böhm & Esser 2016), die zum Tragen auf dem Kopf bestimmt sind. Die sog. Full-Feature VR-Brillen stellen die allein funktionsfähigen, aber dadurch auch teuren Geräte dar. Beispiele sind die bereits erwähnten Geräte Oculus Rift, HTC Vive oder auch PlayStation VR (Oculus VR Inc. 2012; Gaudiosi 2015; Oculus 2015; Sony Computer Entertainment Inc. 2015). Diese Endgeräte verfügen über eigene Bildschirme und Linsen zur Anzeige des virtuellen Raumes sowie über entsprechende Rechenleistung. Die Daten werden allerdings von einer Software auf einem stationären Computer oder Notebook übertragen. Dadurch ist eine Kabelverbindung notwendig, welche die Bewegungsfreiheit einschränkt. Es existieren allerdings erste Prototypen, die Videosignale kabellos zu übertragen.

Die mittelpreisige Kategorie sind sog. Mobile-VR-Geräte. Es handelt sich hierbei um hochwertige Gehäuse und Rahmen, ausgestattet mit einem oder mehreren Kopftragebändern, asphärischen Linsen sowie einem Einschub oder einer Haltevorrichtung für Smartphones, die sich durch Abstandsregelung an den Benutzer anpassen lässt. Ohne Smartphone ist keine Technik verbaut, die das Anzeigen von virtuellen Räumen ermöglicht, allerdings sind die Geräte häufig mit zusätzlichen

Bedienelementen, Ladeinterfaces oder Audio-Schnittstellen ausgerüstet. Die bekannten Vertreter dieser Gruppe stellen die Samsung Gear VR und die Google Daydream dar (Google 2017).

Die sog. Low-Budget-VR-Brillen, je nach Material auch „Cardboards" genannt, sind die günstigste Möglichkeit, in virtuelle Realitäten „einzutauchen". Wie die mobilen VR-Gehäuse auch, sind diese Geräte nur Hüllen oder Gehäuse für Smartphones, auf denen dann über weitere Apps virtuelle Spiele, Bilder oder sonstige Inhalte angezeigt werden. Die Cardboards besitzen aufgrund ihrer Einfachheit keine Technik für zusätzliche Bedienelemente und sind teilweise sogar ohne Zugband aufgebaut, so dass man sie vor die Augen halten muss.

4.3 Augmented Reality

Der Begriff „Augmented Reality" (AR), dt.: erweiterte Realität, ist nicht eindeutig definiert. Waren 1968 noch sogenannte Head-Up-Displays (HUD) Geräte, welche auf einer VR- als auch AR-Anwendung aufbauten, so wurde ein eigener AR-Begriff erst durch Caudell & Mizell (1992) geprägt. Weiterführend definiert Azuma (1997) AR als eine Variation von VR.

Analog zu der Betrachtung von VR lässt sich auch AR in verschiedene Kategorien unterteilen. So stellen Smart Glasses keine vollständig augmentierte, sondern eher eine assistierte Realität dar, ein Zwischenschritt auf der Entwicklung hin zur vollständig augmentierenden AR-Brille. Diese Unterteilung ist im Detail in Abb. 6 erkennbar. Reichern die sog. Smart Glasses die um den Benutzer stattfindende Realität durch beispielsweise Informationen oder Hinweise lediglich an, wird diese Realität bei AR-Brillen überlagert und mit fest verorteten, realitätsnahen Objekten und Modellen versehen.

Prominenteste Vertreter der Smart Glasses sind beispielsweise die 2012 eingeführte Google Glass und die industrienahen Datenbrillen von Vuzix (M100 und M300). Beide Beispiele verfügen über je einen Bildschirm, teilweise auch Prisma genannt, der je nach Hersteller an einer Seite fixiert oder austauschbar angebracht ist. Diese Aufbauart wird als monokular bezeichnet, gegenüber binokularen Brillen, die über Anzeigemöglichkeiten vor beiden Augen verfügen (Bendel; Serif & Ghinea 2005). Beispiele für binokulare Brillen sind die Brillen der Epson-Moverio-Reihe, die allerdings teilweise auch über Elemente „echter" AR-Brillen verfügen (Epson 2017). Ferner lässt sich die Art des Bildschirms oder der Anzeige unterteilen, in „(Optical) See-Through"-Prismen, die aus transparenten Materialien bestehen und das Bild über Spiegelungen darstellen, oder „Look-Around"-Bildschirme, um die ein Benutzer aufgrund der nicht durchsichtigen Konstruktion „herumschauen" muss (Krevelen & Poelman 2010; Furht & Carmigniani 2011; Schega et al. 2014). Zusätzlich zu den unterschiedenen Arten, Informationen im Blickfeld darzustellen, verfügen die Brillen auch über unterschiedliche Bedien- und Steuerungselemente. Setzt die Google Glass beispielsweise ein kapazitatives Touchpad ein, über das die meiste Interaktion stattfindet, verfügt die Vuzix M100 über insgesamt vier Knöpfe sowie eine optionale Gestensteuerung (Vuzix 2017).

Mikrofone für eine Spracherkennung sind meist verbaut, ebenso wie Kameras als Aufnahmegerät.

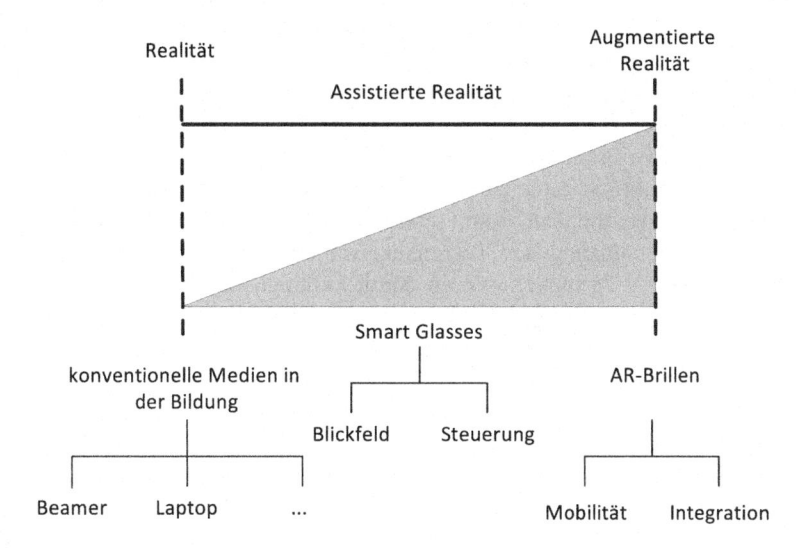

Abb. 6. AR-Klassifikation im Detail

Die darauffolgende Evolutionsstufe stellt die derzeit teilweise bereits erhältlichen, teilweise aber auch noch als Visionen betrachteten AR-Brillen dar. Bei diesen liegt die Verbindung und Integration von künstlichen, virtuellen Objekten in die echte Realität im Fokus. So werden bei den Geräten Microsoft Hololens sowie Meta 2 Objekte beispielsweise auf einer Tischoberfläche im Blickfeld des Benutzers eingeblendet, die auch an diesem Ort fixiert bleiben, wenn der Träger seinen Kopf dreht. Ermöglicht wird dies durch mehrere Kameras und Sensoren in der Brille, die Oberflächen und Texturen erfassen können, und Kopfbewegungen relativ zum betrachteten Raum verfolgen (Microsoft 2017). Durch transparente Displays vor beiden Augen kann dann ein Teil des menschlichen Blickfelds adaptiert oder verändert werden. Die Geräte der Epson Moverio Reihe verfügen zwar über die notwendigen zwei Bildschirme, allerdings nicht über Kameras und Sensoren zur Erkennung des Raumes. Somit können Bewegungen des Kopfes nur durch Daten aus gyroskopischen Beschleunigungssensoren herausgerechnet werden, eine tatsächliche Wahrnehmung des Raumes findet hier nicht statt. Daher sind diese Brillen eher den Smart Glasses zuzurechnen.

4.4 Vergleich

Die Funktionsunterschiede von Augmented- und Virtual-Reality-Brillen liegen insb. im Grad der Integration des Endgerätes in die Realität des Nutzers. Während AR-Brillen virtuelle Objekte in das Sichtfeld des Nutzers einblenden und damit eine augmentierte Realität schaffen, blenden VR-Brillen die Realität des Nutzers vollständig aus, um eine detaillierte virtuelle Realität zu erzeugen. Bei beiden Technologien ist der Nutzer jedoch in der Lage, mit den digitalen Objekten zu interagieren. Durch diese Eigenschaften sind diese Brillentechnologien für unterschiedliche Trainings- und Weiterbildungsszenarien geeignet.

AR-Brillen und auch Smart Glasses blenden kontextsensitive Informationen in das Sichtfeld des Nutzers ein (Niemöller et al. 2016). Auf diese Weise können informationsintensive Prozesse während der Ausführung unterstützt werden. Durch die Mobilität der AR-Systeme ist darüber hinaus eine ortsunabhängige Unterstützung des Anwenders möglich. Somit sind AR-Brillen ein adäquates Assistenzsystem für die Unterstützung des Technikers während der Serviceerbringung am „Point of Service". Techniker werden damit befähigt, in Prozessen geschult zu werden, während sie diese durchführen, auch „Training on the job" genannt. Während dazu bislang eine intensive Betreuung durch einen erfahrenen Mitarbeiter notwendig war, ermöglichen AR-Brillen eine unabhängige Unterstützung des Mitarbeiters, um fehlende Prozesskenntnisse individuell auszugleichen.

Mit dem Blick auf das industrielle Umfeld hat die VR-Technologiegruppe jedoch mit bedeutend größeren Fragestellungen zu kämpfen als die AR-Technologie, da hier die reale Wahrnehmung lediglich teilweise überlagert wird und der Anwender nicht komplett in die virtuelle Realität eintaucht. Dennoch hat VR das Potenzial, die berufliche Aus- und Weiterbildung zu revolutionieren. Während im technischen Kundendienst bislang Trainingscenter unterhalten werden, in denen an realen Produkten geschult wird, ermöglicht der virtuelle Trainer ein ortsunabhängiges flexibles Training, ein sog. „Training off the job". Das spart Zeit, da mehrere Personen gleichzeitig Prozesse üben können und Anfahrtswege wegfallen. Weiterhin werden Kosten gesenkt, da keine teuren Anlagen zu Schulungszwecken bereitgestellt werden müssen. Darüber hinaus bietet der virtuelle Trainer Sicherheit, so können anspruchsvolle Aufgaben mit chemischen Substanzen geschult werden, ohne gesundheitliche Risiken einzugehen.

Damit sind VR-Systeme eine ideale Ergänzung zu AR-Systemen für ein individuelles und autonomes Lernkonzept. Die Mitarbeiter werden vorab in den relevanten Prozessen geschult und anschließend von der AR-Brille bei der Serviceerbringung im realen Prozess unterstützt. So ergeben sich bei einem VR-Einsatz zum Beispiel bei gewerblichen Tätigkeiten schnell eine größere Anzahl an Problem- und Fragestellungen, die adressiert werden müssen. Kurz- bis mittelfristig gehen Prognosen daher davon aus, dass der VR-Markt zwar momentan schon gut angelaufen ist, jedoch vom AR-Markt durch seine Industrierelevanz zeitnah eingeholt werden wird (Digi-Capital 2015).

5 Fazit und Ausblick

Damit Unternehmen auch in der Zukunft auf verlässliche, gut ausgebildete und motivierte Fachkräfte zählen können, ist der Einsatz von innovativen Technologien zur Aus- und Weiterbildung unabdingbar. Unter der Verwendung von sowohl VR als auch AR können unterschiedliche Mehrwerte generiert werden, die den Technikern einen verbesserten Zugang zu den Bildungsinhalten ermöglichen. Im Laufe der letzten Jahre wurden die Begriffe AR und VR allerdings wiederholt durch unterschiedliche technologische Entwicklungen geprägt. Im Rahmen dieses Kapitels wurde eine Klassifikation der verschiedenen Begrifflichkeiten vorgenommen, die verdeutlicht, wie divers und unübersichtlich die Terminologie geworden ist. Speziell bei Unternehmen, die neue Technologien in den eigenen Ausbildungsprorammen einsetzen möchten, ist eine eindeutige Kommunikation zum Verständnis bspw. von Unternehmensvertretern gegenüber Technologieanbietern essentiell. Zur Förderung einer einheitlichen, verständlichen Kommunikation in Wissenschaft und Praxis kann die in diesem Beitrag beleuchtete Kategorienklassifikation eine Richtung zur weiteren Terminologie vorgeben.

Gleichzeitig wird deutlich, dass eine sich weiterhin diversifizierende Technologiediskussion vorhanden ist. Durch neue Visionen, wie beispielsweise das hier erläuterte Verständnis von Mixed Reality, werden stetig neue Entwicklungen immanent sein. Es ist nicht ausgeschlossen, dass auch die Terminologie um weitere, derzeit noch nicht voraussehbare Begriffe angereichert werden wird.

6 Literatur

Azuma R (1997) A survey of augmented reality. Presence Teleoperators Virtual Environ 6:355–385
BBC (2012) Oculus Rift virtual reality headset gets Kickstarter cash. BBC News. http://www.bbc.com/news/technology-19085967. 28.01.2017
Bendel O (o.J.) Stichwort: Datenbrille. In: Gabler Wirtschaftslexikon. http://wirtschaftslexikon.gabler.de/Archiv/1097117103/datenbrille-v5.html. 27.02.2017
Böhm K, Esser R (2016) Virtual Reality: The Next Big Thing? Zukunft der Consum Technol – 2016 Bitkom Res. 43–55
Brill M (2009) Virtuelle Realität. Springer, Berlin
Caudell TP, Mizell DW (1992) Augmented reality: an application of heads-up display technology to manual manufacturing processes. Proceedings of the Twenty-Fifth Hawaii International Conference on System Sciences. IEEE, 659–669
Digi-Capital (2015) Augmented/Virtual Reality to hit $ 150 billion disrupting mobile by 2020. http://www.digi-capital.com/news/2015/04/augmentedvirtual-reality-to-hit-150-billion-disrupting-mobile-by-2020/. 28.01.2017
Epson (2017) Moverio BT-200. http://www.epson.de/products/see-through-mobile-viewer/moverio-bt-200. 31.01.2017
Furht B, Carmigniani J (2011) Augmented Reality: An Overview. In: Furht B (Hrsg) Handbook of Augmented Reality. Springer, New York, NY, 3–46
Gaudiosi J (2015) HTC jumps from smartphones to VR to bring the first consumer VR device to market. FORTUNE Tech. http://fortune.com/2015/04/21/htc-vr/. 27.01.2017
Google (2017) Introducing Daydream. In: vr.google.com. https://vr.google.com/daydream/. 30.01.2017

Krevelen DWF van, Poelman R (2010) A Survey of Augmented Reality Technologies, Applications and Limitations. Int J Virtual Real 9:1–20

Ma D, Fan X, Gausemeier J, Grafe M (2011) Virtual Reality & Augmented Reality in Industry. Springer, Berlin

Mehler-Bicher A, Reiß M, Steiger L (2011) Augmented Reality: Theorie und Praxis. Oldenbourg

Meta Company (2016) Meta 2 Augmented Reality Development Kit. https://buy.metavision.com/products/meta2. 26.03.2017

Microsoft (2017) Microsoft HoloLens. https://www.microsoft.com/microsoft-hololens/de-de. 31.01.2017

Milgram P, Kishino F (1994) A taxonomy of mixed reality visual displays. IEICE Trans Inf Syst 77:1321–1329

Niemöller C, Metzger D, Fellmann M, et al. (2016) Shaping the Future of Mobile Service Support Systems – Ex-Ante Evaluation of Smart Glasses in Technical Customer Service Processes. Informatik 2016. Klagenfurt

Oculus (2015) The Oculus Rift, Oculus Touch, and VR Games at E3. https://www3.oculus.com/en-us/blog/the-oculus-rift-oculus-touch-and-vr-games-at-e3/. 27.01.2017

Oculus VR Inc. (2014) Oculus Developer Guide. https://developer3.oculus.com/documentation/. 27.01.2017

Oculus VR Inc. (2012) Oculus Rift: Step Into the Game. https://www.kickstarter.com/projects/1523379957/oculus-rift-step-into-the-game. 27.01.2017

Parkin S (2014) Oculus Rift's Virtual Reality Headset Could Kick-Start a Revolution Beyond Video Games. MIT Techn Rev

Rhodes T, Allen S (2014) Through the Looking Glass: How Google Glass Will Change the Performing Arts. Arts Manag Technol Lab 1–12

Schega L, Hamacher D, Erfuth S, et al. (2014) Differential effects of head-mounted displays on visual performance. Ergonomics 57:1–11

Serif T, Ghinea G (2005) HMD versus PDA: a comparative study of the user out-of-box experience. Pers Ubiquitous Comput 9:238–249

Sherman WR, Craig AB (2002) Understanding Virtual Reality: Interface, Application, and Design. Elsevier

Sony Computer Entertainment Inc. (2015) Sony Computer Entertainment Unveils The New Prototype Of "Project Morpheus." PR Newswire http://www.prnewswire.com/news-releases/sony-computer-entertainment-unveils-the-new-prototype-of-project-morpheus--a-virtual-reality-system-that-expands-the-world-of-playstation4-ps4-300045095.html. 28.01.2017

Theis S, Mertens A, Wille M, et al. (2015) Effects of data glasses on human workload and performance during assembly and disassembly tasks. Proceedings of the 19th Triennial Congress of the IEA. Melbourne, 1–8

Urbach N, Ahlemann F (2016) Der Wissensarbeitsplatz der Zukunft: Trends, Herausforderungen und Implikationen für das strategische IT-Management. HMD – Praxis der Wirtschafsinformatik 53:16–28

Vuzix (2017) M100 Smart Glasses. https://www.vuzix.com/Products/m100-smart-glasses. 11.05.2017

Potenziale und Hemmnisse von AR- und VR-Medien zur Unterstützung der Aus- und Weiterbildung im technischen Service

Lisa Niegemann und Helmut Niegemann

Mitarbeiter der beiden Praxispartner im Projekt GLASSROOM, Alfred Becker GmbH und AMAZONEN-Werke H. Dreyer GmbH & Co. KG, haben eine AR-Brille mit der im Projekt entwickelten Software erprobt und erste Erfahrungen mit dem ebenfalls im Projekt entwickelten VR-System gemacht. Die Mitarbeiter wurden im Projektverlauf mehrmals zu ihren Erfahrungen befragt. Die Ergebnisse werden in diesem Beitrag zusammengefasst.

1 Besonderheiten der Aus- und Weiterbildung im Bereich technischer Kundendienstleistungen

Mittelständische Unternehmen sehen sich nicht nur durch den Mangel an qualifiziertem Personal herausgefordert, auch rasche Änderungen der technischen Produkte und die Vielfalt unterschiedlicher Produkte fordern Bildungsmaßnahmen, die sich nicht einfach wie Kurse zur Vermittlung von Softskills oder zur Handhabung von Standardsoftware und am Weiterbildungsmarkt beschaffen lassen. Innerbetriebliche Ergänzungen zur Berufsschule für Auszubildende und die Weiterbildung der Mitarbeiter müssen oft von erfahrenen Mitarbeitern, z. B. Meistern, durchgeführt werden, die ihrerseits dringend für operative Aufgaben benötigt werden. Hinzu kommt, dass diese technisch hochqualifizierten Mitarbeiter in der Regel über keine systematische didaktische Ausbildung verfügen, so dass die Qualität der Schulungen oft auch von den Unternehmen selbst als unzureichend eingeschätzt werden, obwohl Auszubildende des Unternehmens immer wieder vordere Plätze bei Landeswettbewerben belegten.

Die Praxispartner im Projekt GLASSROOM sind zwei sehr unterschiedliche mittelständische Unternehmen: zum einen die Alfred Becker GmbH (nachfolgend auch kurz: Klima Becker), Saarbrücken, die Heizungs- bzw. Klimaanlagen installiert und als Kundendienstleistung wartet, und weiter das einzige Unternehmen in der Region ist, das noch Heizungs- und Klimatechniker ausbildet. Zum anderen die AMAZONEN-Werke H. Dreyer GmbH & Co. KG (nachfolgend auch kurz: Amazonenwerke), Hersteller von innovativer Landtechnik, insb. Großgeräte. Im

Rahmen des Projekts fokussierte sich die Anwendung auf die Wartung und Instandhaltung des Pantera, eines sehr großen selbstfahrenden Geräts, das in der Regel auf sehr weitläufigen landwirtschaftlichen Flächen eingesetzt wird und bei Pannen vor Ort, weitab von Werkstätten, instandgesetzt werden muss.

2 Einsatz der AR-Technik in der Aus- und Weiterbildung bei Klima Becker

Eine Herausforderung in der Aus- und Weiterbildung der Servicetechniker besteht darin, dass Klima Becker eine Vielzahl unterschiedlicher Produkte von vielen verschiedenen Herstellern installiert und wartet. Zwar bieten große Hersteller Produktschulungen an, die aber in der Regel nur von einigen Mitarbeitern besucht werden können, die dann als Multiplikatoren wirken, was zeit- und damit kostenwirksam ist. Zum Beispiel werden gerade bei Wartungsaufgaben die generell oder produktspezifisch erfahreneren Mitarbeiter häufig von weniger erfahrenen Technikern angerufen und um Informationen und Hilfe gebeten.

Hier stellt sich die Frage, ob und auf welche Weise die Aus- und Weiterbildung durch Digitalisierung, insb. durch den Einsatz von Augmented-Reality-Brillen (vgl. den Beitrag zu AR- und VR-Technologien in diesem Buch, S. 20 ff), erleichtert und verbessert werden kann. Von den Projektpartnern waren Vuzix M100 AR-Brillen beschafft worden.

Die ursprüngliche Idee im Projekt GLASSROOM war, für die AR-Brillen Software zu entwickeln, die den Technikern vor Ort Informationen und Hilfen zur jeweiligen Arbeitsaufgabe (z. B. Bau- oder Schaltpläne, kurze Videos mit Wartungsanleitungen usw.) über das Display der Brille zur Verfügung stellen.

Der Weg einer externen Entwicklung der Arbeits- und Lernhilfen erwies sich jedoch wegen der Vielfalt der Produkte und deren häufigen Änderungen als wenig praxistauglich. Als Alternative sollen die mit Bildungsaufgaben betrauten Techniker und Meister in die Lage versetzt werden, selbst entsprechende Lern- und Arbeitshilfen entwickeln zu können. Dazu benötigen sie zur Qualifizierung kurzfristig geeignete Handreichungen, technische Unterstützung (zur Aufzeichnung und Bearbeitung von Videofilmen, die sie mithilfe der AR-Brille erfassen) und schließlich auch eine fundierte Weiterbildung im Sinne eines „Train-the-Trainer"-Konzepts. Die Entwicklung eines Konzepts hierzu erfordert zunächst eine Analyse der Situation, wozu semistrukturierte Experteninterviews anhand eines Interviewleitfadens durchgeführt wurden.

2.1 Aus- und Weiterbildung bisher

Die im Folgenden dargestellten Informationen stammen aus Interviews mit Mitarbeitern von Klima Becker. Befragt wurden zwei für das Projekt verantwortliche Mitarbeiter, erfahrene Servicetechniker und Meister, die u. a. in der Ausbildung engagiert sind.

Der Interviewleitfaden ist in drei Abschnitte unterteilt:

- Einsatz digitaler Medien (allgemein),
- Erfahrungen mit der AR-Brille Vuzix M100 und
- Erfahrungen mit dem VR-Programm.

2.1.1 Probleme und Schwierigkeiten in der bisherigen innerbetrieblichen Aus- und Weiterbildung

Die Mitarbeiter von Klima Becker zeigen großes Engagement für die Auszubildenden, diese erreichen immer wieder gute Ergebnisse in den Abschlussprüfungen. In den letzten Jahren hat der Betrieb jedoch Schwierigkeiten geeignete Auszubildende zu bekommen und zu halten.

Folgende Probleme werden beschrieben:

- Die Betreuung und Schulung von Auszubildenden ist zeitaufwendig und für die erfahrenen Meister neben ihren Aufgaben im Service und Aufbau zunehmend schwerer zu bewältigen.
- Die Meister, die in die Ausbildung eingebunden sind, zeigen viel Engagement, haben jedoch kaum systematische didaktische Kenntnisse (keine didaktische Ausbildung).
- Sie nutzen z.T. wenig geeignete Lehrmethoden.
- Es gibt keine standardisierten und aktuellen Inhalte: Jeder Meister berichtet sehr unterschiedlich auf der Grundlage seiner Erfahrungen und seines Wissens.
- Es werden oft unsystematische Unterrichtsmaterialien verwendet.
- Durch die komplexen Anlagen einer großen Zahl unterschiedlicher Hersteller ist es nicht möglich, die Auszubildenden mit allen Produkten gleichermaßen vertraut zu machen.
- Theorie und Praxis sind nicht angemessen verknüpft bzw. integriert.
- Für den Betrieb unabdingbar sind Mitarbeiter mit viel Erfahrung. Wenig erfahrene Servicetechniker beanspruchen viel Zeit von erfahrenen Kollegen (u.a. häufige Nachfragen per Telefon), da Fehler in den Anlagen schnell gefunden und behoben werden müssen. Die Anfragen reduzieren die Zeit der erfahrenen Mitarbeiter für eigene operative Aufgaben.
- Der zunehmende Mangel an geeigneten Mitarbeitern führt zu Überlegungen Quereinsteiger aus anderen Branchen umzuschulen.

2.1.2 Einsatz digitaler Medien in der Aus- und Weiterbildung – Entlastung oder Belastung?

Die Befragten sind der Meinung, dass digitale Medien Schulungen und Schulungsunterlagen durchaus sinnvoll ergänzen könnten, sofern diese eine Zeitersparnis für die in der Ausbildung engagierten Meister und eine Verbesserung der Ausbildungsqualität brächten. Die Auszubildenden könnten dann stärker selbstorganisiert lernen und es wäre einfacher, auf die unterschiedlichen Bedürfnisse und das unterschiedliche Vorwissen einzugehen.

Selbsterstellte Lernvideos von Standardarbeiten und effektiver Fehlersuche könnten die Ausbildung bereichern und praxisorientierter machen. Außerdem könnten Anlagen von unterschiedlichen Herstellern realistisch präsentiert werden.

Ein anfänglicher Mehraufwand bei der Erstellung von digitalen Inhalten wird von den Befragten erwartet, dies müsste längerfristig durch erhebliche Zeitersparnis kompensiert werden. Die fachliche Kompetenz zur Erstellung von Inhalten für Aus- und Weiterbildung ist nach Meinung der Interviewten vorhanden, auch die Bereitschaft für ein erhöhtes Engagement, wenn positive Effekte (Zeitersparnis und Qualitätssteigerung) zu erwarten sind.

Den Befragten ist klar, dass die Erstellung effektiver Schulungsvideos gut vorbereitet werden muss und nicht nebenbei erledigt werden kann; dabei muss der Service „weiterlaufen". Für beide Aufgaben werden erfahrene Techniker mit didaktischen Fähigkeiten benötigt, wobei letztere noch zu erwerben sind. Auch eine kontinuierliche technische Weiterbildung der Ausbilder wäre sehr wichtig, da die Technik sich sehr schnell ändert. Die Herstellerfirmen könnten mit digitalen Medien ihre Neuheiten anschaulich präsentieren, was von größeren Unternehmen bereits praktiziert wird.

2.2 Erfahrungen mit der AR-Brille

Bis zum Zeitpunkt der Befragung konnten erst wenige Mitarbeiter Erfahrungen mit der AR-Brille (Vuzix) in der Praxis machen. Grundsätzlich sind diese der Meinung, dass AR-Brillen im alltäglichen Service sehr hilfreich sein können.

2.2.1 Erfahrungen bei der Aufnahme von Videos

Die Hardware der Vuzix M100 Brille wird von den Mitarbeitern als relativ unhandlich beschrieben, schwierig sei vor allem die Bedienung über die Knöpfe am Brillengestell und das ungleich verteilte Gewicht der Brille, wodurch sie schief sitzt und eine unangenehme Kopfhaltung bewirke. Schwierig sei es auch, sich auf den sehr kleinen Bildschirm zu konzentrieren.

Die im Projekt entwickelte Bedienersoftware bewerten die Interviewten insgesamt positiv, obgleich zum Zeitpunkt der Befragung noch einige Befehle fehlten:

- klare Menüführung,
- gute Bedienbarkeit,

- gute Sprachsteuerung und
- recht gute Grafik.

Da die Servicetechniker von Klima Becker häufig in Kellergeschossen der Kunden ohne Internetverbindung arbeiten, steht die Sprachsteuerung dann nicht zur Verfügung, wodurch die AR-Brille einen wichtigen funktionellen Vorteil verliert. Außerdem seien an einigen Arbeitsplätzen die Lichtverhältnisse schlecht und die Umgebungsgeräusche sehr hoch, was die Qualität der Aufnahmen ebenfalls stark beeinträchtigen kann.

Um geeignete Videobilder zu erhalten, müssen sich die Servicetechniker daran gewöhnen, zu heftige Kopfbewegungen zu vermeiden.

Kritisch sehen die Befragten den Arbeitsaufwand für die umfassendere Erstellung brauchbarer Schulungsvideos. Wichtig ist eine gute Vorplanung (Drehbuch), Klarheit von Zielen und Arbeitsabläufen und eine gute Nachbearbeitung.

Mit der im Projekt GLASSROOM entwickelten Bearbeitungssoftware gab es zum Befragungszeitpunkt noch relativ wenig Erfahrung. Berichtet wurde, dass die Bearbeitung zeitaufwendig ist und daher oft abgebrochen wurde. So wurden bisher noch keine geeigneten Videos erstellt und in der Aus- und Weiterbildung eingesetzt.

2.2.2 Möglicher Einsatz in der Aus- und Weiterbildung

Die Befragten trauen vielen Kollegen die Handhabung der Brille und Bearbeitung der Videos zu, wenn das Bearbeitungsprogramm nicht zu kompliziert und nicht zu zeitaufwendig ist. Sinnvoll wäre es, wenn sich ein Mitarbeiter auf diese Arbeit konzentrieren könnte.

Einen sinnvollen Einsatz sehen die Befragten in der Ausbildung (durch Erstellung anschaulicher Praxisbeispiele) sowie für den Telesupport, die Unterstützung der Servicetechniker durch erfahrene Meister, z. B. bei der effektiven Fehlersuche.

Befürchtet wird von einigen Befragten dagegen, dass

- Telesupport die Mitarbeiter bequem macht, sie bräuchten dann nicht „selbst zu denken" und forderten immer gleich die Unterstützung der erfahrenen Meister an, was für diese weiterhin Mehrarbeit bedeuten könnte,

- Ferndiagnosen für Kunden möglich würden und Servicetechniker zunehmend überflüssig würden, und

- weniger qualifizierte Techniker eingestellt werden könnten, die dann durch wenige qualifizierte Mitarbeiter angeleitet werden.

Sämtliche (über 60) Servicemitarbeiter (z. B. für Telesupport) mit AR-Brillen auszustatten ist bei Klima Becker aktuell nicht vorgesehen.

2.2.3 Weiterentwicklung des AR-Brillen-Einsatzes

Im Einzelnen äußern die befragten Mitarbeiter folgende Verbesserungswünsche hinsichtlich der AR-Brillen:

- Gewichtsausgleich für die AR-Technik der Brille auf einer Seite, so dass die Brille gerade sitzt,
- Spracherkennung auch ohne WLAN-Verbindung,
- bessere Lichtempfindlichkeit der Kamera,
- Verringerung des Einflusses von Umgebungsgeräuschen,
- Bedienung über die Smart-App (auf dem Smartphone),
- Ausgabe der Bilder und Videos auf verschiedenen Geräten,
- Einfaches und komfortabel handhabbares Bearbeitungstool,
- Möglichkeit Hervorhebungen, wie z. B. Pfeile oder Sprache nachträglich hinzufügen.

2.2.4 Akzeptanz der AR-Brille

Die Befragten erwarten keine Akzeptanzprobleme bei den jüngeren Mitarbeitern, ältere Mitarbeiter wären vermutlich eher skeptisch und hielten die AR-Brille für Spielerei. Vor allem jedoch käme es auf die Qualität der Produkte an.

2.3 VR-System

Der Projektpartner Fraunhofer IAO, Stuttgart, hat in Zusammenarbeit mit dem Fachgebiet Informationsmanagement (IMWI) der Universität Osnabrück für die Aus- und Weiterbildung von Servicetechnikern ein aufwendiges VR-System entwickelt.

Keiner der befragten Mitarbeiter von Klima Becker hat bisher praktische Erfahrungen mit diesem oder einem anderen VR-System. Sie können sich jedoch vorstellen, dass es beim Training an komplexen Geräten sinnvoll eingesetzt werden könnte. Den Einsatz sehen die Befragten in ihrem Bereich nur in Kooperation mit den Herstellern oder für einige Standardbauteile. Da sich die Produkte ständig ändern, müssen immer wieder „Updates" erstellt werden.

3 Weiterbildung mit AR- und VR-Technik bei den Amazonenwerken

Ein Problem bei Weiterbildungen der Mitarbeiter in den Amazonenwerken sind die komplexen Maschinen, in die man nur schlecht oder gar nicht hineinsehen kann. Um Schulungen anschaulicher zu machen, müssen entweder aufwendig Modelle gebaut werden oder die unsichtbaren Teile müssen mit Hilfe von Grafiken und Skizzen erklärt werden.

Bei jeweils ca. 12 Teilnehmern mit unterschiedlicher Motivation und unterschiedlichem Vorwissen pro Weiterbildungsveranstaltung und nur einem Anschauungsobjekt entstehen Wartezeiten für die Schulungsteilnehmer, anschauliches Lernen ist schwierig und Über- und Unterforderung ist die Folge.

3.1 Einsatz digitaler Medien in Aus- und Weiterbildung

Digitale Medien, vor allem VR, sind gute Alternativen zu den selbst erstellten Modellen und theoretischen Erklärungen, um die inneren Teile einer Maschine sichtbar und erfahrbar zu machen. Die mediale Präsentation erleichtert nachweislich den Aufbau eines für das Verständnis der Technik unerlässlichen „mentalen Modells" bei den Technikern (Salomon 1979).

Ferner können mehr Teilnehmer gleichzeitig sinnvoll beschäftigt werden, es entstehen weniger Wartezeiten und dadurch weniger Langeweile bei den Schulungsteilnehmern.

Bei unterschiedlichem Vorwissen der Teilnehmer kann so das Lerntempo individualisiert werden und die Lernenden können beliebige Wiederholungen durchführen. Die Interviewten erwarten mehr Beteiligung und Motivation der Schulungsteilnehmer.

Schulungen und Trainings werden von zwei hauptamtlichen Trainern vorbereitet und zusammen mit Serviceberatern und Produktspezialisten durchgeführt. Da immer mehr Trainings von wenigen Trainern angeboten werden müssen, entstehen zunehmend Zeitprobleme. Digitale Medien können hier für Entspannung sorgen.

Die Entwicklung digitaler Inhalte für die Aus- und Weiterbildung ist zunächst mit zusätzlichem Aufwand für das Aus- und Weiterbildungspersonal verbunden und erfordert entsprechendes Engagement. Dies würde jedoch erbracht, wenn die Mitarbeiter einen Mehrwert und Zeitvorteile erkennen. Dazu müsste die Firmenleitung bereit sein, in deren Weiterbildung zu investieren, was sich letztlich durch weniger aufwendige Serviceeinsätze amortisieren würde.

VR im Training und AR sowohl als Telesupport im Service als auch als Mittel um Videos für die Aus- und Weiterbildung zu generieren, werden positiv bewertet, wenn die entsprechende Qualität gewährleistet ist.

3.2 AR-Brille

Die meisten Interviewten hatten bisher wenig Erfahrungen mit der AR-Brille gemacht, sie konnten sie lediglich im Schulungsraum ausprobieren, noch nicht in der realen Praxis.

3.2.1 Erfahrungen mit der AR-Brille

Die Befragten schätzen die Videoaufnahmen in der Praxis als aufwendig ein, vor allem würde der Ablauf der Arbeit gestört.

Aufgrund der zum Teil fehlenden Internetverbindung, z. B. auf Feldern in Osteuropa, würde die Sprachsteuerung und die Online-Übertragung für die Beratung nicht funktionieren. Hier wünschen sich einige Servicetechniker eine Steuerung über das Smartphone, dies sei einfacher als die Bedientasten an der Brille. Die Bedienung mit ölverschmierten Fingern könnte dann mit einer „Bedienfolie" erfolgen.

Gewünscht wird zudem eine Pausentaste, damit Störungen oder uninteressante Zwischenschritte nicht mitaufgenommen werden müssten.

Der Umgang mit der Brille muss geübt werden, zum Beispiel müssen rasche Kopfbewegung vermieden werden. Die Aufnahmequalität finden die Befragten erstaunlich gut, auch die Sprachqualität sei trotz Motorgeräuschen recht gut.

Die Aufnahmesoftware wird als sehr einfach und gut beschrieben, es fehlen jedoch noch einige „Werkzeuge" und Warnhinweise. Wichtig sind gute Vorarbeiten, ein Drehbuch und Nachbearbeitung, z. B. müssten für die unterschiedlichen Länder die Videos in verschiedenen Sprachen nachgesprochen oder untertitelt werden.

3.2.2 Möglicher Einsatz in der Praxis

Die Interviewpartner sehen in Videos eine gute Ergänzung zu den Schulungsmaterialien, insb. um Innenansichten zu erklären oder verschiedene technische Probleme zu erläutern. Videoaufnahmen für die Schulungen beim Kunden zu erstellen sei aufgrund von Zeitaufwand und Kosten schwierig. Gute Videos müssten in Ruhe erstellt werden und nicht unter Zeitdruck im Serviceeinsatz.

Telesupport wäre für Amazonenwerke eine sehr zeitsparende und kostengünstige Unterstützung im Service, vor allem bei der Fehlersuche vor Ort. Hierzu gäbe es bereits erste positive Erfahrungen. Mit der AR-Brille können sowohl die Servicetechniker als auch die Kunden von Fachleuten aus der oft weit entfernten Zentrale direkt beraten werden. Es können auch Probleme vor Ort aufgezeichnet und dann im Werk analysiert werden.

Mit der AR-Brille lassen sich auch Anleitungen und Tutorials für die Händler und Kunden erstellen.

Die Befragten trauen es sich zu, die selbst erstellten Videos zu bearbeiten (z. B. schneiden und kürzen), dies sei aber zeitaufwendig und ließe sich nicht nebenbei machen.

Zurzeit seien die Kosten der Brillen jedoch noch zu hoch, um alle Servicemitarbeiter damit auszustatten.

3.2.3 Gewünschte Weiterentwicklungen bei der AR-Brille und der GLASSROOM-Software

Im Einzelnen wünschen die Befragten folgende Verbesserungen:

- Smartphone-Bedienung (vor allem, wenn die Sprachsteuerung ausfällt),
- leistungsfähigere Akkus für die AR-Brille,
- mehr „Werkzeuge" (z.B. zum Hervorheben von Videoelementen: Pfeile, Kreise) und Warnhinweise in der Bearbeitungssoftware,
- einfache Handhabung der Bearbeitungssoftware,
- Möglichkeit der Bedienung mit schmutzigen Händen (Bedienfolie),
- einfachere Aufzeichnung von Videos (u.a. ohne Projektnamen zu vergeben),
- Nachbearbeitung am PC: u.a. Einfügen von Texten, Bildern, verschiedensprachige Untertitel,
- Hilfen für die Erstellung didaktisch sinnvoller Videos.

3.2.4 Akzeptanz von AR-Brille und -Software

Bei den meisten Mitarbeitern von Amazonenwerke wird eine gute Akzeptanz erwartet. Im Gegensatz dazu ist die Affinität der Händler zu neuen Medien stark unterschiedlich.

3.3 VR-System

Die meisten Befragten hatten bis zur Befragung ein- bis zweimal die Gelegenheit das VR-System zu erproben.

3.3.1 Möglicher Einsatz in der Weiterbildung

In der Aus- und Weiterbildung können VR-Systeme Innenansichten komplexer Systeme bieten und realistische Trainings ermöglichen.

Die Darstellung der VR-Inhalte wird als sehr realistisch bewertet und sei sehr gut umgesetzt. Der Einsatz eines „Controllers" wird besser bewertet als die „virtuellen Hände". Das System ermögliche ein realistisches Training und die Lernenden können „Hand anlegen". Der Trainingsablauf wird als sehr realistisch beschrieben, die realistische Darstellung aller Details einer Maschine sei nicht unbedingt notwendig.

Etwas störend finden einige Befragte die Kabelführung während der Verwendung des VR-Systems.

Die Sicht durch die Brille mache nicht schwindlig, was vorher teilweise befürchtet wurde. Alle Arbeitsbewegungen werden als sehr gut ausführbar beschrieben, nur Drehungen seien etwas schwieriger, Übung und Gewöhnung seien unerlässlich.

Gut wird auch die automatische Ausrichtung bewertet: Wenn zum Beispiel eine Schraube herunterfällt und aufgehoben werden muss, befindet sich dieses Teil gleich wieder in der erforderlichen Richtung um richtig eingesetzt zu werden.

Die jeweiligen Arbeitsaufgaben werden vom System klar vermittelt, so dass die Lernenden wissen, welche Arbeit sie erledigen sollen.

3.3.2 Gewünschte Weiterentwicklung des VR-Systems

Die Befragten wünschen im Einzelnen folgende Verbesserungen:

- Beim Einstieg in das Training ein Inhaltsverzeichnis, um Inhalte beliebig auszuwählen,
- die Möglichkeit, Arbeitsschritte beliebig wiederholen und überspringen zu können,
- mehr Auswahl an Arbeitsschritten und Werkzeugen, auch um bei den Lernenden mehr Fehler provozieren zu können (Erwerb von Fehlerwissen),
- mehr Informationen zu den Werkzeugen, mit denen gearbeitet wird, und den Objekten, die manipuliert werden (u.a. Teilenummer, Baugruppe, Gewicht),
- Ermöglichen eines Wechsels zwischen Realität und VR,
- „Taschenlampenfunktion": Optische Hervorhebung des jeweiligen Arbeitsbereichs,
- Möglichkeit, selbst Inhalte einzuspeisen oder zu bearbeiten, z.B. Notizen einfügen, genauere Bezeichnungen und technische Hinweise (z.B. „vor dem Einsetzen einfetten"),
- verschiedene Level ermöglichen: einfache und komplexere Darstellungen der virtuellen Arbeitsumgebung,
- zusätzlich zweidimensionales Üben am PC ermöglichen,
- „Hammerfunktion",
- Sprachsteuerung.

4 Zusammenfassung der Befragungen

4.1 Einsatz von AR- und VR-Technik bei Klima Becker

Die Auszubildenden und Servicetechniker müssen mit vielen unterschiedlichen Produkten von verschiedenen Herstellern vertraut gemacht werden. Bei Störungen und Wartungsaufgaben sind vielfältige produktspezifische Erfahrungen wichtig. In

Bezug auf bestimmte Produkte oder Technologien noch unerfahrene Servicetechniker beanspruchen viel Beratungszeit von erfahrenen Kollegen. Die Schulung der Auszubildenden ist für die damit betrauten Meister zeitaufwendig. Diese zeigen ein hohes Engagement, haben jedoch kaum systematische didaktische Kenntnisse und nutzen z. T. wenig geeignete Unterrichtsmaterialien.

Die Befragten sehen für die Aus- und Weiterbildung und für Telesupport einen sinnvollen Einsatz der AR-Brille. Problematisch ist jedoch, dass es an typischen Einsatzorten häufig keine Internetverbindung gibt und daher die Sprachsteuerung nicht funktioniert, die AR-Brille verliert damit einen wichtigen funktionellen Vorteil. Auch schlechte Lichtverhältnisse und hohe Umgebungsgeräusche beeinträchtigen den Nutzen.

Die Ausstattung aller (über 60) Servicemitarbeiter mit AR-Brillen ist für die Klima Becker bisher noch nicht vorgesehen.

Die im Projekt entwickelte Bedienersoftware (für die AR-Brille) bewerten die Interviewten überwiegend positiv. Die Bearbeitungssoftware für die eigene Erstellung von Instruktionsmaterial konnten die Mitarbeiter bisher nicht erproben.

Mit dem VR-System konnten die Mitarbeiter bisher noch keine praktischen Erfahrungen sammeln, sie können sich jedoch vorstellen, dass es beim Training an komplexen Geräten in Kooperation mit Herstellerunternehmen sinnvoll eingesetzt werden kann.

4.2 Einsatz von AR- und VR-Technik bei Amazonenwerke

Die komplexen und teuren Maschinen der Amazonenwerke machen die Weiterbildungen der Mitarbeiter und Kunden schwierig, da eine solche Maschine nicht ohne Weiteres als Übungsmaterial verfügbar gemacht werden kann. Digitale Medien, vor allem VR, können diesen Nachteil ausgleichen und sind darüber hinaus geeignet, innere Teile einer Maschine sichtbar und erfahrbar zu machen, was es auch erleichtert, auf die unterschiedlichen Lernvoraussetzungen der Schulungsteilnehmer einzugehen.

Die befragten Mitarbeiter sind sich einig, dass Videos mit der AR-Brille eine gute Ergänzung zu den Schulungsmaterialien sein können, um Innenansichten zu erklären oder verschiedene Probleme zu erläutern. Außerdem können damit Anleitungen und Tutorials für die Händler und Kunden erstellt werden.

Telesupport ist für die Amazonenwerke eine sehr zeitsparende und kostengünstige Unterstützung im Service, vor alle bei der Fehlersuche vor Ort. Mit der AR-Brille können sowohl die Servicetechniker als auch die Kunden von Fachleuten aus der oft weit entfernten Zentrale direkt beraten werden.

Eine fehlende Internetverbindung, z. B. auf Feldern in Osteuropa, bewirkt allerdings, dass die Sprachsteuerung und die Online-Übertragung für die Beratung nicht verfügbar sind. Eine Steuerung der Brille über eine entsprechende Smartphone-App wäre sinnvoll.

Die Aufnahmequalität finden die Befragten gut, auch die Sprachqualität ist trotz der Maschinen- und Motorgeräusche akzeptabel.

Die Aufnahmesoftware wird als sehr einfach und gut beschrieben, es fehlen jedoch noch einige „Werkzeuge" und Warnhinweise. Wichtig sind dabei gute Vorarbeiten. Die Bearbeitungssoftware konnte noch nicht erprobt werden.

Zurzeit sind geeignete AR-Brillen jedoch noch zu teuer, um alle Servicemitarbeiter damit auszustatten.

VR-Systeme können Innenansichten in komplexe Maschinen bieten und realistische Trainings ermöglichen. Die VR-Inhalte werden als sehr realistisch und sehr gut umgesetzt bewertet. Alle Arbeitsbewegungen werden als sehr gut ausführbar beschrieben, lediglich Drehungen als etwas schwieriger. Übung und Gewöhnung sind hier wichtig.

Die Übungsaufgaben im VR-System sind klar formuliert, die Teilnehmer wissen jeweils welche Arbeit sie erledigen sollten.

5 Gelingensbedingungen des Einsatzes von AR- und VR-Technologie in der Aus- und Weiterbildung

5.1 Einsatzmöglichkeiten

Generell sind für AR- und VR-Systeme in der Aus- und Weiterbildung die folgenden Einsatzbereiche erkennbar:

- *Telesupport durch AR-Brillen als kostengünstige und effektive Beratung:* Die Kamera in der Brille zeigt dem Experten in der Ferne Aggregate oder andere Bilder, die Fehlerdiagnosen ermöglichen, über das Display und den Ton können dem Anwender vor Ort Anweisungen und Hinweise gegeben werden.

- *VR-Systeme als Medien für die Aus- und Weiterbildung:* Trainingsteilnehmer können mit zunehmend weniger Anleitung virtuell und damit risikofrei an einem System arbeiten und üben.

- *Die AR-Brille als Mittel für die Erstellung von Lernmedien:* Während der Arbeit an einem zu wartendem oder zu reparierenden System können Experten Arbeitsschritte aufzeichnen und auf der Grundlage dieser Videoabschnitte leicht Lernmedien für die betriebliche Aus- und Weiterbildung erstellen.

- *Die AR-Brille als Arbeitshilfe:* Weniger erfahrene Servicemitarbeiter können sich während der Arbeit an einem ihnen weniger vertrauten System Hilfen auf das Display rufen; dies können entsprechend aufbereitete Bedienanweisungen sein, Schaltpläne oder auch kurze eigens erstellte Erklärvideos. Die Funktion war im Projekt GLASSROOM ursprünglich als Haupteinsatzgebiet für AR-Brillen gedacht, wobei entsprechende Arbeitshilfen beispielhaft in Kooperation von Praxis- und Wissenschaftspartnern erstellt werden sollten. Da sich dies wegen der Besonderheiten im Bereich der Klimatechnik (große Zahl unterschiedlicher Systeme) als wenig effizient erwies, wurde auf eine didaktische Qualifizierung der betrieblichen Experten abgestellt, die so in die Lage versetzt werden, selbst nach Bedarf Instruktionsmaterial und Arbeitshilfen zu erstellen.

Wie die Befragungen zeigen, sind keine grundsätzlichen Akzeptanzprobleme, weder bei dem betroffenen Personal noch bei den Lernenden, zu erwarten, angemessene Schulung und Übungsmöglichkeiten jeweils vorausgesetzt.

5.2 Qualitätsanforderungen an die Systeme

Virtual-Reality-Systeme aktuellen Standards erfüllen offensichtlich die Erwartungen der Anwender. Eine Weiterentwicklung ist dennoch erwünscht, noch sind nicht alle Handlungen und Rückmeldungen (z. B. haptisch) realistisch abbildbar. Die Entwicklung von VR-Systemen ist sehr aufwendig; Wünsche der Anwender, vor Ort selbst Daten einzugeben und das System anzupassen und zu verändern, lassen sich sicher nur in eher engen Grenzen umsetzen.

Bei Augment-Reality-Systemen (AR-Brillen) besteht offensichtlich für den Einsatz in der Aus- und Weiterbildung noch Optimierungsbedarf, wobei eine rasche Verbesserung der AR-Brillen zu erwarten ist. Verbesserungen sollten betreffen:

- *Tragekomfort, Sitz der Brille:* Die seitlich ungleiche Gewichtsbelastung der Brille wirkt störend und erfordert eine häufige Korrektur des Sitzes.
- *Die Ergonomie der Bedienung:* Optimal wäre eine komfortable Sprachsteuerung, was jedoch eine Internetverbindung voraussetzt. Der Einsatz ohne WLAN- bzw. mobile Datenverbindung erfordert erweiterte Bedienmöglichkeiten über das Smartphone, auch unter physikalisch ungünstigen Bedingungen (wenig Licht, Lärm und Schmutz).

5.3 Qualifizierung der Fachkräfte für die Aus- und Weiterbildung

Sowohl der Einsatz der AR-Brille als Mittel zur Erstellung von Video-Lehrmaterial als auch die Entwicklung und Bereitstellung von Arbeitshilfen zur Anzeige auf dem Display der AR-Brille erfordern didaktische Qualifikationen, die in der Regel bei Ausbildern nicht erwartet werden können; die Ausbildereignungsverordnung bzw. der Rahmenplan für die Ausbildung der Ausbilder und Ausbilderinnen (Bundesinstitut für Berufsbildung 2009) sehen bisher entsprechende Kompetenzen nicht vor.

Da entsprechende Weiterbildungsmöglichkeiten oft nicht kurzfristig verfügbar sind, wenn sie benötigt werden, bieten sich multimediale Lernangebote an. Der Prototyp einer entsprechenden Lern-App wurde im Rahmen diese Projekts GLASSROOM entwickelt.

6 Literatur

Bundesinstitut für Berufsbildung (BIBB) (Hrsg) (2009) Empfehlungen des Hauptausschusses des Bundesinstituts für Berufsbildung zum Rahmenplan für die Ausbildung der Ausbilder und Ausbilderinnen.
https://www.bibb.de/dokumente/pdf/empfehlung_135_rahmenplan_aevo.pdf, 16.11.2017

Salomon G (1979) Interaction of media, cognition, and learning. San Francisco, Jossey Bass

Teil II:
Methoden und Modelle

Konstruktion und Anwendung einer Entwicklungsmethodik für Service-Unterstützungssysteme

Dirk Metzger, Christina Niemöller und Oliver Thomas

Ein integriertes Produkt-Design, welches sowohl die Sachleistung, die Dienstleistung und die Informationssysteme berücksichtigt, ist aufgrund der gegenseitigen Einflüsse zwischen den drei Komponenten wesentlich. Besonders im technischen Kundendienst (TKD) ist dies relevant, da hier komplexe Produkte mit unterschiedlichen Arten von Dienstleistungen kombiniert werden. Allerdings existiert bis dato keine Methode zur systematischen Integration von Informationssystemen in den Produkt-Service-Engineering-Prozess. Daher wird im Folgenden eine Methode zur Konstruktion von Service-Unterstützungssystemen vorgestellt. Für die Gestaltung der Methode wurde ein Design-Science-Forschungsansatz verwendet. Mit dieser Methode leisten wir einen Forschungsbeitrag im Bereich des Service-Engineerings und der Konstruktion von Informationssystemen. Zusätzlich wird der praktische Beitrag mit Leitlinien für Designer von neuen Produkten, Dienstleistungen und Informationssystemen zur Bewältigung der Komplexität und Förderung der Informationsunterstützung der Techniker gegeben.[1]

1 Einleitung

Kunden verlangen zunehmend nach einer Gesamtlösung anstatt eines reinen Produktes oder einer Dienstleistung (Baines et al. 2007). Aus diesem Grund wird das Produkt-Service-Systeme Engineering (PSSE) schon seit einigen Jahren auch in der Information-Systems-Forschung thematisiert und PSSE-Methoden wurden ausführlich diskutiert (Thomas et al. 2008a; Tan et al. 2009; Abramovici & Aidi 2015). Es herrscht Einigkeit in der Literatur, dass Produktfunktionalitäten und Dienstleistungsprozesse nahtlos von Beginn an integriert werden sollten (Cavalieri

---

[1] Bei diesem Kapitel handelt es sich um eine überarbeitete und gekürzte Fassung des Jounal-Beitrags „Metzger D, Niemöller C, Thomas O (2016) Design and Demonstration of an Engineering Method for Service Support Systems. In: Information Systems and e-Business Management 14, Nr. 4. doi:10.1007/s10257-016-0331-x".

& Pezzotta 2012). Begründet wird dies durch wechselseitige Einflüsse. So wird zum Beispiel die Installation von Wartungsklappen in Produkte durch den Serviceprozess beeinflusst und umgekehrt. Diese gegenseitigen Einflüsse existieren auch zwischen dem Informationssystem (IS) und (a) den Dienstleistungsprozessen sowie (b) den Produktfunktionalitäten. Daher müssen, analog zur Argumentation von Cavalieri und Pezzotta (2012), die Informationssysteme auch integriert und zeitgleich entwickelt werden.

In Bezug auf (a) benötigen Techniker im Rahmen des technischen Kundendienstes ein mobiles Informationssystem (ein sog. Service-Unterstützungssystem), um den geforderten Dienst zu erfüllen (Agnihothri et al. 2002; Ray et al. 2005; Legner et al. 2011; Matijacic et al. 2013). Aufgrund des großen Aufgabenspektrums (Walter 2010; Baines et al. 2013) (1) benötigen Servicetechniker Wissen, um die Arbeitsschritte durchzuführen. Dies wird mit der zunehmenden Komplexität der Produkte, an denen die Arbeit durchgeführt wird, noch wichtiger. (2) Servicetechniker benötigen Informationen über den Service selbst (z. B. Prozesse, Planungsinformationen, Rechts- und Regulierungsinformationen) (Däuble et al. 2015). Sowohl das Wissen als auch die Informationen müssen an die Serviceaktivitäten angepasst werden. Bei der Gestaltung des Informationssystems muss also klar sein, welche Informationen und Kenntnisse übertragen werden sollen. Umgekehrt muss bei der Gestaltung der Serviceprozesse auch geprüft werden, ob und wie die Fähigkeiten trainiert und Informationen bereitgestellt werden können. Insofern kann argumentiert werden, dass Informationssysteme und Dienstleistungen integriert entwickelt werden müssen.

In Bezug auf (b) muss ein Service-Unterstützungssystem auch die notwendigen und relevanten Informationsbedürfnisse hinsichtlich des spezifischen Produkts erfüllen (z. B. Ersatzteilinformationen) (Däuble et al. 2015). So muss bei der Implementierung des Informationssystems klar sein, welche Informationen über das Produkt notwendig sein werden, um die Dienstleistung durchzuführen. Darüber hinaus beeinflusst die Gestaltung des Informationssystems die Gestaltung des Produkts gegenüber Schnittstellentechnologien (z. B. QR-Codes, Sensortechniken). Daher gibt es auch hier gegenseitige Einflüsse zwischen Informationssystem und Produkt.

Darüber hinaus kann das Design des Informationssystems oder die Wahl einer bestimmten Technologie die Entstehung neuer Produkte und Dienstleistungen ermöglichen (z. B. neue Technologien ermöglichen Self-Service oder mit dem Kunden gemeinsam erarbeitete Leistungen). Aus den genannten Gründen ist die Notwendigkeit einer integrierten Entwicklung, die Informationssysteme, Produkte und Dienstleistungen gemeinsam und gleichberechtigt realisiert, gegeben.

Die Disziplin Service-Systems-Engineering (SSE) ist geprägt durch die Komplexität von Produkten und Dienstleistungen, nicht nur durch die Kombination von Informationen und physikalischen Komponenten, sondern auch durch das notwendige Wissen, die unterschiedlichen Kommunikationskanäle und die vernetzten Akteure (Böhmann et al. 2014). Innerhalb der Disziplin wurde die implizite Integration von Informationssystemen immer als Teil von PSS diskutiert (Niemöller et al. 2014). Die Entwicklung von Informationssystemen war bisher eher Gegenstand des Software-Engineerings, und die meisten Autoren empfehlen die Verwendung von bekannten Methoden aus diesem Bereich in Kombination mit ihrer PSSE-Methode (Boughnim & Yannou 2005; Alonso-Rasgado & Thompson 2006; Kett et al. 2008); jedoch gibt kaum jemand explizit an, wie die Integration konkret methodisch umgesetzt werden kann.

Ein zentrales Thema in der Diskussion mit Praktikern in mehreren Forschungsprojekten bisher war, dass Anforderungen an Informationssysteme zur Unterstützung eines Technikers vor Ort meist unpräzise geblieben sind. Der Grund dafür war das Fehlen einer spezifischen Vorgehensweise, um Informationen und relevantes Wissen für ein Service-Unterstützungssystem zu definieren. Vor dem Hintergrund der Argumentation der gegenseitigen Einflüsse und den Beobachtungen wird im Folgenden eine Methode zur Konstruktion von PSS zusammen mit Informationssystemen dargestellt. Die Integration wird realisiert auf Basis der Informations- und Wissensbedarfe, die von einem Service-Unterstützungssystem adressiert werden sollen.

Wir folgen einem klassischen Design-Science-Research-Ansatz (DSR), wie er allgemein für die Entwicklung von Informationssystemen verbreitet ist (Böhmann et al. 2014). Um unsere Methode strukturiert darzustellen, greifen wir auf Vorschläge von Offermann et al. (2010a) zurück, die eine transparente und fundierte Darstellung der Methode ermöglichen. Mit der Methode sollen Service-Designer gleichzeitig ein PSS und das entsprechende Informationssystem entwerfen können, welches später von Service-Mitarbeitern genutzt wird.

Der Beitrag basiert auf dem bereits veröffentlichten Journal-Paper von Metzger et al. (2016) und ist strukturiert wie folgt: In Abschnitt 2 werden relevante Konstrukte beschrieben. In Abschnitt 3 stellen wir die Engineering-Methode selbst vor mit Fokus auf die Integration mittels Informations- und Wissensbedarf. Dazu wird zuerst das Ziel der Methode definiert. Danach beschreiben wir die Bausteine der Methode. Basierend auf der Diskussion weiterer relevanter Arbeiten wurde die Methode auf Basis bestehender Methoden für PSSE (Thomas et al. 2008b) und Scrum (Schwaber 1997) konzipiert. Zuletzt werden in Abschnitt 4 die Ergebnisse zusammengefasst und ein Ausblick für die zukünftige Forschung gegeben.

2 Konstrukte

Konstrukte stellen die grundlegenden Einheiten einer Methode dar (Müller-Wienbergen et al. 2011). Nachfolgend werden die für die Methode relevanten Konstrukte dargestellt. Offermann et al. (2010b) schlagen vor, zwischen anwendungsspezifischen, methodenspezifischen und ausgabespezifischen Konstrukten zu unterscheiden.

2.1 Anwendungsspezifische Konstrukte: Serviceprozesse

Der Kontext der Anwendung konzentriert sich auf Serviceprozesse. Dabei ist der Service durch einen Prozess abbildbar (Edvardsson & Olsson 1996). Typische Serviceprozesse, die von der Unterstützung durch ein Servicetechniker-Unterstützungssystem profitieren, sind komplexe und wissensintensive Dienstleistungen (Fellmann et al. 2011). Wissensintensive Serviceprozesse sind in hohem Maße auf Erfahrung und Fachwissen angewiesen. Die Übertragbarkeit ist für alle Serviceprozesse gegeben, die aus einer oder mehreren Aktivitäten bestehen und signifikante Wissensvoraussetzungen für ihre effektive Umsetzung aufweisen.

2.2 Methodenspezifische Konstrukte: Informations- und Wissensbedarf sowie Anforderungen an das Informationssystem

Zur Durchführung des Serviceprozesses sind mehrere Informationen sowie relevantes Wissen notwendig (Becker et al. 2011; Däuble et al. 2015). Das Wissen kann in implizites und explizites Wissen sowie deren Zwischenformen unterteilt werden (Polanyi 1966; Griffith et al. 2003). Dabei wird implizites Wissen gewöhnlich als Erfahrung in einer bestimmten Domäne bezeichnet. Es ist schwierig, wenn nicht unmöglich, dieses Wissen zu übertragen oder aufzuschreiben. Im Gegensatz dazu umfasst explizites Wissen (auch Information genannt) Tatsachen bzw. Wissen, das leicht aufzuschreiben und zu übertragen ist. Schließlich ist eine Mischung von beidem vorhanden, das schwierig, aber nicht unmöglich ist, aufzuschreiben. Dieses Wissen kann meist auch über praktisches Training transferiert werden (Polanyi 1966; Griffith et al. 2003).

Im Hinblick auf den Engineering-Prozess muss Wissens- und Informationsbedarf identifiziert werden und in Anforderungen an das Informationssystem übersetzt werden. Wissens- und Informationsbedarf wird dabei als notwendig verstanden, damit ein ausführender Servicetechniker den Serviceprozess erfüllen kann. Bevor ein Informationssystem zur Unterstützung von Serviceprozessen gestaltet werden kann, müssen vorhandene Informationsbedarfe identifiziert werden (Däuble et al. 2015). Durch die Kenntnis der Wissens- und Informationsbedürfnisse können Anforderungen an das Informationssystem abgeleitet werden. Das dazu notwendige Requirements Engineering hat seinen Ursprung in der Softwareentwicklung (Sommerville 2005; Balzert 2009).

2.3 Ausgabespezifische Konstrukte: Ausgabegerät und Informationssystemkomponenten

Ein Ausgabegerät im Sinne dieses Beitrags ist definiert als ein (kleiner) Computer, ausgestattet mit einem Display, auf welchem Informationen für den Benutzer angezeigt werden können. Darüber hinaus können Sensoren verbaut sein, welche die

Position oder die Umgebung erkennen können. Nicht zuletzt ist eine Netzwerkverbindung zum Datenaustausch mit einem Verwaltungssystem notwendig. Es existieren zahlreiche Ausgabegeräte, die je nach Einsatzzweck den Servicetechniker unterstützen können. Im Rahmen des Projekts GLASSROOM konzentrieren wir uns auf die folgenden:

- Smartphones und Tablets,
- Smart Glasses (z. B. Google Glass, Vuzix M100), einschließlich Augmented-Reality-Brillen, welche die Realität mit zusätzlichen Informationen erweitern, und
- Virtual-Reality-Brillen (z. B. Samsung Gear VR, Oculus Rift, HTC Vive).

Die letztgenannten Virtual-Reality-Brillen sind einschließlich Interaktionskomponente für die Interaktion mit der virtuellen Welt (z. B. Leap Motion) sowie den benötigten leistungsfähigen Laptops zu verstehen.

In Verbindung mit der Wahl des Ausgabegeräts müssen die Informationssystemkomponenten implementiert werden. Dazu konzentrieren wir uns auf die Kernprozesse des technischen Kundendiensts, welche vornehmlich an einer Maschine vor Ort erbracht werden. Somit sind primär mobile Systeme relevant. Dennoch integriert sich das Service-Unterstützungssystem in eine bestehende Anwendungsumgebung. Somit können Schnittstellen zu bestehenden Systemen, wie z. B. ERP- oder CRM-Systemen, existieren. Detailliert wird dies u. a. von Fellmann et al. (2011; 2013) behandelt.

2.4 Integrierte Konstruktion eines Service-Unterstützungssystems

Die Grundstruktur der Methode besteht aus den beschriebenen anwendungsspezifischen, methodenspezifischen und ausgabespezifischen Konstrukten. Diese stehen miteinander in Verbindung. Grundlegend besteht die Verbindung zwischen dem Anwendungskontext (und dessen Konstrukten) und dem Service-Unterstützungssystem, welche mittels der Methode realisiert wird. Die Beziehungen zwischen diesen Konstrukten sind in Abb. 1 dargestellt.

3 Entwurf der Engineering-Methode

Die Schritte der vorgeschlagenen Methode, welche in Abb. 2 dargestellt sind, werden im Folgenden beschrieben. Ein Schritt ist definiert als die Transformation von einem Artefakt zum nächsten. Die Schritte, die auf entweder PSSE (Thomas et al. 2008b) oder Scrum (Schwaber 1997) basieren, werden beschrieben, wenn sie in Relation zu anderen Teilen der Methode stehen. Darüber hinaus ist der Kern der Methode, die sog. Wissensbrücke, im Detail beschrieben. Die Beschreibung umfasst dabei folgende Schritte: Zuerst werden die eingehenden Daten, der Gesamtgedanke und die Häufigkeit des jeweiligen Schritts während des Gesamtverfahrens beschrieben. Zweitens wird eine Begründung für den Schritt selbst gegeben. Drittens wird der Schritt beschrieben, einschließlich des Verantwortlichen und dem jeweiligen Output. Abschließend wird für die Schritte eine Empfehlung für Methoden oder Techniken gegeben, die in den spezifischen Schritten verwendet werden könnten, ergänzt durch Beispiele für ähnliche Ansätze in der Literatur, sofern relevant.

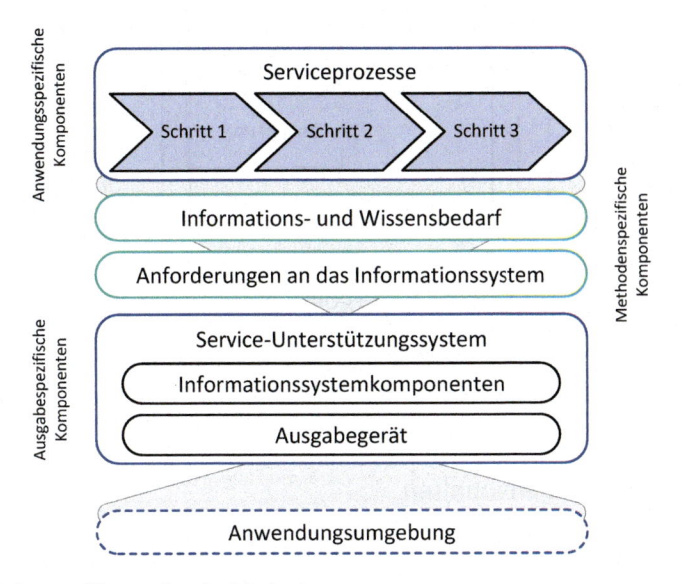

Abb. 1. Relevante Konstrukte der Methode

3.1 Product-Service-Systems-Engineering-Schritte

In der PSSE-Methode von Thomas (2008a) werden fünf Schritte sowie diverse Übergänge postuliert. Für die dargestellte Wissensbrücke sind davon die Schritte PSS-Soll-Eigenschaften und PSS-Ist-Eigenschaften relevant. Diese werden im Folgenden kurz beschrieben und deren Ansatzpunkte für die weitere Methode genannt.

3.1.1 PSS-Soll-Eigenschaften

Bei den PSS-Soll-Eigenschaften ist vorgesehen, dass die in der Kundenfachsprache formulierten Anforderungen in Soll-Eigenschaften aus der Begriffswelt der Entwickler übersetzt werden. Dies geschieht durch die Reflektion der genannten Anforderungen und Umschreibung durch die PSS-Entwickler. Dabei werden sowohl Fachliteratur als auch Domänenexperten (ggf. auch der Endkunde selbst) eingebunden, um Missverständnisse und Ungenauigkeiten auszuräumen (Thomas et al. 2008a).

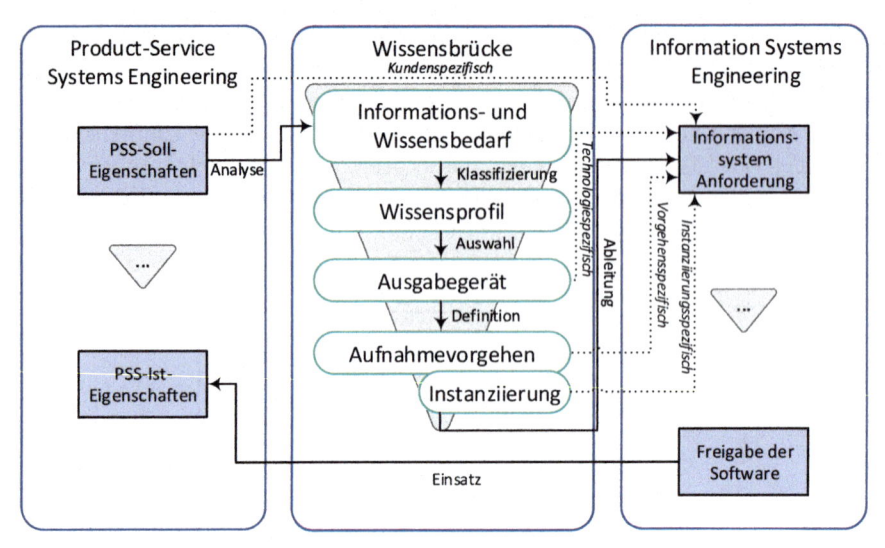

Abb. 2. Engineering-Methode für ein Service-Unterstützungssystem

Diese formulierten Eigenschaften dienen als Basis für den Ansatz der im Nachfolgenden beschriebenen Wissensbrücke. Dazu gehen sowohl die Eigenschaften selbst als auch spezifische Kundenanforderungen in die weitere Betrachtung ein.

3.1.2 PSS-Ist-Eigenschaften

Die Analyse der Ist-Eigenschaften eines konstruierten PSS versucht primär realisierte Merkmale zu evaluieren, um damit den Grad der Zielerreichung analysieren zu können. Darauf basierend kann dann die Entscheidung getroffen werden, ob eine weitere Konstruktionsphase oder die Produktion angeschlossen wird. In frühen Durchläufen des Entwicklungszyklus sind dazu Abschätzungen, Prototypen und Usability-Tests gängige Werkzeuge. In späteren Durchläufen, in denen das Produkt sich bereits am Markt befindet, bietet die Marktforschung etablierte Analysemethoden (Thomas et al. 2008a).

Die Ist-Eigenschaften umfassen in der Gesamtmethode auch die Merkmale der erstellten Unterstützungssysteme, die im Rahmen des Information Systems Engineering erstellt wurden.

3.2 Schritte der Wissensbrücke

3.2.1 Analyse des Informations- und Wissensbedarfs

Basierend auf den beschriebenen Kundenanforderungen und den PSS-Soll-Eigenschaften wird eine Analyse im Hinblick auf notwendige Informationen und notwendiges Wissen zur Durchführung des skizzierten Produkt-Dienstleistungssystems durchgeführt. Dies wird initial einmal durchgeführt, wenn alle Soll-Eigenschaften definiert sind.

Die Verknüpfung zwischen dem Service-Support-System und dem Produkt-Service-System basiert auf dem Wissens- und Informationsbedarf der Dienstleister, die den Service zur Verfügung stellen. Deng et al. (2001) verwenden ein ähnliches Konzept, um ein Wissensmanagementsystem zu entwerfen. Darüber hinaus schlagen Sarnikar und Deokar (2009) eine siebenstufige Methode zur Gestaltung eines prozessbasierten Wissensmanagementsystems sowie einen Schritt namens „Identifizieren von Wissensanforderungen" für jede wissensintensive Aufgabe vor. Die Idee ist hier analog umgesetzt und unterstützt den Ansatz der Analyse von Wissens- und Informationsbedarfen.

Untersucht wird Schritt für Schritt der Serviceprozess anhand einer Wissens- bzw. Informationsbedarfsperspektive. Dies wird kooperativ unter Mitwirkung des Service-Technikers und des PSS-Entwickler umgesetzt, um sowohl die Perspektiven des Anwenders als auch des Entwicklers zu berücksichtigen. Insgesamt ist das Ergebnis dieser Analyse eine konsolidierte Liste von Wissens- und Informationsbedürfnissen, die für die skizzierte Idee des PSS-Systems (PSS-Soll-Eigenschaften) notwendig wären.

Die eigentliche Umsetzung der Analyse kann durch verschiedene Verfahren realisiert werden. Dazu sind mehrere Ansätze aus dem Bereich der qualitativen Forschung anwendbar, wie beispielsweise ein unstrukturiertes oder halbstrukturiertes Interview zwischen dem PSS-Entwickler und dem Servicetechniker (Oates 2006). Darüber hinaus können Brainstorming-Techniken wie das kognitive Netzwerkmodell (Santanen et al. 1999) geeignet sein. Im Bereich der Dienstleistungswissenschaft wurden ähnliche Ansätze zur Analyse von Wissens- und Informationsbedarfen bereits durchgeführt (z. B. Becker et al. 2011; Däuble et al. 2015).

3.2.2 Klassifizierung von Wissen

Um einen Überblick über bestehende Wissens- und Informationsbedarfe zu ermöglichen, werden diese sortiert und verknüpft, um ein Wissensprofil daraus extrahieren zu können. Auf diesem kann dann das Unterstützungssystem aufbauen. Die Klassifizierung folgt der Aufnahme von Wissens- und Informationsbedarfen und wird analog einmalig durchgeführt.

Die diesem Schritt folgende Auswahl eines Ausgabegeräts basiert auf dem hier erstellten Wissensprofil. Ein ähnlicher Ansatz zur Bestimmung eines Wissensprofils, wie im Folgenden beschrieben, wurde von Sarnikar und Deokar (2009) ebenfalls verwendet. Die Erstellung des Wissensprofils wird durch Klassifizieren, Ordnen und Kombinieren möglich, was typischerweise vom PSS-Entwickler durchgeführt wird. Um den Ableitungsprozess zu operationalisieren, können qualitative Datenanalysetechniken wie Clustering oder Codierung hilfreich sein.

3.2.3 Auswahl des Ausgabegeräts

Beginnend mit dem abgeleiteten Wissensprofil erfolgt die Zuordnung zu einem geeigneten Ausgabegerät. Um das richtige Gerät für das Support-System zu wählen, ist neben dem Wissensprofil auch eine Bewertung bestehender Output-Geräte erforderlich. Die anschließende Auswahl eines Ausgabegeräts lässt sich dann als direkte Konsequenz aus dem Wissensprofil, dem Einsatzzweck und der Bewertung begründen. Dieser Ansatz folgt den Überlegungen von Tautz (2001), wonach Wissensbedarf in die Prozessbeschreibung einbezogen werden muss und Ansätze integriert und ergänzt werden müssen, insb. zu wissensintensiven Prozessen.

Die Zuordnung wird durchgeführt, indem die Wissensprofile mit Wissens-Transfer-Angeboten von Ausgabegeräten verglichen werden. Dazu müssen mögliche Ausgabegeräte vorab beurteilt werden, um deren prädestiniertes Einsatzszenario zu beurteilen und die Entscheidung damit begründen zu können. Somit wird der PSS-Entwickler in Kooperation mit dem Entwickler des Informationssystems in die Lage versetzt, ein Ausgabegerät zu finden, das dem vorgegebenen Wissensprofil am besten entspricht und somit zum technologischen Fundament des Informationssystems wird.

Da es mehrere Ausgabegeräte gibt, ist ein mögliches Sub-Verfahren ein manuelles oder technisches Mapping, wie von Kalfoglou und Schorlemmer (2003) vorgeschlagen, auf Basis der zu den Ausgabegeräten angegebenen Spezifikationen (z. B. von Handbüchern, Webseiten etc.). Dadurch kann ermittelt werden, welche am besten zu dem gegebenen Wissensprofil passen würde.

Für den konkreten Anwendungsfall von GLASSROOM haben wir folgende Wissensprofile bzw. Eignung festgelegt:

- Für *Smartphones* und *Tablets* besteht begrenzte Unterstützung vor Ort, weil unter bestimmten Umständen die Bedienung der Geräte nicht umsetzbar ist (z.B. verschmutzte Hände oder keine Hände frei). Darüber hinaus muss bei der Verwendung von Smartphones oder Tablets die aktuelle Aktivität unterbrochen werden, da zunächst das Smartphone oder Tablet hervorgeholt und bedient werden muss.

- Für sog. *Smart Glasses*, wie in GLASSROOM benutzt, besteht nur begrenzte Unterstützung in der Ausbildung. Wegen der noch kleinen Displaybereiche sind diese nicht darauf ausgelegt, umfangreiche Informationen zu liefern. Mit der Möglichkeit zur freien Interaktion über Spracheingabe sind sie jedoch für die Unterstützung vor Ort prädestiniert, da Informationen zeitgleich angezeigt werden können, während der Techniker die Aufgaben ausführt.

- Für *Virtual-Reality-Brillen* gilt auf Basis der Größe und begrenzten Portabilität eine mangelnde Unterstützung vor Ort. Allerdings ist die Nutzung für Schulungszwecke sinnvoll. Dazu ist auch der sog. Immersionseffekt positiv zu erwähnen, der beschrieben wird als unterstützend für Schulungszwecke (Regenbrecht et al. 1998; Schuemie et al. 2001).

3.2.4 Definition des Vorgehens zur Aufnahme von Inhalten

Im Anschluss an die Ausgabegeräteauswahl besteht die nächste Phase in der Definition eines Vorgehens zur Aufnahme der Inhalte des Systems. Die Definition basiert auf der Auswahl des Ausgabegeräts und der Liste der erforderlichen Informations- und Wissensbedarfe. Wie dessen Vorgänger wird dieser Schritt einmalig durchlaufen.

Der Inhalt des Unterstützungssystems ist neben seiner Struktur ein wichtiger Teil, um eine funktionierende Unterstützung zu erreichen. Aus diesem Grund muss definiert sein, welche Art von Wissen und Information über das System bereitgestellt werden soll. So definiert der PSS-Ingenieur im Austausch mit dem Servicetechniker zunächst, wie Inhalte erzeugt werden können. Dazu wird nach praktikablen Ansätzen in dem jeweiligen Kontext gesucht. Ein positiver Einflussfaktor dieses Schrittes ist dabei die Erfahrung des PSS-Entwicklers, weil er bereits frühere funktionierende Ansätze gesehen hat und diese in die Auswahl mit einbringen kann. Eine systematische Literatursuche kann hierbei auch zu verwertbaren Ansätzen führen. Insgesamt ist eine Fülle von Methoden für die Erfassung von Inhalten bekannt. Angefangen bei allgemeinen qualitativen Datenerzeugungstechniken wie Interviews, Beobachtungen, Fragebögen, Dokumentenanalysen (Oates 2006) sowie mehr spezialisierte Verfahren wie Prozessmodelle. Das Ziel des PSS-Entwicklers und der Servicetechniker ist es einen tragfähigen Ansatz zu finden, der für alle Stakeholder geeignet ist.

Um sicherzustellen, dass der Ansatz praktikabel ist, wird sofort nach Auswahl eine erste Instanziierung zur Erzeugung einiger Probeninhalte vorgeschlagen. Dies bietet folgende Vorteile. Erstens fördert die Instanziierung die Diskussion über die Verwendbarkeit des Ansatzes. Zweitens werden einige Beispielinhalte erzeugt, die für eine detailliertere Definition des Systems selbst wertvoll sind. Dadurch können einige spezifische Anforderungen an die Art der Inhalte, die präsentiert werden müssen, abgeleitet werden.

3.3 Information-Systems-Engineering-Schritte

Die Information-Systems-Engineering-Methode von Schwaber (1997) nennt acht Schritte. Von diesen sind im Folgenden die Anforderungen an das Informationssystem sowie die Freigabe der Software relevant und werden detaillierter beschrieben.

3.3.1 Ableitung der Anforderungen an das Informationssystem

Der zentrale Teil jeder Informationssystementwicklung ist die Ermittlung der Anforderungen. Es wurde zu einem separaten Teil der Informationssystementwicklung. Sommerville (2005) bezeichnet dies als Requirements Engineering und beschreibt es in sechs Phasen. Für die Erhebung (Phase eins) werden Daten aus verschiedenen Schritten erfasst. Dazu zählen im Rahmen der Methode vier Anforderungen:

- Kundenspezifische Anforderungen werden direkt aus der Erhebung der Kundenanforderungen bzw. den PSS-Soll-Eigenschaften abgeleitet.

- Technologiespezifische Anforderungen können auf Basis des gewählten Ausgabegeräts abgeleitet werden.

- Vorgehensspezifische Anforderungen basieren auf dem vorgesehenen Ansatz zur Generierung von Inhalten.

- Instanziierungsspezifische Anforderungen werden gemeinsam mit den vorgehensspezifischen Anforderungen bei der Generierung von Inhalten definiert. Diese basieren dabei auf den Erkenntnissen, die bei der ersten Durchführung der Aufnahme von Inhalten erworben werden. Darüber hinaus werden auch spezifische Anforderungen, die sich aus der Art der Inhalte ergeben, mitberücksichtigt.

Insgesamt werden die Anforderungen vom Softwareentwickler in Zusammenarbeit mit dem PSS-Entwickler und dem Servicetechniker abgeleitet. Dies geschieht durch Analyse (Phase zwei) und Validierung (Phase drei). Danach werden die Ergebnisse diskutiert (Phase vier) und dokumentiert (Phase fünf), um dann als Basis für die Softwareentwicklung zu dienen (Phase sechs). Der gesamte Prozess geschieht, sobald die Schritte der Wissensbrücke durchgeführt wurden. Zur Umsetzung können Argumentationstechniken, Brainstorming, Clustering und Analysetechniken verwendet werden. Für eine detaillierte Liste schlagen Maiden und Rugg (1996) sowie Ncube und Maiden (1999) verschiedene Methoden für Requirements Engineering vor, die in diesem Schritt verwendet werden können.

3.3.2 Freigabe der Software

Sobald die Softwareentwickler mit der produzierten Software zufrieden sind, wird eine ausführbare Version erstellt. Diese Version kann als produktive Version verwendet und bei den Benutzern eingesetzt werden. Vorab müssen diverse Qualitätssicherungsmaßnahmen durchgeführt werden, um die allgemeine Freigabe für den Kunden vorzubereiten (Schwaber 1997). Innerhalb der Methode wird die Software dann gemeinsam mit dem PSS intern (PSS-Ist-Eigenschaften) evaluiert.

4 Fazit und Ausblick

Die Notwendigkeit für eine Methode, die Informationssysteme parallel zu Produkt-Service-Systemen entwickelt, ist die Grundlage des vorliegenden Kapitels. Da Informationssysteme heute zum integralen Bestandteil einer Kundenlösung geworden sind, ist die Integration der Entwicklung in PSSE erforderlich. Darüber hinaus sind wechselseitige Einflüsse zwischen Produkt, Dienstleistung und Informationssystem zu beobachten, die ebenfalls besser aufzulösen sind, wenn die Entwicklung parallel stattfindet.

Im Rahmen von wissens- und informationsintensiven Dienstleistungen ist die Integration auf Basis der Analyse des Informations- und Wissensbedarfs naheliegend. Dadurch wird es möglich, ein Unterstützungssystem auf einem geeigneten

Ausgabegerät zu entwickeln, um den Servicetechniker vor Ort zu unterstützen und somit die Dienstleitungen an komplexen Produkten zu verbessern.

Um sowohl Praktikern als auch Forschenden eine Herangehensweise zu geben, an der sie sich orientieren können, wurde in diesem Beitrag die Methode konzipiert. Diese schließt die Lücke von fehlendem Gestaltungswissen im Bereich des PSSE und des Softwareengineerings. Auf Basis der Methode können weitere Forschungsarbeit aufgebaut und weitere Aspekte der Methode detaillierter spezifiziert, Anwendungsfälle dargestellt und die Vorgehensweise validiert werden.

Insbesondere im Bereich der Smart Products (Produkte mit integrierter Sensor-Infrastruktur) kann die dargestellte Herangehensweise von besonderem Vorteil sein. Durch die parallele Entwicklung des Produkts, möglicher Dienstleistungen, der Sensorinfrastruktur sowie des zugrundeliegenden Informationssystems können Schnittstellen effizienter gestaltet werden.

Insgesamt bietet die Methode einen Ansatz für Theorie und Praxis, um Produkte, Dienstleistungen und entsprechende Informationssysteme integriert und parallel zu gestalten.

5 Literatur

Abramovici M, Aidi Y (2015) A knowledge-based assistant for real-time planning and execution of PSS engineering change processes. In: Procedia CIRP. Elsevier, 445–450

Agnihothri S, Sivasubramaniam N, Simmons D (2002) Leveraging technology to improve field service. International Journal of Service Industry Management 13:47–68

Alonso-Rasgado T, Thompson G (2006) A rapid design process for Total Care Product creation. Journal of Engineering Design

Baines T, Lightfoot H, Smart P, Fletcher S (2013) Servitization of manufacture: Exploring the deployment and skills of people critical to the delivery of advanced services. Journal of Manufacturing Technology Management 24:637–646

Baines TS, Lightfoot HW, Evans S, et al. (2007) State-of-the-art in product-service systems. Proceedings of the Institution of Mechanical Engineers, Part B: Journal of Engineering Manufacture 221:1543–1552

Balzert H (2009) Lehrbuch der Softwaretechnik: Basiskonzepte und Requirements Engineering, 3. Auflage. Spektrum Akademischer Verlag, Heidelberg

Becker J, Beverungen D, Knackstedt R, et al. (2011) Information needs in service systems – A framework for integrating service and manufacturing business processes. Proceedings of the 44th Hawaii International Conference on System Sciences 1–10

Böhmann T, Leimeister JM, Möslein K (2014) Service Systems Engineering. Business & Information Systems Engineering 6:73–79

Boughnim N, Yannou B (2005) Using Blueprinting Method for Developing Product-Service Systems. In: International Conference on Engineering Design, 2005. 1–16

Cavalieri S, Pezzotta G (2012) Product-service systems engineering: State of the art and research challenges. Computers in Industry 63:278–288

Däuble G, Özcan D, Niemöller C, et al. (2015) Information Needs of the Mobile Technical Customer Service – A Case Study in the Field of Machinery and Plant Engineering. In:

Proceedings of the 48th Annual Hawaii International Conference on System Sciences. Manoa, 1018–1027

Deng P, Wright I, Weight I (2001) A Conceptual Framework for Building Knowledge Management Systems.

Edvardsson B, Olsson J (1996) Key Concepts for New Service Development. The Service Industries Journal 16:140–164

Fellmann M, Hucke S, Breitschwerdt R, et al. (2011) Supporting Technical Customer Services with Mobile Devices: Towards an Integrated Information System Architecture. In: Americas Conference on Information Systems. AISeL, Detroit, Michigan, 1–8

Fellmann M, Özcan D, Matijacic M, et al. (2013) Towards a Mobile Technical Customer Service Support Platform. In: Daniel F, Papadopoulos GA, Thiran P (Hrsg) 10th International Conference, MobiWIS 2013. Springer, Berlin, 296–299

Griffith TL, Sawyer JE, Neale MA (2003) Virtualness and knowledge in Teams: Managing the Love Triangle of Organizations, Individuals, and Information Technology. MIS Quarterly 27:265–287

Kalfoglou Y, Schorlemmer M (2003) IF-Map: An Ontology-Mapping Method Based on Information-Flow Theory. 98–127

Kett H, Voigt K, Scheithauer G, Cardoso J (2008) Service Engineering in Business Ecosystems. In: XVIII International RESER Conference. 1–22

Legner C, Nolte C, Nils U (2011) Evaluating Mobile Business Applications in Service Maintenance Processes: Results of a Quantitative-Empirical Study. In: European Conference on Information Systems. AISeL, Helsinki, 1–12

Maiden NAM, Rugg G (1996) ACRE : Selecting Methods For Requirements Acquisition.

Matijacic M, Fellmann M, Özcan D, et al. (2013) Elicitation and Consolidation of Requirements for Mobile Technical Customer Services Support Systems – A Multi-Method Approach. In: Pennarola F, Becker J (Hrsg) International Conference on Information Systems. AISeL, Mailand, 1–16

Metzger D, Niemöller C, Thomas O (2016) Design and demonstration of an engineering method for service support systems. Information Systems and e-Business Management 14:1–35

Müller-Wienbergen F, Müller O, Seidel S, Becker J (2011) Leaving the Beaten Tracks in Creative Work – A Design Theory for Systems that Support Convergent and Divergent Thinking. Journal of the Association for Information 12:714–740

Ncube C, Maiden NAM (1999) PORE : Procurement-Oriented Requirements Engineering Method for the Component-Based Systems Engineering Development Paradigm 2: PORE : A Requirements Engineering Method For the CBSE Process. In: International Workshop on Component-Based Software Engineering. 1–12

Niemöller C, Özcan D, Metzger D, Thomas O (2014) Towards a Design Science-Driven Product-Service System Engineering Methodology. In: Tremblay M, VanderMeer D, Rothenberger M, et al. (Hrsg) Advancing the Impact of Design Science: Moving from Theory to Practice SE – 12 (Proceedings of DESRIST 2014). Springer International Publishing, 180–193

Oates BJ (2006) Researching Information Systems and Computing. Sage Publications, London

Offermann P, Blom S, Levina O, Bub U (2010a) Vorschlag für Komponenten von Methodendesigntheorien : Steigerung der Nutzbarkeit von Methodendesignartefakten. Business and Information Systems Engineering 52:287–297

Offermann P, Blom S, Levina O, Bub U (2010b) Proposal for Components of Method Design Theories. Business & Information Systems Engineering 2:295–304

Polanyi M (1966) The Tacit Dimension. Knowledge in Organizations 135–146

Ray G, Muhanna WA, Barney JB (2005) Information Technology and the Performance of the Customer Service Process: A Resource-Based Analysis. Management Information Systems Quarterly 29:625–652

Regenbrecht HT, Schubert TW, Friedmann F (1998) Measuring the Sense of Presence and its Relations to Fear of Heights in Virtual Environments. International Journal of Human-Computer Interaction 10:233–249

Santanen EL, Briggs RO, de Vreede GJ (1999) A cognitive network model of creativity: a renewed focus on brainstorming methodology. Proceedings of the 20th international conference on Information Systems 489–494

Sarnikar S, Deokar A V (2009) Towards a design theory for process-based knowledge management systems. Proceedings of the 30th International Conference on Information Systems (ICIS) Paper 63

Schuemie MJ, van der Straaten P, Krijn M, van der Mast CAPG (2001) Research on Presence in Virtual Reality: A Survey. CyberPsychology & Behavior 4:183–201

Schwaber K (1997) SCRUM Development Process. In: Sutherland J, Casanave C, Miller J, et al. (Hrsg) Business Object Design and Implementation. Springer, London, 117–134

Sommerville I (2005) Integrated requirements engineering: A tutorial. IEEE Software 22:16–23

Tan A, McAloone TC, Lauridsen EH (2009) Reflections on Product/Service System (PSS) conceptualisation in a course setting

Tautz C (2001) Traditional process representations are ill-suited for knowledge intensive processes. In: Proceedings of the Workshop Program at the 4th International Conference on Case-Based Reasoning

Thomas O, Walter P, Loos P (2008a) Product-Service Systems: Konstruktion und Anwendung einer Entwicklungsmethodik. WIRTSCHAFTSINFORMATIK 50:208–219

Thomas O, Walter P, Loos P (2008b) Design and usage of an engineering methodology for product-service systems. Journal of Design Research 7:177

Walter P (2010) Technische Kundendienstleistungen: Einordnung, Charakterisierung und Klassifikation. In: Thomas O, Loos P, Nüttgens M (Hrsg) Hybride Wertschöpfung. Springer, Berlin, Heidelberg, 24–41

Modellierung technischer Serviceprozesse zur Digitalisierung der Aus- und Weiterbildung

Simon Schwantzer und Sven Jannaber

Bei der Digitalisierung spielt die Modellierung der Serviceprozesse eine besondere Rolle, da das Modell die Schnittstelle zwischen der Fachdomäne auf der einen und dem technischen System auf der anderen Seite bildet. Im Kontext der Aus- und Weiterbildung von GLASSROOM betrachten wir dabei Prozess-Tupel: Den zu vermittelnden Serviceprozess und den damit verknüpften Unterstützungsprozess. Im diesem Kapitel wird die Modellierung von Serviceprozessen unter Verwendung etablierter Standards und deren Erweiterung für die Verknüpfung mit Inhalten zur digitalen Unterstützung näher betrachtet.

1 Einleitung

Unter einem Prozess wird die strukturierte Beschreibung einer durchzuführenden Handlung verstanden. Prozesse können dabei eine beliebige Granularität bzw. ein beliebiges Abstraktionslevel haben. Im Folgenden behandeln wir unter dem Begriff „Serviceprozess" solche Prozesse, welche manuelle Tätigkeiten im Bereich von Service- und Instanthaltung beschreiben.

Dieser Beitrag bezieht sich ergänzend auf solche Serviceprozesse, die von einer einzelnen Person bzw. einer einzelnen Rolle durchgeführt werden können. Das schließt die Interaktion mit anderen Rollen nicht aus, der Prozess enthält aber keine Anweisungen für andere Rollen als die der Zielgruppe. Die Zielgruppe bestimmt dabei auch die Granularität des Serviceprozesses.

1.1 Beschreibung von Serviceprozessen

Serviceprozesses können in unterschiedlichsten Formen expliziert werden. So kann eine Handlung u. a. umgangssprachlich beschrieben werden, in Form einer Liste von Schritten, im Rahmen eines Handbuchs oder durch ein Video. Unabhängig vom Format lassen sich aber eine Reihe von Elementen identifizieren, welche die Beschreibung einer Handlung ermöglichen:

- Die Beschreibung eines einzelnen, atomaren *Schrittes*.

- Eine lineare *Sequenz* von zwei oder mehr Schritten, welche hintereinander ausgeführt werden sollen.
- Eine *Entscheidung* über das weitere Vorgehen.
- Ein *Verweis* auf eine andere, z. B. weiterführende Handlungsbeschreibung.
- Ein *Ereignis*, welches Zustand signalisiert.

Prozessbeschreibungssprachen bzw. Prozessmodellierungssprachen fokussieren sich auf diese Kernelemente, um eine effektive semi-formale Beschreibung von Prozessen zu ermöglichen. Meist erfolgt die Modellierung grafisch, d. h. in Form eines Diagramms, in welchem die Elemente angeordnet (Schritte, Entscheidungen, Verweise, Ereignis) bzw. verbunden (Sequenzen) werden. Die meisten Prozessmodellierungssprachen haben ihre Wurzeln in der Anwendungssystem- und Organisationsgestaltung, wo sie verwendet werden, um Geschäftsprozesse analysieren, dokumentieren und optimieren zu können. Entsprechend den unterschiedlichen Anforderungen und Perspektiven gibt es Modellierungssprachen mit unterschiedlichen Schwerpunkten und unterstützten Elementen.

1.2 Digitalisierung von Serviceprozessen

Die Verwendung eines Softwaresystems zur Modellierung eines Prozesses ist per se noch keine Digitalisierung in der hier zugrundeliegenden Definition. Wir sprechen von einer Digitalisierung eines Prozesses, wenn auch dessen Ausführung von einem technischen System unterstützt wird.

Für die Ausführung ist eine sog. „Process Execution Engine", im Folgenden kurz Ausführungssystem genannt, verantwortlich (vgl. Abb. 1). Das Ausführungssystem interpretiert das Prozessmodell, instanziiert den Prozess und verwaltet die Instanz bis zum Abschluss des Prozesses. Die Instanziierung erlaubt das parallele Ausführen eines Prozesses mit unterschiedlichen Kontexten, z. B. durch unterschiedliche Personen oder an unterschiedlichen Orten.

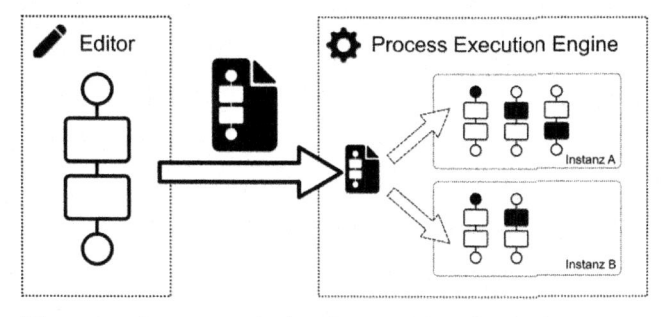

Abb. 1. Ausführung von Prozessen mit einer Process Execution Engine

Abhängig vom aktuellen Zustand der Ausführung kann ein technisches System dem Benutzer Informationen bzw. Instruktionen bereitstellen. Damit wird die Brücke geschlagen zwischen Serviceprozess und Unterstützungsprozess.

1.3 Serviceprozesse als Grundlage für die digitale Unterstützung

Während der Serviceprozess den Handlungsablauf beschreibt, macht er keine Aussage über die Unterstützung durch ein technisches System. Wird ein Serviceprozess um diese für die Unterstützung notwendigen Informationen angereichert, so sprechen wir von einem *Unterstützungsprozess* (oder auch *Assistenzprozess*). Während der Serviceprozess sagt, *Was* getan werden muss, beschreibt der Unterstützungsprozess das *Wie*.

Da ein Unterstützungsprozess immer mit einem Serviceprozess verknüpft ist, teilt er dessen Elemente, angereichert um jene Informationen, welche das Ausführungssystem benötigt, um eine passende Unterstützung zu ermöglichen. Ein Ausführungssystem mit dem Ziel der Unterstützung eines Serviceprozesses nennen wir im Folgenden *Unterstützungs-* bzw. *Assistenzsystem*.

Die Unterstützung kann direkt im Rahmen der Prozessmodellierung des Serviceprozesses festgelegt werden. In diesem Falle bedarf es keines separaten Prozessmodells für den Unterstützungsprozess, da das Ausführungssystem die Informationen direkt aus dem Serviceprozess entnehmen kann.

2 Modellierung von Serviceprozessen mit BPMN

Es gibt eine ganze Reihe von Prozessmodellierungssprachen, welche unterschiedliche Elemente, Darstellungen und Repräsentationen aufweisen. Für die Modellierung von Serviceprozessen betrachten wir im Folgenden die Business Process Modell and Notation (BPMN), welche in der ISO/IEC 19510:2013 zum internationalen Standard erhoben wurde.[1] Seit Version 2.0 erfüllt BPMN zwei wesentliche Voraussetzungen für die Modellierung von Service- und Unterstützungsprozessen:

- Sie definiert sowohl eine grafische als auch eine technische Repräsentation.
- Sie bietet die Möglichkeit einer standardkonformen Erweiterbarkeit.

Während die grafische Repräsentation eine visuelle Modellierung ermöglicht, erlaubt die technische Repräsentation eine Verarbeitung des Prozessmodells und die Verarbeitung durch ein technisches System, z. B. ein Prozess-Ausführungssystem.

---

[1] ISO/IEC 19410:2013: http://www.iso.org/iso/catalogue_detail.htm?csnumber=62652.

Die Möglichkeit zur standardkonformen Erweiterung wiederum erlaubt es, die modellierten Serviceprozesse um die für den Unterstützungsprozess notwendigen Informationen anzureichen (siehe Abschnitt 3).

2.1 Prozessdiagramme in BPMN

BPMN spezifiziert eine Reihe unterschiedlicher Modell-Typen, um die Anforderungen und Perspektiven auf (Geschäfts-)Prozesse möglichst umfassend abbilden zu können. Neben den Prozessdiagrammen, welche die Modellierung einer Handlung mit ihren einzelnen Schritten erlauben, gibt es noch Choreographiediagramme, Kollaborationsdiagramme und Konversationsdiagramme zur Modellierung von Kommunikationsstrukturen und Nachrichtenaustausch. Mit der Fokussierung auf solche Serviceprozesse, in denen nur Handlungen einer spezifischen Rolle beschrieben werden, ist eine Betrachtung von Prozessdiagrammen ausreichend.

Ein BPMN-Prozessdiagramm enthält alle Elemente, welche wir in Abschnitt 1.1 als Kernelemente einer Handlungsanweisung identifiziert haben. In den kommenden Abschnitten wird auf diese Elemente und ihre Verwendung genauer eingegangen. Es handelt sich dabei nur um eine kleine Teilmenge der Elemente, welche BPMN zur Modellierung von Prozessen zur Verfügung steht. Für eine vollständige Beschreibung wird auf die BPMN-Dokumentation[2] oder spezialisierte Literatur verwiesen.

2.1.1 Schritte und Sequenzen

Ein *Task* modelliert in BPMN eine einzelne Aufgabe, also einen einzelnen Schritt in einer Handlungsbeschreibung. Es kann dabei zwischen verschiedenen Typen von Tasks unterschieden werden. Dazu gehören unter anderen:

- *User Tasks* (Benutzeraufgaben): Sie beschreiben solche Aufgaben, welche vom Benutzer durchgeführt und vom System unterstützt werden.
- *Service Tasks* (Dienstaufgaben): Sie symbolisieren eine (voll-)automatische Bearbeitung durch ein technisches System.
- *Manual Tasks* (manuelle Aufgaben): Sie beschreiben solche Schritte, welche der Benutzer ohne Unterstützung des Systems durchführen muss.

Im Prozessdiagramm wird ein Task durch einen Kasten mit abgerundeten Ecken dargestellt, dessen Inhalt den Schritt textuell beschreibt (vgl. Abb. 2). Der Typ des Tasks wird durch ein kleines Symbol innerhalb des Kastens dargestellt.

Zur Modellierung eines Unterstützungsprozesses verwenden wir in erster Linie User Tasks. Für solche Schritte, die im Serviceprozess schon notiert wurden, für welche aber noch keine Assistenz hinterlegt ist, empfiehlt sich die Verwendung

---

[2] BPMN-Dokumentation: http://www.omg.org/spec/BPMN/2.0.2/.

von Manual Tasks. Service Tasks eignen sich zur Steuerung erweiterter Systemfunktionen, z. B. der Kommunikation mit externen Systemen.

Abb. 2. Sequenz von Tasks unterschiedlichen Typs

Sequenzen von Schritten werden über sog. *Flows* modelliert. Visualisiert wird ein Flow durch einen Pfeil, welcher an einem Task bzw. anderem Element beginnt und bei dem nachfolgenden Element endet.

2.1.2 Ereignisse mit Events

Events modellieren Ereignisse, welche den Handlungsablauf beeinflussen. Jeder vollständig modellierte Prozess verfügt über mindestens zwei Ereignisse: Das *Start Event* (Startereignis) und ein *End Event* (Endereignis). Ein Prozess kann mehrere mögliche Ausgänge haben, daher kann ein Prozessmodell auch mehrere Endereignisse enthalten. Als dritte Option stehen noch Intermediate Events (Zwischenereignisse) zur Verfügung, welche Ereignisse modellieren, die während eines Prozessverlaufs eintreten können. Auch bei Events kann zwischen Arten von Ereignissen wie Nachrichten, Fehler, Signale, etc. unterschieden werden (vgl. Abb. 3).

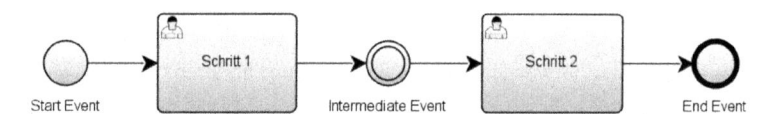

Abb. 3. BPMN-Events zur Modellierung von Ereignissen

Im Prozessdiagramm werden Events als Kreise dargestellt, welche entweder einen dünnen Rand (Start Event), dicken Rand (End Event) oder doppelten Rand (Intermediate Event) aufweisen. Die Art des Events wird analog zu den Tasks über Symbole in den Kreisen indiziert.

2.1.3 Prozessfluss mit Gateways

Mit einem Startereignis, einer Reihe von Aufgaben und einem Endereignis lassen sich beliebige lineare Prozesse modellieren. In vielen Handlungsanweisungen beeinflussen aber Entscheidungen den weiteren Verlauf der Handlung, z. B. muss nach einer Sichtprüfung entschieden werden, ob ein Teil ausgetauscht oder gereinigt werden soll.

Um solche Entscheidungen im Prozessmodell zu realisieren, umfasst BPMN sog. *Gateways*. Ein einfaches Gateway hat einen Flow als Eingang und mehrere

Flows zu unterschiedlichen Elementen als Ausgänge. Welcher Flow bei der Ausführung aktiv wird, entscheidet der Kontext der Ausführung, z. B. über Sensormesswerte oder Benutzeranfragen.

Im Prozessdiagramm wird ein Gateway als Raute dargestellt (vgl. Abb. 4). Auch bei Gateways gibt es verschiedene Typen, welche das Verhalten des Gateways festlegen. Das Standard-Verhalten setzt das sog. *Exclusive Gateway* um: Auf Basis einer Bedingung wird genau ein ausgehender Pfad verfolgt. Andere Typen sind das inklusive Gateway (hier können mehrere Pfade verfolgt werden) und das parallele Gateway, bei dem alle Pfade in beliebiger Reihenfolge (auch parallel) verfolgt werden.

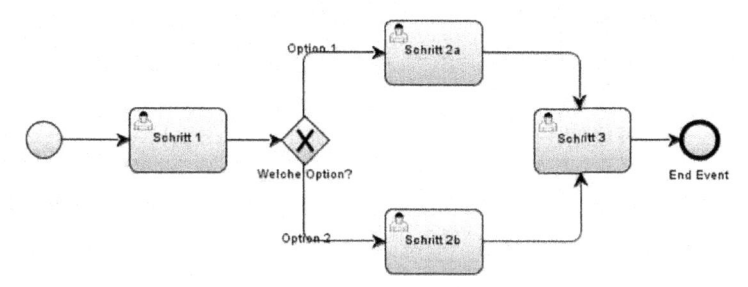

Abb. 4. Exklusives Gateway mit zwei Optionen

2.1.4 Strukturierung mit Unterprozessen

Als letztes der identifizierten Kernelemente bleibt der Verweis, welcher in BPMN über sog. *Call Activities* (Aufrufaktivitäten) modelliert wird. Wie ein Task wird eine Call Activity über einen abgerundeten Kasten mit textuellem Inhalt dargestellt, welcher zusätzlich ein kleines +-Symbol am unteren Rand enthält. Dieses deutet an, dass es sich hierbei nicht um einen (atomaren) Schritt, sondern um einen ganzen Unterprozess handelt (vgl. Abb. 5).

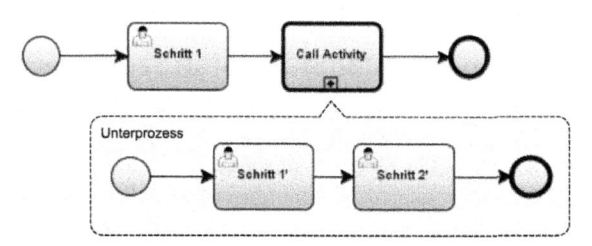

Abb. 5. Call Activity mit Aufruf eines Unterprozesses

In einer Call Activity wird eine Referenz auf den aufzurufenden Serviceprozess hinterlegt. Diese Information wird von einem Ausführungssystem verarbeitet, welches den entsprechenden (Unter-)Prozess instanziiert und die Instanz ausgeführt. Ist der Unterprozess abgeschlossen, so kehrt das Ausführungssystem zum Hauptprozess zurück und verarbeitet dort das nächste Element.

2.2 Technische Repräsentation von BPMN

BPMN-Prozesse besitzen eine technische Repräsentation, d.h. ein Datenformat, welches z.B. von einem Ausführungssystem verarbeitet werden kann. BPMN baut hierbei auf der *Extensible Markup Language* (XML) auf, welche ihrerseits standardisiert ist.[3]

Das Prozess-Dokument verfügt über eine baumartige Struktur von Elementen (Tags). Auf höchster Ebene befindet sich die BPMN-Definition (<definitions>) als Container für einen oder mehrere Prozesse (<process>). Innerhalb eines Prozesses werden die verschiedenen Prozess-Elemente als XML-Elemente aufgelistet. Details werden in Form von Unterelementen oder Attributen modelliert. Eine Liste mit den XML-Repräsentationen der o.g. Prozess-Elementen ist in Tabelle 1 zu finden.

Tabelle 1. XML-Repräsentationen der BPMN-Elemente

Prozess-Element	XML-Element
Start Event	`<startEvent>…</startEvent>`
End Event	`<endEvent>…</endEvent>`
Flow	`<sequenceFlow sourceRef="…" targetRef="…" />`
User Task	`<userTask>…</userTask>`
Service Task	`<serviceTask>…</serviceTask>`
Manual Task	`<manualTask>…</manualTask>`
Exclusive Gateway	`<exclusiveGateway>…</exclusiveGateway>`
Call Activity	`<callActivity calledElement="…">…</callActivity>`

In jedem Element gibt es Unterelemente <incoming> und <outgoing>, über welche die Beziehung der Elemente untereinander geregelt wird. Auf diese Weise wird die Reihenfolge der XML-Elemente von der (Ausführungs-)Reihenfolge der Prozesselemente entkoppelt.

3 Erweiterung zur digitalen Unterstützung

Mit den genannten BPMN-Elementen lassen sich nahezu beliebige Handlungsbeschreibungen modellieren. Das Modell umfasst aber noch keine Informationen, welche für den Unterstützungsprozess benötigt werden.

Um diese zu realisieren, greifen wir auf sog. *Extension Elements* (Erweiterungselemente) zurück, welche die BPMN-Spezifikation bereitstellt, um innerhalb des Standards Erweiterungen zu ermöglichen. Da beliebige Erweiterungselemente möglich sind, sind sie nicht Teil des Prozessdiagramms und werden nur in der XML-Repräsentation des Prozessmodells hinterlegt. Dafür wird einem beliebigen

---

[3] XML-Spezifikation: https://www.w3.org/TR/2006/REC-xml11-20060816/.

Element ein <extensionElements>-Element untergeordnet, welches die Erweiterungen in Form von validen XML-Datenstrukturen enthält.

Während der Ausführung kann das Ausführungssystem auf diese Daten zugreifen, um z. B. die für die Unterstützung erforderlichen Informationen abzufragen. Neben Assistenzinformationen wurden sowohl Erweiterungen für Metainformation zu ganzen Prozessen und einzelnen Schritten als auch für die Verknüpfung von Serviceprozess und VR-Trainer spezifiziert. In diesem Abschnitt gehen wir detaillierter auf die einzelnen Erweiterungen die verknüpften Informationen ein.

3.1 Metainformationen und Internationalisierung

Sowohl Prozessen als auch einzelnen Schritten können ein Titel, eine Beschreibung und Aktualisierungsinformationen in Form eines <metadata>-Elements mitgegeben werden.

```
<extensionElements>
  <metadata xmlns="glassroom:bpmn:metadata">
    <title lang="de_DE">Ansaugventil reinigen</title>
    <description lang="de_DE">[…]</description>
    <lastUpdate>2017-02-10T16:40:10+01:00</lastUpdate>
  </metadata>
</extensionElements>
```

Das Metadatenelement kann mehrere Titel bzw. Beschreibungselemente mit unterschiedlichen Sprach-Codes enthalten. Das Ausführungssystem kann dann unter den vorhandenen Sprachen die für den Benutzer passende auswählen und die entsprechenden Texte anzeigen.

3.2 Inhalte in GLASSROOM und Zusammenspiel mit Prozessen

Wie in Abschnitt 1.3 ausgeführt, kann der Unterstützungsprozess durch Anreicherung des Serviceprozesses mit den für die Unterstützung notwendigen Informationen erzeugt werden. Welche Informationen für einen Schritt einer Anleitung bereitgestellt werden sollen, ist abhängig von verschiedenen Faktoren wie der Fachdomäne, der Zielgruppe und den Rahmenbedingungen, in welchen das Assistenzsystem eingesetzt wird.

Die Informationen könnten wie die Metadaten direkt als Erweiterungselement im Prozessmodell hinterlegt werden. Alternativ können sie in Inhaltspaketen zusammengefasst werden, was einige Vorteile bietet:

- Prozessmodell und Unterstützungsinhalt werden entkoppelt, d. h. sie können getrennt voneinander aktualisiert werden.

- Mediendateien (Bilder/Videos) können zusammen mit den Informationen paketiert werden.
- Unter Zuhilfenahme von Selektoren, z.B. der verwendeten Sprache, können mehrere Inhaltspakete pro Schritt definiert werden.

Innerhalb der Erweiterungen eines Prozesselements befindet sich damit nur noch eine Referenz auf das Inhaltspaket. Das Ausführungssystem löst diese Referenz bei der Prozessausführung auf und liefert die entsprechenden Inhalte an den Benutzer.

```
<extensionElements>
  <content xmlns="glassroom:bpmn:content">
    <assistance>
      <package lang="de_DE">079cdee0-95e6-42c2-91a2</package>
    </assistance>
  </content>
</extensionElements>
```

3.3 Modellierung der Unterstützungsinformationen

Folgende Unterstützungsinformationen werden im Rahmen des GLASSROOM-Projekts zu jedem Schritt eines Serviceprozesses bereitgestellt:

- Eine obligatorische *Beschreibung* des durchzuführenden Schrittes.
- Ein *Medienobjekt* (Bild oder Video), welches den Schritt illustriert.
- Eine Liste von (Sicherheits-)*Warnungen*, auf welche gesondert hingewiesen werden soll.
- Eine Liste von *Hinweisen* (Tipps), welche dem Anwender zur Ausführung des Schritts angezeigt werden sollen.
- Eine Markierung ob es sich eine *Routinetätigkeit* handelt.

Als Containerformat für die Informationen bietet sich aus Gründen der Konsistenz die Verwendung von XML an, denkbar wären aber auch andere Formate wie JSON[4] oder YAML[5]. Die Datei, welche die Unterstützungsinformationen codiert, wird (Inhalte-)Deskriptor genannt. Der Deskriptor wird zusammen mit den Mediendateien in einem Verzeichnis oder Archiv paketiert, welches dann vom Ausführungssystem an den Client des Benutzers ausgeliefert wird.

---

[4] JavaScript Object Notation (JSON, http://json.org/).
[5] YAML Ain't Markup Language (YAML, http://www.yaml.org/).

Ein Beispiel für einem XML-Deskriptor mit den o. g. Informationen sieht wie folgt aus:

```xml
<content xmlns="glassroom:content" id="079cdee0-95e6-42c2-91a2" lang="de_DE">
  <info>Fixieren Sie die Kappe, indem sie den Hebel senken.</info>
  <media mimeType="video/mp4">video.mp4</media>
  <isRoutine>false</isRoutine>
  <warnings>
    <warning>Achtung, es besteht die Gefahr von […].</warning>
  </warnings>
  <hints>
    <hint>Wenn der Hebel blockiert, kann die Kappe […]</hint>
  </hints>
  <lastUpdate>2017-02-10T16:45:12+01:00</lastUpdate>
</content>
```

3.4 Verknüpfung von Serviceprozess und VR-System

Im GLASSROOM-Projekt wird mit dem Training in einer virtuellen Umgebung eine besondere Form der Unterstützung bereitgestellt. In einer VR-Szene soll der Serviceprozess durch den Anwender nachgestellt werden. In diesem Falle agiert das VR-System als Ausführungssystem für den Serviceprozess, wobei die einzelnen Schritte die erwarteten Aktionen innerhalb der VR-Szene sind (vgl. das Kapitel zur VR-Lernumgebung, S. 113 ff).

Die VR-Szene benötigt eine Reihe von Informationen, um die zur Verfügung stehende Aktion zu modellieren. Grundlegend ist eine Verknüpfung der *VR-Szene* mit dem Serviceprozess. Für einen einzelnen Schritt erfolgt dann die Angabe, mit welchem *Knoten* in der VR-Szene interagiert werden kann, und die anzuwendende *Interaktionsmethode*. Szene, Knoten und Methode können dabei über Parameter konkretisiert werden.

Die Verknüpfung von Serviceprozess und VR-Szene erfolgt über den Eintrag eines Identifikators und eventueller Parameterwerte in die Metadaten des Serviceprozesses. Die Verknüpfung zwischen Anleitungsschritten erfolgt innerhalb der Erweiterung des entsprechenden *task*-Elements im BPMN-Prozess:

```xml
<content xmlns="glassroom:bpmn:content">
  <scene>
    <node id="node-001-01">
      <params>
        <param id="radius" value="40" />
      </params>
    </node>
    <method id="place">
```

```
    <params>
      <param id="snap" value="true" />
      <param id="rotate" value="0" />
    </params>
  </method>
 </scene>
</content>
```

Die Verknüpfung enthält lediglich Identifikatoren, welche auf die entsprechenden Einträge der VR-Szenenbeschreibung bzw. der Spezifikation der Interaktionsmethode verweisen.

4 Zusammenfassung und Ausblick

Serviceprozesse können über eine geeignete Prozessbeschreibungssprache wie BPMN expliziert werden, um die Grundlage für eine Unterstützung des Anwenders durch ein Assistenzsystem zu ermöglichen. Dabei reicht bereits eine kleine Menge von Kernelementen aus, um die meisten Serviceprozesse vollständig modellieren zu können.

Die Aufwertung von einem Serviceprozess zu einem Assistenzprozess erfolgt durch die Anreicherung mit den für die Unterstützung notwendigen Informationen. Welche Informationen dies sind, ist abhängig von der Fachdomäne. Der Informationsbedarf variiert daher für jedes Anwendungsszenario. Die Informationen werden entweder direkt als Erweiterungen in den Serviceprozess eingebettet oder als eigenständige Inhaltspakete modelliert und innerhalb des Serviceprozesses referenziert.

Für die Modellierung von Serviceprozessen kann ein generisches BPMN-Autorenwerkzeug verwendet werden, welches jedoch keine Möglichkeit bietet, die Erweiterungselemente zur Aufwertung zum Unterstützungsprozess zu modellieren. Im Kapitel zum Smart-Glasses-basierten Informationssystem, S. 94 ff, wird eine Werkzeugkette vorgestellt, welche das Erstellen und Ausführen von Unterstützungsprozessen vollständig umsetzt.

Design digitaler Aus- und Weiterbildungsszenarien

Helmut Niegemann und Lisa Niegemann

Instructional Design ist eine Teildisziplin der Bildungstechnologie, basierend auf der technologischen Anwendung instruktionspsychologischer Theorien und Befunde. Vorgestellt wird ein Instruktionsdesign-Rahmenmodell DO ID, das es Praktikern erleichtert, lernwirksame Gestaltungsentscheidungen zu treffen. Auf der Grundlage dieses Modell wurde eine Lern-App entwickelt, die Fachkräfte in der Aus- und Weiterbildung hilft, zweckmäßige Entscheidungen in der praktischen Bildungsarbeit, insb. mit digitalen Medien, zu treffen.

1 Instructional Design

1.1 Was ist Instruktionsdesign?

„Design" steht im Englischen für „Entwurf" oder „Konzeption". Im Bildungskontext existiert seit über 60 Jahren der Begriff „Instructional Design" (ID) als Teilgebiet der Bildungstechnologie (Educational Technology bzw. Instructional Technology). In dieser Disziplin wird erforscht und gelehrt, wie Lernangebote bzw. Lernumgebungen auf der Grundlage empirisch fundierter Theorien und Befunde systematisch konzipiert werden sollten, wenn der Erwerb bestimmter Kompetenzen bei bestimmten Adressaten angestrebt wird. Es handelt sich also um einen technologischen Wissenschaftszweig (Reiser 2018), basierend auf der Instruktionspsychologie. Als Begründer des Instruktionsdesigns gilt Robert M. Gagné (1917–2002). Im Deutschen werden auch die Bezeichnungen „Instruktionsdesign" und „Didaktisches Design" verwendet.

1.2 Gagnés Ansatz

Gagnés Ansatz des Instruktionsdesigns beruht im Wesentlichen auf der Überlegung, dass effiziente Lernprozesse nur erwartet werden können, wenn die internen Lernvoraussetzungen (Eigenschaften der jeweiligen Lernenden) berücksichtigt werden und die externen Lernvoraussetzungen (Eigenschaften des Lehrstoffs und der Umgebung, in der gelernt wird) allgemeinen und speziellen psychologischen

Gesetzmäßigkeiten entsprechen (Gagné 1965; Gagné et al. 2005). Ein besonders wichtiger Aspekt der internen Lernvoraussetzungen ist die Gewährleistung der jeweiligen sachlogischen Lernvoraussetzungen: Vor Vermittlung der Multiplikation und der Division muss die Beherrschung der Addition sichergestellt sein usw. Diese Idee führte zur Entwicklung von Lernhierarchien, einer Vorläuferidee des aktuellen Ansatzes der Entwicklung von Kompetenzmodellen.

1.3 Interne und externe Lernbedingungen

Die Berücksichtigung der internen und der externen Lernvoraussetzungen führt logischerweise zu Differenzierungen: Für unterschiedliche Lehrstoffkategorien (Faktenlernen, Begriffslernen, Regellernen, Problemlösen etc. einerseits und für unterschiedliche Merkmale der Lernenden (u. a. Vorwissen, Motivation, Einstellung zum Lehrstoff und zur Lehrmethode) werden jeweils unterschiedliche Vorgehensweisen beim Lehren gefordert. Auch wenn die speziellen Lehrstoff-Kategorien Gagnés heute anders konzipiert werden, ist die Idee bis heute aktuell, in der pädagogischen Praxis jedoch keineswegs selbstverständlich.

Die frühen Instruktionsdesignmodelle waren nicht speziell für die Konzeption von E-Learning (seinerzeit u. a. als Computer-Based/-Assisted Instruction oder Computer-Based Training (CBT) bezeichnet) entwickelt. Die systematische Planung und Konzeption von Lernangeboten erwies sich jedoch als zunehmend wichtig für technologiebasierte Lehr-Lern-Prozesse, da hier kein Improvisieren möglich ist. Während es in englischsprachigen Ländern mehrere hundert Bachelor- und Master-Studiengänge zu Instructional Design (bzw. Instructional Technology and Instructional Design) gibt, findet man im deutschsprachigen Bereich nur sehr wenige und auch wenig Professuren mit dieser Bezeichnung. Mit der zunehmenden Digitalisierung in der Bildung steigt jedoch die Nachfrage nach entsprechenden Kompetenzen.

2 Instruktionsdesignmodelle

Im Zuge der Entwicklung von Instruktionsdesign-Modellen gab und gibt es neben allgemeinen Modellen, die sich an Gagnés Urmodell orientieren, eine Reihe von Ansätzen und Modellen, die sich zunächst vorwiegend auf spezielle Lehrstoffkategorien oder spezielle Lehrformen bezogen. Bis heute relevante Modelle beziehen sich u. a. auf das Begriffslernen, auf das Motivieren und Formen der Sequenzierung des Lehrstoffs.

Weiterentwickelt und u. a. von Astleitner empirisch bestätigt (Astleitner & Wiesner 2003) wurde Kellers ARCS-Modell zum Motivationsdesign, das später noch kurz skizziert wird. Ebenfalls bis heute relevant ist Reigeluths Modell der Sequenzierung des Lehrstoffs (Reigeluth 1983; 1999), differenziert nach Art des zu vermittelnden Wissens; z. B. deklaratives Wissen („Wissen, dass") oder prozedurales Wissen („Wissen wie").

2.1 Vier-Komponenten-Modell für komplexes Lernen

Van Merriënboers 4-Komponenten-Modell für die Konzeption von Kursen und Lerneinheiten mit dem Ziel komplexer kognitiver Fähigkeiten (van Merriënboer 1997; van Merriënboer & Kirschner 2013) gilt international als eines der erfolgreichsten und wissenschaftlich am besten fundierten ID-Modelle. Komplexe kognitive Fähigkeiten zeichnen sich dadurch aus, dass der Aufbau entsprechender Expertise relativ lange Zeit benötigt und sich Fachleute in diesen Bereichen sehr deutlich von Laien unterscheiden. Das Modell bezieht sich explizit auf Training, d. h. im Vordergrund steht die Vermittlung von Handlungswissen. Der Erwerb von theoretischem Wissen ist dem jeweils funktional untergeordnet. Wichtig ist jeweils die Unterscheidung von wiederkehrenden, oft routinisierbaren Lernaufgaben und situationsspezifischen nicht-wiederkehrenden Aufgaben. Erforderliches theoretisches Wissen wird nicht vorab („auf Vorrat") vermittelt, sondern stets im Kontext mit den Lernaufgaben („just in time").

Neuere Weiterentwicklungen enthalten u. a. Prinzipien für eine Adaptierung an unterschiedliche Lernvoraussetzungen. Das Modell beinhaltet Anleitungen zur Entwicklung von problembasierten Lernumgebungen und Curricula mit Phasen direkter Instruktion.

Einen Überblick über weitere ID-Modelle vermitteln u. a. die vier von Reigeluth herausgegebenen Bände über Theorien und Modelle des Instructional Design (Reigeluth 1983; 1999; Reigeluth & Carr-Chellman 2011; Reigeluth et al. 2017).

2.2 Klauers Lehrfunktionen

Bereits 1985 von K. J. Klauer in einer amerikanischen Zeitschrift für Lehrerausbildung publiziert, liegt der Klauer'sche „Lehralgorithmus" einem verbreiteten Lehrbuch des Lehrens und Lernens (Klauer & Leutner 2012, 44 ff) zugrunde. Klauer postuliert 6 „Lehrfunktionen", die bei jeder Art von effektivem Lehren (einschließlich autodidaktischem Handeln) unabdingbar sind:

- Steuerung des Lehr-Lern-Prozesses,
- Motivierung,
- Informierung,
- Förderung der Informationsverarbeitung (Verstehen),
- Förderung des Speicherns (Behaltens) und Abrufens (Erinnerns),
- Förderung des Transfers (u. a. Übertragung des Gelernten auf neue Aufgaben).

Wenn auch nur eine dieser Lehrfunktionen außer Acht gelassen wird, kann Lehren nicht effektiv sein. Auch wenn es sich bei diesem Modell um kein typisches ID-Modell handelt, liefert es wichtige Kriterien für die Entwicklung und die Bewertung von ID-Modellen aller Art.

3 Ein Rahmenmodell: DO ID

Das Problem für Praktiker besteht darin, die unterschiedlichen ID-Modelle nicht nur zu kennen, sondern auch zu entscheiden, unter welchen Bedingungen welche Aspekte welchen Modells am zweckmäßigsten wie anzuwenden sind. Selbst Absolventen von ID-Masterstudiengängen fällt dies in der Praxis oft schwer, da relevante Forschungsergebnisse in mehr als einem Dutzend unterschiedlicher renommierter Fachzeitschriften publiziert werden und außerhalb der Wissenschaft nur schwer gefunden werden.

3.1 Didaktische Entscheidungen

Im Hinblick darauf, dass es um didaktische Entscheidungen geht, die zu treffen sind, haben wir ein Rahmenmodell konzipiert, das verdeutlicht, welche Art Entscheidungen bei der Konzeption didaktischer Medien jeweils zu treffen sind und wie diese Entscheidungen sich wechselseitig beeinflussen. Abb. 1 zeigt dieses „DO ID"-Modell (Decision-Oriented Instructional Design Model) in der aktuellen Version.

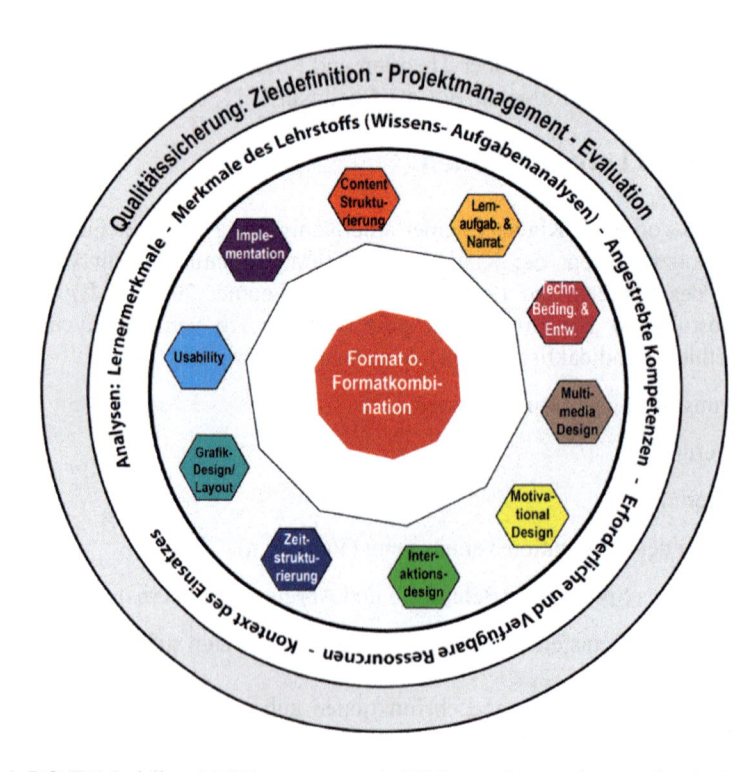

Abb. 1. DO ID Modell v. 6.0 (Niegemann et al. 2008; erweitert und umstrukturiert)

Über die allgemeine Orientierung hinaus ist die Idee jedoch auch, zu jedem der im Modell repräsentierten Entscheidungsfelder einschlägige theoretische und vor allem empirische Befunde zu sammeln und in Form von Entwurfsmustern („pedagogical design patterns"; Niegemann et al. 2008) bereit zu stellen.

Als Rahmenmodell steht das DO ID-Modell nicht in Konkurrenz zu anderen ID-Modellen, deren Prinzipien durchaus innerhalb der einzelnen Entscheidungsfelder angewendet werden können. Als alternatives Rahmenmodell ist bisher das ADDIE-Modell (Analyze-Design-Develop-Implement and Evaluate) bekannt, das so allgemein gehalten ist, dass es den Prozess der Entwicklung von Lehr-Lern-Systemen (instructional systems design) grob skizziert, jedoch keinerlei Aussagen zu konzeptionellen Entscheidungen beinhaltet (Gustafson & Branch 2007, Richey et al. 2011, 19 ff). Ein weiteres, neues und prozessorientiertes Rahmenmodell ist das SAM-Modell (Successive Approximation Model) (Allen 2018). Im Folgenden wird das DO ID-Modell kurz erläutert.

3.2 Qualitätssicherung: Ziele, Projektmanagement und Evaluation

Maßgeblich für die Qualität eines didaktischen Mediums ist ein effizientes Projektmanagement, dessen Verantwortliche auch spezifische Kompetenzen im Bereich der psychologisch-didaktischen Qualitätskriterien benötigen.

Um die Qualität des Lernangebots zu sichern, werden allgemeine Ziele festgelegt, etwa, welche Veränderungen die auftraggebende Organisation bzw. das Unternehmen erwartet. Gibt es strategische Vorab-Entscheidungen seitens des Auftraggebers, z. B. zu den einzusetzenden Medien? Nach der (Teil-)Umsetzung von Instruktionsdesign-Entscheidungen werden Produkt(teile) getestet und evaluiert. Bei umfangreichen ID-Projekten werden gängige Verfahren und Methoden der Evaluationsforschung verwendet, in der betrieblichen Praxis sollte zumindest auch bereits während der Konzeption immer wieder ein Vertreter der späteren Zielgruppe zu Rate gezogen werden.

3.3 Analysen

Rationale Entscheidungen bedürfen einer fundierten Informationsbasis. Daher sind sorgfältige Analysen Voraussetzung für jede effiziente Konzeption didaktischer Medien. Zu analysieren sind insb.

- Lernercharakteristika (insb. Vorwissen, Motivation, Einstellungen zum Lehrstoff und zur Lehrmethode),
- Merkmale des Lehrstoffs (Wissens- und Aufgabenanalysen),
- Lehrziele, angestrebte Kompetenzen,
- Erforderliche und verfügbare Ressourcen (Budget, zu erwartende Kosten, Personal mit entsprechenden Kompetenzen, Zeit etc.) und

- Einsatzkontext (räumliche und technische Bedingungen, personeller Kontext).

Wissens- und Aufgabenanalysen werden häufig vernachlässigt, auch weil die speziellen Verfahren im deutschsprachigen Bereich wenig bekannt sind (Niegemann et al. 2008). Es wird auch oft angenommen, dass sich Wissens- und Aufgabenanalysen erübrigen, da die Lehrenden bzw. Instruktionsdesigner Fachexperten seien. Diese Expertise ist zwar notwendig, Ziel der Analysen ist es aber eine Grundlage für Entscheidungen über didaktisch relevante Inhalte zu ermöglichen, Voraussetzungsrelationen aufzuzeigen und wichtige Merkmale von Lernaufgaben deutlich zu machen. Am Ende der Analysen sollten zudem klare Aussagen über die Zielgruppe (Adressaten) und die zu vermittelnden Lehrziele bzw. Kompetenzen stehen, es sollte zumindest ein Budgetrahmen vereinbart und die Kontextbedingungen sollten geklärt sein.

3.4 Entscheidungsfelder

Das DO ID-Modell unterscheidet elf Entscheidungsfelder, in denen zum Teil mehrstufig Designentscheidungen zu treffen sind. Diese Entscheidungen sind keineswegs immer unabhängig voneinander und sie können auch nicht sukzessive so getroffen werden, wie dies im Text linear beschrieben ist.

3.4.1 Formatentscheidung

Zentral ist die Entscheidung für ein bestimmtes Format, d. h. die typische Struktur des Lernangebots. Diese Entscheidung hat wesentliche Konsequenzen für die weiteren Entscheidungen. Wie der Begriff des Sendeformats (Radio, TV) ist auch im Kontext multimedialer Lernumgebungen der Formatbegriff unscharf. Unterschiedliche Formate unterscheiden sich jedoch häufig in wenigstens einer der folgenden Beschreibungsdimensionen (Schnotz et al. 2004):

- *Organisation der Informationsdarbietung:* die Pole der Ausprägung bewegen sich zwischen „kanonischer" Darstellung (an einer gängigen Systematik der entsprechenden Fachdisziplin oder der Phänomenologie des Gegenstandes orientiert) und „problembasierter" Darstellung.
- *Abstraktionsniveau:* Zwischen völlig „dekontextualisierter" (abstrakt) und ganz in einen bestimmten Kontext eingebetteter „situativer" Informationspräsentation.
- *Wissensanwendung:* Zwischen reiner Erklärung durch einen Lehrenden oder ein Medium bzw. bloßer Rezeption und aktiver Anwendung aufseiten der Lernenden.
- *Steuerungsinstanz:* Zwischen weitestgehend externaler (fremder) Regulierung des Lernprozesses und nahezu ausschließlicher Eigensteuerung.

- *Kommunikationsrichtung:* Zwischen reiner Ein-Weg- und permanenter Zwei-Weg-Kommunikation.
- *Art der Lerneraktivitäten:* Rein rezeptives Verhalten als ein Extrem, nahezu ständige Aktivitäten der Lernenden als ein anderes.
- *Sozialformen des Lernens:* Zwischen Individuellem, sozial isoliertem Lernen oder kollaborativem bzw. kooperativem Lernen.

In einzelnen Fällen werden auch darüberhinausgehende Unterscheidungen anhand von Oberflächenmerkmalen vorgenommen (z. B. Domäne, Lerngegenstand).

Es gibt weder empirisch noch theoretisch fundierte Aussagen, die es erlauben würden, eine bestimmte Ausprägung einer dieser Dimensionen oder eine bestimmte Kombination von Ausprägungen generell, d. h. unter allen Bedingungen, als ineffektiv oder als besonders effektiv lernwirksam zu qualifizieren.

Die Entscheidung für ein bestimmtes Format ist auf die Ergebnisse der Analysen, insb. der Ziel-, Wissens- und Aufgaben- sowie Adressatenanalysen angewiesen, wobei bisher oft nicht auf empirische Befunde zurückgegriffen werden kann, die bei einem bestimmten Muster der Analysebefunde ein bestimmtes Format nahelegen. Die Berücksichtigung der Analysebefunde einerseits und der Merkmale der Formate andererseits lassen jedoch theoretische Begründungen für die Formatentscheidung zu, die zu besseren, d. h. lernwirksameren Entscheidungen führen sollten als weniger reflektierte Entscheidungen. Häufig verwendete Formate sind:

- E-Kompendium (i. S. klassisches CBT, auch als multimediale Arbeitshilfe: Präsentation von Texten und Bildern auf dem Bildschirm),
- Mini-Lectures (Video-Kurzvorträge von 10–20 Minuten Dauer),
- Erklärvideos (kurze Videos zur Erklärung von Sachverhalten, Erläuterung von Problemlösungen, technische Instruktionen; auch Videos zur Erklärung technischer Problemlösungen, z.B. bei der Wartung von Maschinen sind Erklärvideos),
- Fallbeispiele (Medizin, BWL),
- Planspiele (BWL, Projektmanagement),
- Serious Games (Lernspiele in unterschiedlichen Sub-Formaten),
- Simulationen (Flieger, LKW, Bus, Lokomotiven, Boote, Kraftwerke usw.); auch VR-Angebote repräsentieren Simulationen.

Diese Formate sind sämtlich mit Präsenzformen der Lehre kombinierbar (Blended Learning). Wie bei Sendeformaten ist die Anzahl der Formate nicht eng begrenzt und neue Merkmalkombinationen können jederzeit konzipiert und erprobt werden.

3.4.2 Inhaltsstrukturierung

Die Strukturierung des Lehrstoffs umfasst eine ganze Reihe von Aspekten; angemessene Designentscheidungen sind hier von den Wissens- und Aufgabenanalysen abhängig: Die Wahl des Abstraktionsniveaus (eher Überblick oder Vertiefung), eine eher deduktive (vom Allgemeinen zum Speziellen) oder eine induktive (vom Einzelfall zur Verallgemeinerung) Darstellung, die Einteilung in Einheiten unterschiedlicher Informationsdichte (Segmentierung) und die didaktisch jeweils sinnvolle Reihenfolge (Sequenzierung) beeinflussen den Lernerfolg ebenso wie die Adaptierbarkeit bzw. Adaptivität der Präsentation an Lernermerkmale (z. B. Vorwissen).

3.4.3 Lernaufgaben und Narration

In engem Zusammenhang mit der Content-Strukturierung steht die Entwicklung adäquater Lernaufgaben und – bei manchen Formaten (Lernspiele, Erklärvideo) – die Einbettung in eine geeignete Geschichte (Narration). Lernaufgaben sind Anforderungen an die Lernenden, deren Bewältigung im Sinne der Lehrziele erwünschte Lernprozesse initiiert (Seel 1981). Das Spektrum reicht von einfachen Rechenaufgaben bis zur Auswahl hochkomplexer Situationen beim Lernen mit Simulationen. Indikator für die Bewältigung einer Lernaufgabe sollte in der Regel eine Äußerung des Lernenden sein, die auf die Qualität der Aufgabenbewältigung schließen lässt und eine Rückmeldung ermöglicht (vgl. Abschnitt 3.4.7 zu Interaktionsdesign).

Noch wenig Erfahrung, geschweige denn Studien gibt es zur Entwicklung von Lernaufgaben für Virtual-Reality-Systeme im Training. Nach ersten Erfahrungen im Projekt GLASSROOM scheinen folgende Schritte notwendig:

- Beschreibung des prototypischen Handlungsablaufs, möglichst auf der Basis einer Aufgabenanalyse (Task Analysis),
- Identifizierung von Teilaufgaben: Routinetätigkeiten versus Nicht-Routine-Tätigkeiten,
- Bei technisch-synthetischen Aufgaben (Reparatur, Konstruktion): Toleranzen festlegen, die auf korrekte Ausführung schließen lassen (z. B. Passung von Teilen, die angefügt oder eingesetzt werden),
- Identifikation von Fehlermöglichkeiten und Fehlerbedingungen (Rückgriff auf Erfahrungen von Trainern, Experten),
- Jeweilige natürliche Konsequenzen bestimmter Fehlern bestimmen,
- Aufgaben definieren im engeren Sinn: Handlungsauftrag, Randbedingungen, die Fehler ermöglichen; Auswahl nach Fehlermöglichkeiten und Fehlerwahrscheinlichkeiten),

- Festlegen von Hilfen (Scaffolding) und „Fading" (sukzessive Rücknahme der Hilfen), Hervorhebungen im System,
- Zusammenstellung von Aufgaben zu „Sets" und
- Sequenzierung in der Regel vom Einfachen zum Komplexen.

Bei allen spielähnlichen Formaten, aber auch bei Erklärvideos muss auch über die Art der narrativen Einbettung entschieden werden. Die lernförderliche Wirkung von „Geschichten" ist hinreichend belegt (Schank 1998, Schank et al. 1999). Bei technischen Erklärvideos kann die „Story" z. B. auch darin bestehen, dass von einem kniffligen (wahren oder fiktiven) Fall erzählt wird und wie die Lösung gefunden wurde.

3.4.4 Technische Bedingungen und Entwicklung

Spätestens, wenn wesentliche Entscheidungen über die Inhalte und Aufgaben sowie deren Struktur getroffen sind, stehen Entscheidungen über die technischen Aspekte des Instruktionsdesigns an: Auf welchen Geräten und in welchen Softwareumgebungen soll das Lernangebot verfügbar sein? Diese Entscheidungen beeinflussen die weiteren Optionen oder sie müssen sich an Entscheidungen in den weiteren Feldern (Multimedia, Interaktivität) anpassen: Texte, Bilder, Tabellen oder komplexe Schaubilder lassen sich oft nicht beliebig für die Darbietung auf Smartphones verkleinern; auch der Umfang bestimmter Dateien muss bei bestimmten technischen Kontexten berücksichtigt werden. Bei AR-Brillen ist das Display so klein, dass sich erhebliche Einschränkungen bei der Informationsdarbietung ergeben: Es kann jeweils nur eine geringe Datenmenge gleichzeitig dargeboten werden, auch nur wenig Text; hohe Kontraste sind oft notwendig und die Positionierung der Informationen unterliegt (aus ergonomischen Gründen) Einschränkungen. Eine halbwegs komfortable Bedienung aktueller AR-Brillen erfordert u. a. für die Sprachsteuerung eine ständige Internetanbindung, die nicht an jedem Arbeitsplatz gewährleistet sein kann.

3.4.5 Multimediadesign

Wenig ist in den letzten 20 Jahren im Bereich des Instruktionsdesigns so intensiv erforscht worden wie die Bedingungen multimedialen Lernens: Zu den Fragen, welche spezielle Kombination von Text (gesprochen oder geschrieben) und Bild (statisch oder bewegt, abstrahiert oder fotografisch genau) und welche Merkmale des Textes und der Bilder für welche Adressaten am ehesten gute Lernergebnisse erwarten lassen, liegen replizierte experimentelle Befunde vor (Mayer 2009, Plass et al. 2010, Mayer 2014), die zum Teil Grundlage wichtiger Prinzipien bzw. Effekte für das Multimediadesign sind: Ist es generell zweckmäßig, Erläuterungen zu Bildern oder Animationen gesprochen und schriftlich anzubieten? Wo sollen Erläuterungen zu Bildern platziert werden? Sind (scheinbar) motivierende Ergänzungen zu Texten lernwirksam? Wie wirkt Hintergrundmusik? Sollen Texte eher sachlich oder eher personalisiert formuliert werden? Wie gestaltet man das Üben von Aufgaben optimal?

Zu diesen und weiteren Designfragen gibt es einen beachtlichen Korpus an Forschungsergebnissen (Mayer 2014), die keineswegs immer den Common-Sense-Annahmen entsprechen und nicht ignoriert werden sollten.

Gerade, wenn beim Einsatz von AR und VR einige Prinzipien multimedialen Lernens technisch nicht realisiert werden können (z. B. wegen des Displayformats von AR-Brillen), ist es wichtig, den lernpsychologischen Hintergrund der Prinzipien zu kennen.

3.4.6 Motivationsdesign

Die Motivation, sich mit einem Lehrstoff zu beschäftigen und diese Beschäftigung aufrecht zu erhalten, lässt sich nachweislich beeinflussen. Bereits früh hat Keller Bedingungen und Möglichkeiten der Motivierung zusammengestellt und später um Aspekte der Volition erweitert (ARCS-Modell, Keller 2007, Keller & Deimann 2018). Generell sind stets dabei auch die „Basic Needs" menschlichen Lernens zu berücksichtigen (Ryan & Deci 2000).

Kellers Instruktionsdesign-Modell (ARCS-Modell, Keller 1983) enthält Strategien zur systematischen und gezielten Förderung der Motivation der Lernenden. Unterschieden werden vier Hauptkategorien der Motivierung, nach deren Anfangsbuchstaben das Modell benannt ist: Aufmerksamkeit (attention), Relevanz (relevance), Erfolgszuversicht (confidence) und Zufriedenheit (satisfaction). Diesen Hauptkategorien sind jeweils Subkategorien zugeordnet, die spezifische Strategien enthalten.

Das Modell wurde ursprünglich für die Gestaltung schulischer Instruktion und von Lehrveranstaltungen im Allgemeinen formuliert. Später wurden auf dieser Basis begründete Empfehlungen für die Konzeption multimedialer Lernumgebungen entwickelt (Keller & Suzuki 1988; Niegemann 1995, 2001).

3.4.7 Interaktionsdesign

Folgenreich für die Lerneffizienz wie für das Budget sind die Entscheidungen hinsichtlich der Interaktionen zwischen Lerner und didaktischem Medium: Es kommt darauf an, dass solche Interaktionen ermöglicht werden, die erwünschte Lernprozesse initiieren ohne die Informationsverarbeitung durch Überflüssiges zu behindern (vgl. Abschnitt 3.4.3 zu Lernaufgaben und Narration). Gleichzeitig haben Interaktionen, auch mit einem Medium, oft motivationale und emotionale Effekte. Ein umfassendes Modell zur Orientierung für entsprechende Designentscheidungen haben Domagk et al. (2010) vorgelegt. Ein Kriterium für die Frage, ob eine Interaktionsmöglichkeit lernwirksam ist, liefern die bereits erwähnten Lehrfunktion von Klauer (Klauer & Leutner 2012): Nur solche Interaktionsmöglichkeiten, deren Nutzung einen Beitrag liefert zu einer der sechs Lehrfunktionen, sind effizient, andere wirken in der Regel eher negativ auf Lehr-Lern-Prozesse. Eine Taxonomie von Feedbackformen und zugeordneten Forschungsbefunden liefert Narciss (2006).

3.4.8 Zeitstrukturierung

Häufig vernachlässigt im Bildungsbereich wird die Zeitökonomie des Lehrens und Lernens. Lernende unterscheiden sich in der Zeit, die sie benötigen, um bestimmte Lehrstoffe zu erfassen. Dieser Zeit stehen die für das Lernen verfügbare sowie die tatsächlich genutzte Zeit gegenüber (Carroll 1989).

Auch wenn digitales Lehren und Lernen eine gewisse zeitliche Flexibilität ermöglicht, ist oft ein vorgegebenes Zeitraster zu beachten (z. B. Unterrichtsstunden). Beim Instruktionsdesign zu berücksichtigen sind auch Lernpausen, die Verteilung des Lernprozesses über mehrere Tage und evtl. zeitbezogene Hilfen für das selbstregulierte Lernen (wieviel absolviert, wieviel noch zu bewältigen).

3.4.9 Grafik-Design, Layout, Ergonomie und Usability

Neben ästhetischen Aspekten des Layouts spielt die Usability eine wesentliche Rolle für alle Designentscheidungen, da eine ungünstige Usability die kognitive Belastung erhöht und damit Lernprozesse behindert (Reeves 2001). Wie bei jeder Medienproduktion sind daher Usability-Tests unabdingbare Bestandteile der Entwicklung didaktischer Medien (Niegemann et al. 2008, Kap. 28).

3.4.10 Implementierung

In den letzten Jahren ist deutlich geworden, dass die Implementierung multimedialer Lernangebote in ein Unternehmen, eine Organisation oder Schule bereits bei der Medienkonzeption bedacht werden muss: Die Umsetzung in der Praxis, die Berücksichtigung des jeweiligen Einsatzkontexts und die Akzeptanz der Betroffenen (Stakeholder) lassen sich bereits bei der Produktion beeinflussen (Lehmann & Mandl 2009).

4 Didaktische Entwurfsmuster

Jedes der Entscheidungsfelder stellt den Instruktionsdesigner vor Probleme der Auswahl oder Umsetzung von Designalternativen bzw. der Wiederverwendbarkeit vorhandener Designlösungen. Offenbar werden die gleichen Probleme von unterschiedlichen Instruktionsdesignern immer wieder neu gelöst. Dieses Effizienzhindernis gab es auch in anderen „Entwurfswissenschaften" (technologischen Wissenschaften) (Simon 1986). „Rezeptartige" Hilfen sind nicht nur im Bildungsbereich wenig nützlich, da die jeweiligen Situationen sich stets in einer Vielzahl von Variablen unterscheiden. Andererseits existieren bewährte Erkenntnisse im Sinne allgemeiner Prinzipien, deren situativ-angepasste Berücksichtigung zielführend ist, zumindest aber eine höhere Erfolgswahrscheinlichkeit erwarten lässt als starre Rezepte oder Ad-hoc-Lösungen.

Der Ansatz der „Entwurfsmuster" (Design Patterns) stellt eine Herangehensweise zum effizienten Umgang mit solchen Designproblemen dar. Er wurde im Bereich der Architektur entwickelt von Alexander et al. (1977) und später mit Erfolg in der Informatik aufgegriffen (Gamma et al. 1998). Von dort gelangte die Idee in den Bereich des E-Learning, wo von „pedagogical Design Patterns" (didaktischen Entwurfsmustern) gesprochen wird.

Design Patterns sind keine „Rezepte", sondern Muster, die beschreiben, worauf im speziellen Fall zu achten ist, ohne darüberhinausgehende Gestaltungsmöglichkeiten einzuschränken. Vereinbarungen zur Beschreibung von didaktischen Entwurfsmustern wurden im Rahmen eines EU-geförderten Projekts E-LEN 2002–2004 entwickelt (Goodyear & Retalis 2010).

Die schematische Darstellung „bewährter" Muster bzw. Prinzipien ist eine wichtige Voraussetzung dafür, dass instruktionspsychologische Befunde Praktikern des Instruktionsdesigns zugänglich gemacht werden. Ein Ansatz dazu wurde in Form des Prototyps eines „didaktischen Assistenten" entwickelt (Fredrich & Niegemann 2007). Es handelt sich dabei um ein elektronisches Beratungssystem für das Instruktionsdesign, das nach Abfrage und Eingabe der Rahmenbedingungen dem Nutzer Designalternativen aufzeigt. Mangels weiterer Finanzierung konnte der Prototyp jedoch seinerzeit nicht weiterentwickelt werden.

5 Ein Assistenzsystem für Praktiker

Da viele Praktiker mit Ausbildungsaufgaben (z. B. viele Meister, Techniker, Betriebswirte) über keine fundierte didaktische Ausbildung verfügen, aber dennoch erwartet wird, dass Sie in der Lage sind, im Rahmen innerbetrieblicher Bildungsarbeit Vorträge mit PowerPoint-Unterstützung zu konzipieren und anzubieten und zum Teil auch andere Lernmedien selbst zu entwickeln, wurde die Idee eines Assistenzsystems erneut aufgegriffen, zunächst fokussiert auf die Aufgaben von Ausbildern im Bereich der Wartungstechnik.

Das System ist konzipiert als browserbasierte Lern-App („ID-Trainingsassistent"). Einen Überblick über die App vermittelt Abb. 2.

Mit dem Start der App erscheint eine kurze Anleitung und das Angebot einer Einführung in Grundlagen des Lehrens und Lernens anhand kurzer (10–15 Minuten) Lehrvideos. Nach jedem der Videos wird ein Selbsttest angeboten mit mehreren Mehrfachwahl-Aufgaben, auf die jeweils eine informative Rückmeldung erfolgt. Nach dem optionalen Anschauen der Videos und dem Absolvieren der Selbsttests erfolgt eine Einführung in die Lehrstoffstrukturierung und die Entwicklung von Lernaufgaben; integriert sind wesentliche Grundlagen der Wissensanalyse. Informiert wird über die Festlegung von Einheiten (Abschnittsbildung, Segmentierung), die Bestimmung einer zweckmäßigen Reihenfolge des Lehrstoffs (Sequenzierung), die Lehrzielbestimmung, die Bedeutung von Narration („stories") für die Lehrstoffvermittlung und schließlich Grundlagen der Entwicklung bzw. Auswahl von Lernaufgaben. Je nach Art des Wissens, das der Nutzer vermitteln möchte (Abfrage mit Hilfen), werden Informationen zu unterschiedlichen Formaten angeboten, die für Ausbilder aktuell relevant sein können, dies sind:

- Präsenzvortrag mit PowerPoint-Folien,
- Erklärvideo und
- Multimediale Arbeitshilfe.

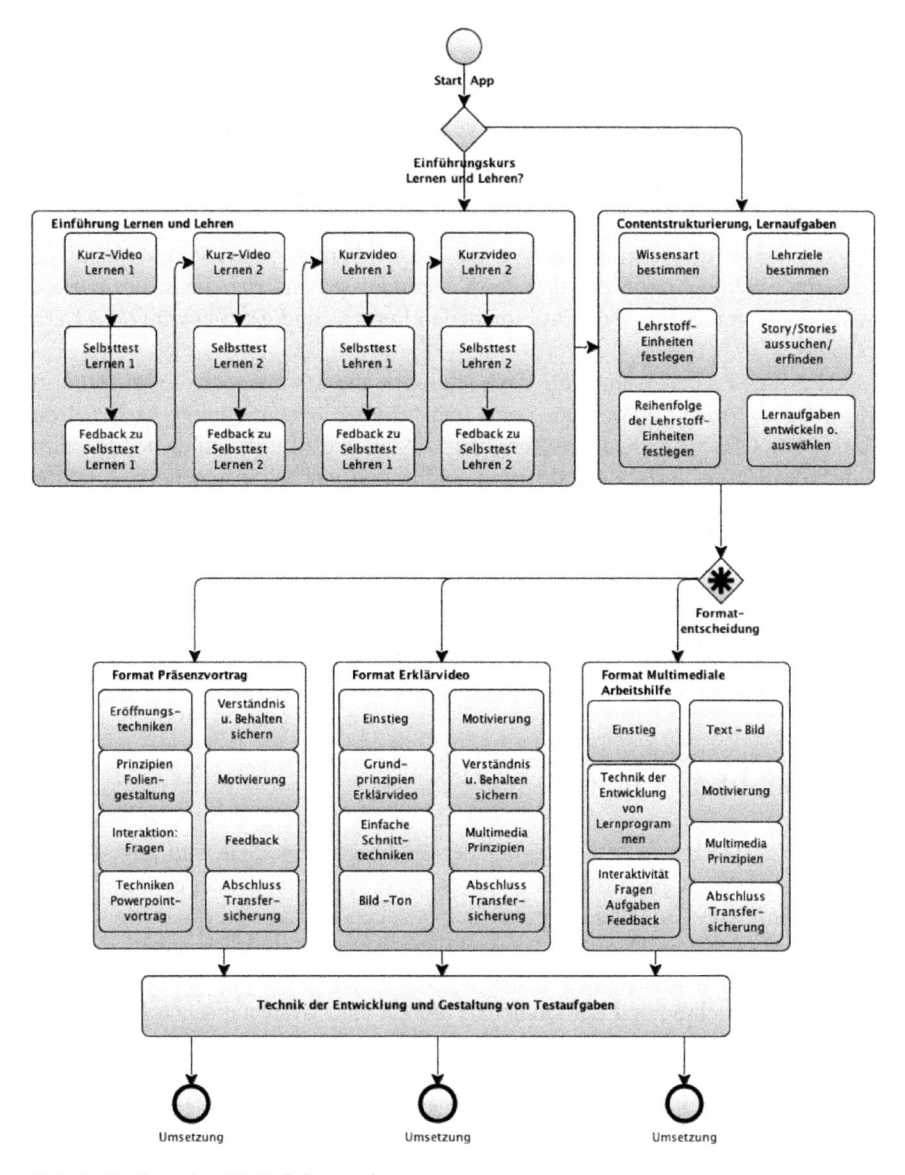

Abb. 2. Struktur des ID-Trainingsassistenten

Präsenzvorträge mit oder ohne PowerPoint-Unterstützung sind wahrscheinlich noch das am meisten genutzte Format in der betrieblichen Aus- und Weiterbildung. Die einzelnen Kapitel zu diesem Format informieren über zweckmäßige Eröffnungstechniken, über allgemeine Grundlagen einer lernwirksamen Foliengestaltung, über die Interaktion zwischen Lehrenden und Lernenden, insb. zum Aspekt des beiderseitigen Fragenstellens. Weitere Inhalte sind Techniken der Vortragsgestaltung mit PowerPoint, sowie psychologisch-praktische Prinzipien zur Sicherung des Verstehens und Behaltens, zur Motivierung der Lernenden, zu Feedback und zur Sicherung der Anwendung des Gelernten auf neue Aufgaben (Lerntransfer).

Im Projekt GLASSROOM hat sich gezeigt, dass die AR-Brillen geeignet sind, Arbeitssituationen aufzuzeichnen und daraus *Erklärvideos* zu erstellen. Erläutert werden Möglichkeiten des Einstiegs in ein Erklärvideo, die Grundprinzipien der Erstellung von Erklärvideos, einfache Schnitttechniken, Grundlagen der Gestaltung von Bild und Ton sowie die für dieses Format relevanten Aspekte der Lernermotivierung, der Sicherung des Verständnisses und Behaltens, der Berücksichtigung von Prinzipien des multimedialen Lernens und der Sicherung des Lerntransfers.

Als drittes Format kommt für die Zielgruppe die *Multimediale Arbeitshilfe* infrage. Dabei handelt es sich um Lern- und Informationsprogramme nach Art des klassischen CBT, d.h. die Darbietung von Texten und Bildern auf dem Bildschirm zum Selbstlernen, insb. auch zur raschen Information bei anstehenden Arbeiten. Die Themen hierbei sind wiederum Möglichkeiten eines Einstiegs und der Motivierung der Lernenden, die Technik der Entwicklung von E-Learning-Angeboten, Aspekte der Interaktivität (Fragen, Aufgaben, Feedback), die Text-Bild-Gestaltung, weitere Prinzipien multimedialen Lernens, Grundlagen des Bildschirm-Layouts und wiederum Prinzipien der Transfersicherung.

Abschließend wird jeweils eine Einführung in Techniken der Entwicklung und Gestaltung von Testaufgaben angeboten.

6 Fazit und Ausblick

Instructional Design als Teildisziplin der Bildungstechnologie und angewandter Lehr-Lern-Psychologie entspricht am ehesten den Erwartungen an eine empirisch-wissenschaftliche Grundlegung der systematischen Konzeption (nicht nur) digitaler Lernumgebungen. Der nicht unerhebliche Aufwand eines systematischen Instruktionsdesigns kann sicher auf einige Lehrende abschreckend wirken, technologiebasiertes Lehren und Lernen bedarf jedoch einer systematischen Planung, da keine Improvisation möglich ist und die Effizienz von E-Learning u.a. davon abhängt, dass einmal entwickelte Lernangebote bei vielen Adressaten bzw. über längere Zeit ohne erhebliche Änderungen eingesetzt werden können. Im deutschsprachigen Bereich sind allerdings bisher nur wenige Praktiker in dieser Disziplin ausgebildet und Weiterbildungsangebote erreichen nur langsam die vielen in der Aus- und Weiterbildung tätigen Menschen.

Eine Lösung kann darin bestehen, digitale Medien selbst zur Verbreitung der entsprechenden Kompetenzen zu nutzen und zunächst gezielt für bestimmte Branchen und Domänen Informations- und Lernprogramme zu entwickeln, die zeitlich und räumlich flexibel eingesetzt werden können und keine „Rezepte", sondern Grundprinzipien i. S. von Entwurfsmustern vermitteln.

Auf der Grundlage des Instruktionsdesign-Rahmenmodells DO ID wurde für Aus- und Weiterbilder im Bereich der Wartungstechnik der Prototyp einer Lern-App entwickelt, die zunächst für die gebräuchlichsten Lehr-Lern-Formate in der Branche Hilfestellungen geben soll. Die App ist ohne Probleme ausbaufähig, sie kann und soll erweitert werden um zusätzliche Inhaltsbereiche und für andere Branchen und Domänen.

7 Literatur

Alexander C, Ishikawa S, Silverstein, M, Jacobson, M, Fiksdahl-King I, Angel S (1977) A pattern language: towns, buildings, construction. New York, Oxford University Press

Allen, MW (2018) The successive approximation model (SAM): A closer look. In: Reiser RA, Dempsey JV (Hrsg) Trends and Issues in Instructional Design and Technology (4. Ausg). New York, Pearson, 42–51

Astleitner H, Wiesner C (2003) An Integrated Model of Multimedia Learning and Motivation. Journal of Educational Multimedia and Hypermedia 13: 3–21

Carroll JB (1989) The Carroll Model. A 25-year retrospective and prospective view. Educational Researcher 18: 26–31

Domagk S, Schwartz R, Plass J (2010) Interactivity in multimedia learning: An integrated model. Computers in Human Behavior 26: 1024–1033

Fredrich H, Niegemann L, Niegemann HM (2007) E–Learning Designentscheidungen in EXPLAIN. In: Loos P, Zimmermann V, Chikova P (Hrsg) Prozessorientiertes Authoring Management. Methoden, Werkzeuge und Anwendungsbeispiele für die Erstellung von Lerninhalten. Berlin, Logos: 163–182

Gagné RM (1965) The conditions of learning. New York, Rinehart & Winston.

Gagné RM, Wager WW, Golas KC, Keller JM (2005) Principles of instructional design (5. Ausg). Belmont CA, Wadsworth/Thomson

Gamma E, Helm R, Johnson R, Vlissides J (1998) Design patterns CD. Elements of reusable object-oriented software. New York, Addison-Wesley Longman

Goodyear P, Retalis S (Hrsg) (2010) Technology-Enhanced Learning. Design Patterns and Pattern Languages. Rotterdam, Sense Publishers

Gustafson KL, Branch RM (2007) What is instructional design? In: Reiser RA, Dempsey JV (Hrsg) Trends and issues in instructional design and technology, (2. Ausg). Upper Saddle River NJ/Columbus OH, Pearson/Merrill Prentice Hall: 10–16

Keller JM (2007) Motivation and performance. In: Reiser RA, Dempsey JV (Hrsg) Trends and issues in instructional design and technology (2. Ausg). Upper Saddle River NJ/Columbus OH: Pearson/Merrill Prentice Hall: 82–92

Keller JM, Suzuki K (1988) Use of the ARCS motivation model in courseware design. In: Jonassen DH (Hrsg) Instructional designs for microcomputer courseware. Hillsdale NJ, Erlbaum: 401–434

Keller JM, Deimann M (2018) Motivation, volition, and performance. In: Reiser RA, Dempsey JV (Hrsg) Trends and Issues in Instructional Design and Technology (4. Aufl). New York, Pearson: 78–86

Klauer KJ, Leutner D (2012) Lehren und Lernen. Einführung in die Instruktionspsychologie (2. Aufl). Weinheim, Beltz

Lehmann S, Mandl H (2009) Implementation von E-Learning in Unternehmen. In: Henninger M, Mandl H (Hrsg) Handbuch Medien- und Bildungsmanagement. Weinheim, Beltz: 436–457

Mayer RE (Hrsg) (2014) The Cambridge Handbook of Multimedia Learning (2. Aufl). Cambridge/New York: Cambridge University Press

Mayer RE. (2009) Multimedia learning (2. Aufl). Cambridge: Cambridge University Press

Narciss S (2006) Informatives tutorielles Feedback. Münster, Waxmann

Niegemann HM (1995) Computergestützte Instruktion in Schule, Aus- und Weiterbildung. Theoretische Grundlagen, empirische Befunde und Probleme der Entwicklung von Lehrprogrammen. Frankfurt am Main, Peter Lang

Niegemann HM (2001) Neue Lernmedien. Entwickeln, Konzipieren, Einsetzen. Bern, Huber

Niegemann HM, Domagk S, Hessel S, Hein A, Zobel A, Hupfer, M (2008) Kompendium multimediales Lernen. Heidelberg, Springer

Plass J, Moreno R, Brünken R (Hrsg) (2010) Cognitive Load Theory. New York, Cambridge University Press

Reeves TC, Carter BJ (2001) Usability testing and return-on-investment studies: Key evaluation strategies for web-based training. In: Khan BH (Hrsg) Web-based training. Englewood Cliffs NJ, Educational Technology Publications: 547–557

Reigeluth CM (Hrsg) (1983) Instructional-design theories and models: An overview of their current status. Hillsdale NJ, Erlbaum

Reigeluth CM (Hrsg) (1999) Instructional-design theories and models. A new paradigm of instructional theory. Mahwah NJ, L. Erlbaum

Reigeluth CM, Carr-Chellman AA (Hrsg) (2009) Instructional-Design Theories and Models. Building a Common Knowledge Base vol 3. New York, Routledge

Reigeluth CM, Beatty BJ, Myers RD (Hrsg) (2017) Instructional-Design Theories and Models, Ausgabe IV. New York/London, Routledge/Taylor & Francis

Reiser RA (2018) What field did you say you were in? In Reiser RA, Dempsey JV (Hrsg) Trends and Issues in Instructional Design and Technology (4. Aufl). New York, Pearson: 1–7

Reiser RA, Dempsey JV (Hrsg) (2018) Trends and issues in instructional design and technology (4. Aufl) New York, Pearson

Richey RC, Klein JD, Tracey MW (2011) The instructional design knowledge base. Theory, research, and Practice. New York/London, Routledge

Ryan R, Deci, E (2000) Self-determination theory and the facilitation of intrinsic motivation, social development, and well-being. American Psychologist, 55, 68–78

Schank RC (1998) Tell me a story. Narrative and intelligence (2. Druck). Evanston, Illinois: Northwestern University Press

Schank RC, Berman, TR, Macpherson KA (1999). Learning by doing. In Reigeluth CM (Hrsg) Instructional-design – Theories and models. A new paradigm of instructional theory. Mahwah NJ: Erlbaum: 161–182

Schnotz W, Eckhardt A, Molz, M, Niegemann HM, Hochscheid-Mauel, D (2004) Deconstructing instructional design models: Toward an integrative conceptual framework for instructional design research. In: Niegemann, HM, Leutner D, Brünken R (Hrsg) Instructional design for multimedia learning. Münster/New York, Waxmann: 71–90

Seel NM (1981) Lernaufgaben und Lernprozesse. Stuttgart: Kohlhammer

Simon, HA. (1996) The sciences of the artificial (3. Aufl). Cambridge, Mass.: The MIT Press

van Merriënboer JJG (1997) Training complex cognitive skills. A four-component instructional design model for technical training. Englewood Cliffs, NJ, Educational Technology Publications

van Merriënboer JJG, Kirschner PA (2013). Ten steps to complex learning. A systematic approach to four-component instructional design. Mahwah, NJ, L. Erlbaum Publishers

**Teil III:
Konzeption und
Implementierung**

Konzeption und Implementierung eines Smart-Glasses-basierten Informationssystems für technische Dienstleistungen

Simon Schwantzer

Im Rahmen des GLASSROOM-Projekts wurde eine Werkzeugkette für das Erstellen, Verwalten und Anzeigen von Schritt-für-Schritt-Anleitungen in Form von Assistenzprozessen realisiert. Die Erstellung einer solchen Anleitung erfolgt entweder über Rapid Authoring mit einer App für die Vuzix M100 Smart Glasses oder über eine Modellierung mithilfe einer Autorenlösung für den Desktop-PC. Die Wiedergabe einer Anleitung erfolgt ebenfalls auf den Smart Glasses, sodass man beide Hände für die Durchführung der eigentlichen Tätigkeit zur Verfügung hat. Die veränderte Form der Darstellung und Interaktion stellt aber auch neue Anforderungen an Design- und Bedienkonzepte. Darauf und auf deren Umsetzung in den einzelnen Anwendungen wird in diesem Kapitel detailliert eingegangen.

1 Einführung

Im GLASSROOM-Projekt wurden drei Anwendungen rund um die Unterstützung von Serviceprozessen entwickelt:

- das *GLASSROOM Recording Tool* zur angeleiteten Aufnahme von Assistenzprozessen direkt mit den Smart Glasses,
- das *GLASSROOM Support Tool* zur Ausführung und Anzeige von Assistenzprozessen auf den Smart Glasses und
- der *GLASSROOM Manager*, eine Desktop-Anwendung zur Bearbeitung und Verwaltung von Assistenzprozessen.

In diesem Kapitel werden die technischen Rahmenbedingungen bei der Entwicklung für Smart Glasses betrachtet, insb. in Bezug auf Interaktionsmöglichkeiten. Basierend auf dieser Analyse werden die für die Realisierung der Anwendungen verwendeten Technologien kurz vorstellt und die zugrunde gelegten Konzepte und Architekturentscheidungen beleuchtet. Danach werden die einzelnen Anwendungen im Detail vorgestellt.

© Springer-Verlag GmbH Deutschland 2018
O. Thomas et al. (Hrsg.), *Digitalisierung in der Aus- und Weiterbildung*,
https://doi.org/10.1007/978-3-662-56551-3_7

2 Technische Rahmenbedingungen und User Experience für Smart Glasses

Als Smart Glasses bezeichnen wir solche Geräte, welche a) Informationen im Sichtbereich des Anwenders anzeigen, b) über eine eigene Recheneinheit verfügen und c) eine Benutzerinteraktion ermöglichen. Darüber hinaus verfügen Smart Glasses meist über Sensoren wie Kamera, Mikrofon und Lagesensoren sowie über Schnittstellen zur gebundenen und drahtlosen Kommunikation mit anderen Geräten.

Der bekannteste Vertreter dieser Klasse, die Google Glass, wurde im Juni 2012 vorgestellt und war als Entwicklerversion ab 2013 verfügbar.[1] In diesem Kontext sind eine Reihe weiterer Produkte angekündigt worden, von denen aber nur wenige Marktreife erreichten und im Handel verfügbar sind. Dazu gehören die *M100 Smart Glasses* von Vuzix[2], welche im GLASSROOM-Projekt zum Einsatz kommen.

2.1 Technische Rahmenbedingungen

Bei der Vuzix M100 handelt es sich um ein Gerät, welches über ein Brillengestell oder eine Kopfhalterung seitlich des Kopfes angebracht wird und ein kleines Display im äußeren Sichtbereich des Anwenders platziert. Die wahrgenommene Größe entspricht nach Herstellerangaben der eines 4"-Bildschirms auf 35 cm Entfernung (vgl. Abb. 1).

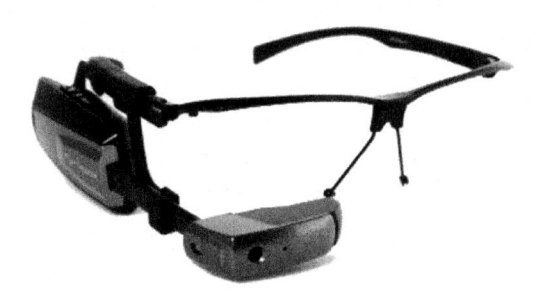

Abb. 1. Vuzix M100 Smart Glasses (Quelle: Vuzix-Website)

Der Anwender kann über drei mögliche Wege mit dem Gerät interagieren: über mechanische Taster, über Gestensteuerung und über Sprachsteuerung. Die vier Taster ermöglichen neben dem An- bzw. Ausschalten des Geräts das Vor- und Zurücknavigieren sowie das Bestätigen/Abbrechen von Aktionen. Diese Funktionen

---

[1] Nach einer öffentlichen Beta-Phase wurde die Google Glass nur noch für exklusive Partner des Programms „Glass at Work" angeboten, sie ist aktuell nicht frei erhältlich.
[2] Vuzix M100 Smart Glasses: https://www.vuzix.com/Products/m100-smart-glasses.

können auch über Handgesten neben dem Gerät, welche über eine Seitenkamera erfasst werden, ausgelöst werden. Die Sprachsteuerung erkennt eine vorgegebene Liste von (englischsprachigen) Befehlen, welche die Steuerung des Systems und einiger mitgelieferter Anwendungen erlauben.

Der vordere Teil umfasst neben dem Display auch eine Kamera in Blickrichtung, welche Bilder mit 5 Megapixeln und Videos in Full-HD-Auflösung aufnehmen kann. Der Body enthält neben einem Lautsprecher direkt neben dem Ohr das Mikrofon und einen Einschub für eine Micro-SD-Karte zur Erweiterung der Speicherkapazität. Die Kommunikation mit anderen Geräten erfolgt über Bluetooth, der Zugang zum Internet wird über WLAN hergestellt.

2.2 Möglichkeiten und Grenzen von Smart Glasses

Smart Glasses werden in erster Linie mit der Eigenschaft beworben, freihändig bedient werden zu können. Darüber hinaus sollen sie sich möglichst nahtlos ins Sichtfeld des Anwenders integrieren, um die wahrgenommene Umgebung um digitale Informationen anzureichern.

Dieser Anspruch hat aber auch massiven Einfluss auf die Darstellungs- und Interaktionsmöglichkeiten mit solchen Geräten. Smart Glasses stellen konzeptbedingt nur eine sehr kleine Darstellungsfläche zur Verfügung, d. h. Informationen müssen in sehr komprimierter Form dargestellt oder aufgespalten werden. In letzterem Fall muss eine Informationseinheit, welche auf einem Monitor, Tablet oder auch Smartphone auf einer Bildschirmseite dargestellt wird, auf viele Bildschirmseiten verteilt und zusätzlich um Navigationsmöglichkeiten zum Wechsel zwischen den Seiten angereichert werden. Dies erfordert, im Vergleich zu anderen Mobilgeräten, neue Herangehensweisen an das User Interface Design.

Darüber hinaus stehen keine Maus- oder Touchoberflächen zur Verfügung und müssen durch die bereitgestellten Bedienmöglichkeiten ersetzt werden. Damit muss nicht nur die Bedienoberfläche, sondern auch das Bedienkonzept, in ein *User Experience Design* (UX Design) für Smart Glasses einfließen.

2.3 Richtlinien zum UX Design für Smart Glasses

Dem User Experience Design für Smart Glasses liegen die gleichen Ziele zugrunde, welche auch mit anderen Mensch-Maschine-Schnittstellen erreicht werden sollen. Entsprechend sollten grundlegende Regeln aus diesem Bereich angewendet werden, wie z. B. die *Eight Golden Rules of Interface Design* (Shneiderman & Plaisant 1997).

Speziellere Richtlinien zum UI Design lassen sich aus Untersuchungen zu Head Mounted Displays (HMD) ableiten, da diese im Bereich der Informationsdarstellung mit Smart Glasses vergleichbar sind. In einer Untersuchung zu HMD (Tanuma et al. 2011) werden mit der Farbgebung und Positionierung von Interaktionselementen zwei Aspekte dieser Geräteklasse betrachtet. Es wird empfohlen, nicht mehr als drei Farben zu verwenden, die wiederum einen starken Kontrast zum

Hintergrund aufweisen. Dieser sollte dunkel sein, um Irritation und Ermüdung des Nutzers zu verringern.

Neben der Darstellung hat auch die Position der Interaktionselemente einen signifikanten Einfluss auf deren Wahrnehmung. Optimal können Elemente in der Mitte bzw. unteren Mitte des Bildschirms wahrgenommen werden, gefolgt von der mittleren und unteren Innenseite (d. h. der Nase zugewandten Seite). Die Außenseite (d. h. der dem Ohr zugewandte Bereich) kann am schlechtesten wahrgenommen werden.

Diese Erkenntnisse decken sich auch mit den Design-Richtlinien,[3] welche Google im Rahmen der Entwickler-Ressourcen zur Google Glass veröffentlicht hat. Sie betrachten auch die Positionierung der Interaktionselemente. So wird empfohlen, die Ecken für Symbole (Icons) und den unteren Bereich (Footer) für Navigationselemente zu verwenden.

Basierend auf diesen Richtlinien wurde den GLASSROOM-Applikationen ein Basis-Layout zugrunde gelegt, welches in Abb. 2 illustriert wird. Der eigentliche Inhalt wird (bei Verwendung des rechten Auges) linksbündig im zentralen Bereich des Bildschirms angezeigt. Indikatoren für allgemeine Sprachbefehle befinden sich als Symbole in den Eck- und Randbereichen des Sichtfelds. Spezielle Sprachbefehle bzw. Schaltflächen befinden sich, ebenfalls linksbündig, am unteren Bildschirmrand. Der Hintergrund ist annähernd schwarz, die Schrift weiß und die eingesetzten Kontrastfarben grün und orange.

Abb. 2. UI-Elemente des GLASSROOM-Support-Tools

Die Interaktion mit dem Gerät soll in erster Linie über Sprachbefehle erfolgen, da andere Formen der Eingabe die Freihändigkeit (und damit einen zentralen Vorteil der Verwendung von Smart Glasses) einschränken. Jede kontextungebundene und kontextgebundene Aktion muss daher über mindestens einen Sprachbefehl zugänglich gemacht werden, wobei dem Anwender verdeutlicht werden muss, welcher Sprachbefehl für welche Aktion erwartet wird. Es hat sich als sinnvoll herausgestellt, neben dem eigentlichen Schüsselwort auch verwandte Wörter und Synonyme zu erlauben, wobei eine klare Unterscheidbarkeit zu anderen Schlüsselwörtern gewährleistet sein muss.

---

[3] Google Glass Design Principles: https://developers.google.com/glass/design/principles.

Erste Tests der Applikationen ergaben, dass der Anwender über den aktuellen Status der Spracherkennung informiert werden muss, um die Sprachsteuerung sinnvoll einsetzen zu können. Entsprechend wurde ein Indikator in Form eines Mikrofons am rechten unteren Bildschirmrand ergänzt, welcher mittels Farbe und Symbolik über Bereitschaft, Verarbeitungsprozess und Verfügbarkeit der Spracherkennung informiert.

3 Basistechnologien und Frameworks

Im folgenden Abschnitt wird auf die verwendete Technologie und die Frameworks eingegangen, welche applikationsübergreifend Anwendung finden.

3.1 Spezifika der Vuzix M100

Das Betriebssystem der Vuzix M100 basiert auf einem Android 4.0.4, welches auf die spezifischen Bedien- und Anzeigeeigenschaften von Smart Glasses angepasst wurde. Entwicklungswerkzeuge, die zur Entwicklung für Mobilgeräte mit Android zur Verfügung stehen, können daher auch für die Entwicklung von Anwendungen für dieses Gerät verwendet werden. Man ist dabei aber auf das Android API Level 15 beschränkt und kann keine der Google-spezifischen Erweiterungen der API verwenden.

Der Standard-API stellt Vuzix ein SDK zur Seite, welches spezifische Komponenten, wie erweiterte Kamerafunktionen, Gestensteuerung und Sprachsteuerung, ergänzt. Darüber hinaus wird ein Geräteprofil für den Virtual Device Manager bereitgestellt.

Wie oben erwähnt, unterstützt die Spracherkennung nur einen vorgegebenen Befehlskatalog. Eine vollständige Spracherkennung (Speech-to-Text) und deutsche Sprachbefehle sind daher mit „Bordmitteln" nicht zu realisieren. Aus diesem Grund wurde für die Prototypen die Google Voice Search nachinstalliert, welche online auf die Google Cloud Speech API[4] zurückgreift. Damit einher geht die Notwendigkeit einer stabilen Internetverbindung zur Nutzung der Spracherkennung.

3.2 Frameworks für Prozess- und Workflow-Handling

Im Rahmen der Anwendungsentwicklung wurden zwei Bibliotheken erstellt, welche gemeinsame Funktionen der einzelnen Applikationen kapseln und damit wiederverwendbar machen: die *GLASSROOM Process Engine* und die *GLASSROOM Workflow Engine*.

---

[4] Google Cloud Speech API: https://cloud.google.com/speech/.

Erstere implementiert das auf S. 64 ff vorgestellte Modell für Assistenzprozesse. Dabei wird ein objekt-orientiertes Modell zugrunde gelegt, welches sowohl die Kernelemente einer Prozessbeschreibung als auch die Informationen zur Unterstützung enthält. Ein Prozess wird in diesem Modell als *Guide* (Anleitung), ein Task als *Step* (Schritt), eine Verlinkung als *Kapitel* (Chapter) und eine Verzweigung als *Branch* bezeichnet. Das vereinfachte Klassenmodell in Abb. 3 illustriert die Beziehungen der Elemente untereinander.

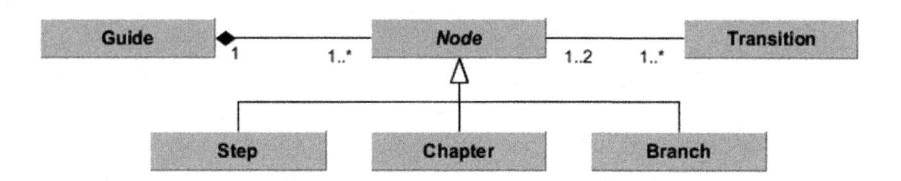

Abb. 3. Vereinfachtes Klassendiagramm des Prozessmodells der GLASSROOM Process Engine

Neben einer Utility-Klasse zum Verwalten von Guides umfasst die Bibliothek einen Serialisierer und einen Deserialisierer zum Schreiben und Lesen von BPMN-Prozessen mit den auf S. 70 ff vorgestellten Erweiterungen und den dazugehörigen Inhaltspaketen. Die Persistierung der Daten gehört nicht zum Umfang der Bibliothek, da diese Funktionalität abhängig von der Zielplattform implementiert werden muss.

Während die *Process Engine* von allen in diesem Kapitel vorgestellten Applikationen verwendet wird, unterstützt die *Workflow Engine* ausschließlich die Applikationen auf den Smart Glasses. Zweck der Workflow Engine ist die flexible Gestaltung der Benutzerführung, um mögliche Änderungen und Optimierungen ohne Änderungen an der Applikationslogik umsetzen zu können.

Um dies zu ermöglichen, wurde ein XML-basiertes Datenmodell entworfen, in welchem ein Workflow über sog. *Slides* abgebildet werden kann. In der *Workflow Engine* umfasst eine Slide, neben Informationen zu den anzuzeigenden Inhalten einer Bildschirmseite, eine Liste möglicher Aktionen und damit verknüpfter Bedienelemente und Sprachbefehle:

```
<workflow beginWith="welcome" xmlns="glassroom:gst:workflow">
  [...]
  <slide id="tutorial-option" type="default">
    <properties>
      <template>default</template>
      <body><![CDATA[Möchten Sie eine kurze Einleitung?]]></body>
      <background>backgrounds/background.png</background>
    </properties>
    <commands>
```

```xml
      <command key="yes" target="tutorial" />
      <command key="no" target="search" />
    </commands>
    <voiceCommands>
      <voiceCommand command="yes" keywords="ja;tutorial" />
      <voiceCommand command="no" keywords="nein;überspringen" />
    </voiceCommands>
    <buttons>
      <button command="yes" label="Ja" />
      <button command="no" label="Nein" />
    </buttons>
  </slide>
  <slide id="catalog" type="titled_select">…</slide>
  […]
</workflow>
```

Änderungen an der Benutzerführung können so direkt über Anpassungen der XML-Datei vorgenommen werden. Darüber hinaus erlaubt der Ansatz auch eine einfache Adaption an unterschiedliche Benutzergruppen, z. B. durch die Verwendung unterschiedlicher Sprachen.

4 Prozessaufnahme mit dem GLASSROOM Recording Tool

Das GLASSROOM Recording Tool ist eine Anwendung für die Vuzix M100 Smart Glasses. Sie führt einen Anwender durch den Prozess der Erstellung und Ergänzung von Schritt-für-Schritt-Anleitungen und umfasst dabei folgende Funktionen:

- ein Tutorial zur Bedienung und den vorhandenen Aufnahmetechniken,
- das Erstellen neuer Anleitungen mit der Erfassung der notwendigen Metadaten,
- das Erfassen der Unterstützungsinformationen für die einzelnen Schritte und
- das Fortsetzen bzw. Löschen bestehender Anleitungen.

Die Anleitungen werden unter Verwendung der *GLASSROOM Process Engine* als BPMN-Prozesse und Inhaltspakete auf der SD-Karte der Smart Glasses persistiert und stehen damit unmittelbar zur Wiedergabe bzw. Synchronisation bereit.

Die Benutzerschnittstelle versucht die in Abschnitt 2.3 vorgestellten Richtlinien zum UX-Design für Smart Glasses umzusetzen. Es wird ein dunkler Hintergrund verwendet; die Schrift ist weiß, um den Kontrast zu maximieren. Als Hervorhebungsfarben dienen Grün (für Sprachbefehle) und Orange (zur Benennung von Tasten). Alle zur Verfügung stehenden (Sprach-)Befehle der aktuellen Slide werden im unteren Bildbereich aufgeführt. Ein Indikator informiert den Anwender über den aktuellen Zustand der Spracherkennung. Es ist auch möglich, über die Hardware-Taster des Geräts Befehle manuell auszuwählen und zu starten, sollte die Spracherkennung (z. B. auf Grund von starken Nebengeräuschen oder einer instabilen Internetverbindung) nicht funktionieren.

4.1 Rapid Authoring vs. Modellierung

Das Recording Tool realisiert einen sog. *Rapid-Authoring*-Ansatz: Assistenzprozesse müssen nicht in einem separaten Prozess erstellt und modelliert, sondern können direkt bei der Ausführung durch einen Fachexperten erfasst werden.

Der Ansatz bietet sowohl Vor- als auch Nachteile: Für das Rapid Authoring spricht der deutlich geringere Aufwand im Vergleich zu einer expliziten Modellierung von Inhalten. Im Idealfall kann die Erstellung in den regulären Arbeitsprozess integriert werden und hat damit einen minimalen Overhead. Da der ausführende Fachexperte von der Applikation angeleitet wird, benötigt er auch weniger Vorkenntnisse über technische und konzeptionelle Aspekte der Erstellung eines Assistenzprozesses. Dem gegenüber steht meist eine geringere Qualität im Vergleich zu einem modellierten Assistenzprozess. Dies umfasst die Qualität der Medien, aber auch die didaktische Aufbereitung. Durch den Einsatz eines Modellierungswerkzeugs zur Nachbearbeitung (vgl. Abschnitt 6) können diese Nachteile abgebaut werden, was im Gegenzug den Aufwand aber wieder erhöht. Es muss daher immer eine Abwägung zwischen einer schnellen Erstellung von Inhalten und der Qualität der Inhalte stattfinden.

4.2 Aufnahmefunktionen

Das Tool ermöglicht die Erfassung von Text über Spracheingabe sowie die Aufnahme von Fotos und Videos. Wo welche Aufnahmefunktion zur Verfügung gestellt wird, ist abhängig von den Daten, welche für die Modellierung der Anleitung notwendig sind, und wird im Workflow definiert.

Soll ein Text erfasst werden, so wird dies über eine Aufforderung und die Anzeige eines Mikrofonsymbols signalisiert (vgl. Abb. 4). Das Ende der Sprachaufnahme erfolgt automatisch nach einigen Sekunden Stille. Danach erhält der Anwender die Möglichkeit, den erkannten Text zu überprüfen und die Eingabe ggf. zu wiederholen.

Abb. 4. Erfassung von Text über Spracheingabe

Diesem Schema folgt auch die Aufnahme von Fotos (vgl. Abb. 5). Hier erfolgt die Aufnahme nach fünf Sekunden, in welchen der Anwender das Objekt zentrieren kann. Mit dieser Herangehensweise wird sichergestellt, dass der Anwender die Hände nicht zur Auslösung benötigt.[5]

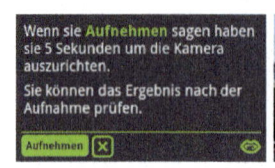

Abb. 5. Aufnahme von Fotos

Zur Aufnahme von Videos (vgl. Abb. 6) wird die dafür bereitgestellte Systemanwendung eingebunden. Technisch bedingt muss die Aufnahme durch das Drücken eines Tasters gestartet und gestoppt werden. Der Erfassungsprozess mit Einweisung, Aufnahme und Bestätigung bleibt erhalten.

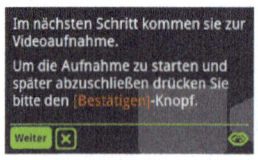

Abb. 6. Aufnahme von Videos

4.3 Erstellung von Anleitungen

Wird eine neue Anleitung erstellt, so wird ein entsprechendes Objekt angelegt und der Anwender erhält die Möglichkeit, die Metadaten zum Prozess zu erfassen.

Neben einem obligatorischen Titel und einer Beschreibung erhält er die Möglichkeit, ein Video aufzunehmen, in welchem vorbereitende Schritte erläutert werden können. Darunter fällt z. B. der Ausbau eines Teils, welches bei der eigentlichen Tätigkeit behindern würde, oder auch das Bereitlegen von Werkzeugen. Wird ein Video aufgenommen, so wird es als erster Schritt der Anleitung hinzugefügt. Der Workflow ist in Abb. 7 illustriert.

4.4 Erfassung eines Schrittes

Soll eine Anleitung erweitert werden, so hat man die Möglichkeit, entweder eine existierende Anleitung anzuhängen oder einen neuen Schritt zu erstellen.

---

[5] Technisch bedingt ist es derzeit nicht möglich, ein Foto über einen Sprachbefehl auszulösen, während das Vorschaubild angezeigt wird.

Zur Erstellung eines Schrittes werden die Elemente zur Unterstützung vom Anwender abgefragt (vgl. Abschnitt 5.3.3):

- Eine obligatorische *Beschreibung* des durchzuführenden Schrittes.
- Ein *Medienobjekt* (Bild oder Video), welches den Schritt illustriert.
- Eine Liste von (Sicherheits-)*Warnungen*, auf welche gesondert hingewiesen werden soll.
- Eine Liste von *Hinweisen* (Tipps), welche dem Anwender zur Ausführung des Schritts angezeigt werden sollen.
- Eine Markierung, ob es sich um eine *Routinetätigkeit* handelt.

Die Elemente werden in sequenzieller Folge abgefragt, um die Komplexität der Benutzerführung nicht durch eine zusätzliche Navigationsebene zu erhöhen.

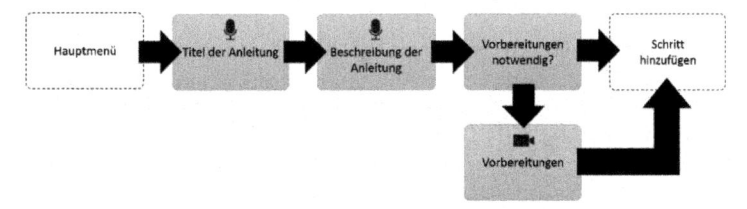

Abb. 7. Workflow zum Erstellen einer neuen Anleitung (Recording Tool)

Entscheidet sich der Anwender, eine Anleitung einzubinden, so kann er durch die Liste hinterlegter Anleitungen blättern und die gewünschte auswählen. Diese wird dann als Kapitel hinterlegt. Der resultierende Workflow ist in Abb. 8 illustriert.

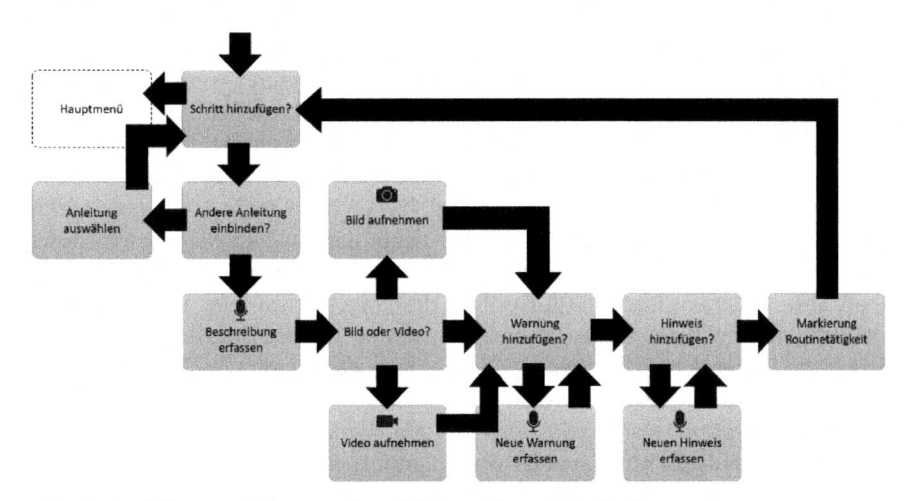

Abb. 8. Workflow zur Erfassung eines Schrittes (Recording Tool)

4.5 Ergänzung und Löschung von Anleitungen

Es ist möglich, eine existierende Anleitung auszuwählen, um diese danach entweder zu ergänzen oder zu löschen. Dafür wählt der Anwender eine Anleitung aus einer Liste aus und entscheidet dann, welche Aktion er durchführen möchte. Soll eine Anleitung fortgesetzt werden, so gelangt man zum oben beschriebenen Prozess der Erstellung eines Schrittes. Das Löschen einer Anleitung erfolgt unmittelbar nach einer erneuten Bestätigung durch den Anwender (vgl. Abb. 9).

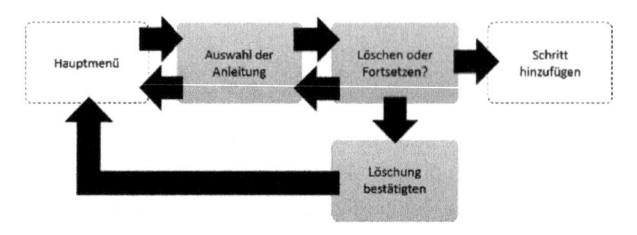

Abb. 9. Workflow zum Löschen einer Anleitung (Recording Tool)

5 Unterstützung mit dem GLASSROOM Support Tool

Das GLASSROOM Support Tool bietet die eigentliche Assistenz, da es die Wiedergabe und Steuerung von Schritt-für-Schritt-Anleitungen ermöglicht. Es realisiert das in Abschnitt 5.1.2 beschriebene Ausführungssystem.

Die Anwendung wurde für die Vuzix M100 Smart Glasses entwickelt und setzt die gleichen Designrichtlinien um, welche auch dem Recording Tool zu Grunde liegen. Der Workflow und damit die Bedienung des Support Tools ist jedoch deutlich einfacher: Der Anwender wählt eine Anleitung aus der Liste aus und startet die Assistenz. Daraufhin wird er Schritt-für-Schritt durch die Anleitung geführt, bis diese abgeschlossen ist oder der Anwender die Assistenz abbricht.

Das Support Tool arbeitet mit den gleichen Dateistrukturen wie das Recording Tool, so dass die erstellten Anleitungen auch ohne Nachbearbeitung zur Wiedergabe zur Verfügung stehen. Auch das Interfacedesign entspricht in großen Teilen dem des Recording Tools. Anpassungen fanden dahingehend statt, dass die Standardbefehle *Hilfe*, *Abbrechen*, *Zurück* und *Weiter* nicht mehr im unteren Bildschirmbereich aufgeführt werden, welcher damit den individuellen Befehlen der jeweiligen Slide vorbehalten ist. Die Standardbefehle können über den Sprachbefehl „Hilfe" oder das manuelle Auswählen des Fragezeichen-Icons am linken oberen Bildrand über eine Hilfeseite angezeigt werden. Da alle Befehle auch über die Hardware-Taster der Vuzix zugänglich sind, kann das Support Tool auch ohne Internetanbindung verwendet werden. Die manuelle Bedienung senkt die Bedienfreundlichkeit jedoch stark und negiert den größten Vorteil von Smart Glasses im Vergleich zu anderen Mobilgeräten wie Smartphones oder Tablets: die handfreie Bedienung.

5.1 Auswahl einer Anleitung

Auf der Slide zur Auswahl einer Anleitung wird aus Gründen der geringen Darstellungsfläche nur jeweils eine Anleitung mit Titel und Zeitpunkt der letzten Änderung angezeigt. Der Anwender kann durch alle vorhandenen Anleitungen „blättern", indem er auf der Auswahlseite die entsprechenden Sprachbefehle bzw. Schaltflächen verwendet. Die Anleitungen sind dabei alphabetisch sortiert.

Der Anwender hat darüber hinaus die Möglichkeit, die Liste der Anleitungen nach Begriffen zu filtern. Die Eingabe des Suchbegriffs erfolgt über Spracherkennung und erfordert daher eine Internetverbindung. Der eingegebene Begriff wird innerhalb von Titel und Beschreibung der Anleitung gesucht, wobei auch Teilworte akzeptiert werden.

Wurde eine Auswahl getroffen, so werden die Details dieser Anleitung angezeigt, d.h. neben dem Titel auch die hinterlegte Beschreibung. Der Anwender hat nun die Möglichkeit, die Anleitung zu starten oder zur Auswahl zurückzukehren (vgl. Abb. 10).

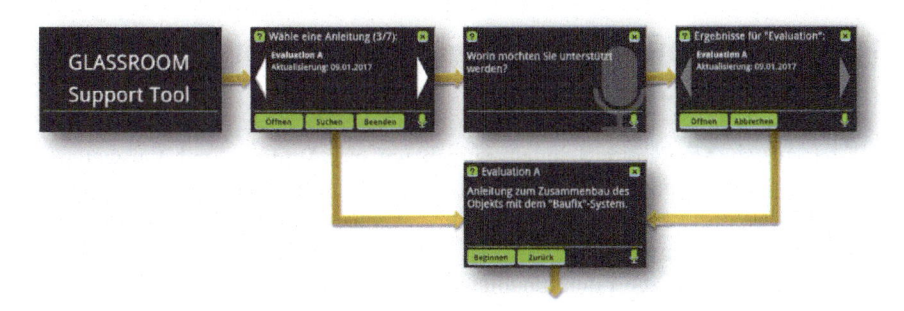

Abb. 10. Workflow für das Auswählen und Starten einer Anleitung (Support Tool)

5.2 Anzeige einer Anleitung

Wird eine Anleitung ausgewählt, so wird der erste Schritt der Anleitung angezeigt (vgl. Abb. 11). Bei der Anzeige spiegeln sich die in Abschnitt 2.2 aufgeführten Einschränkungen durch die geringe Darstellungsfläche wieder: Es ist nicht möglich, mehrere Elemente der Unterstützungsinformation gleichzeitig darzustellen. Medienobjekt, Warnungen und Hinweise müssen, ausgehend von der Beschreibung, explizit abgerufen werden.

Ein Fortschrittsbalken im Kopfbereich informiert den Anwender über den ungefähren Fortschritt, d.h. die Position des aktuell angezeigten Schrittes in der Anleitung. Kapitel werden für den Anwender transparent in die Anleitung integriert, um eine zusätzliche Navigation auf der Strukturebene des Assistenzprozesses zu vermeiden. Der Anwender kann jederzeit zu einem vorherigen Schritt zurückkehren und damit frei innerhalb der Anleitung navigieren.

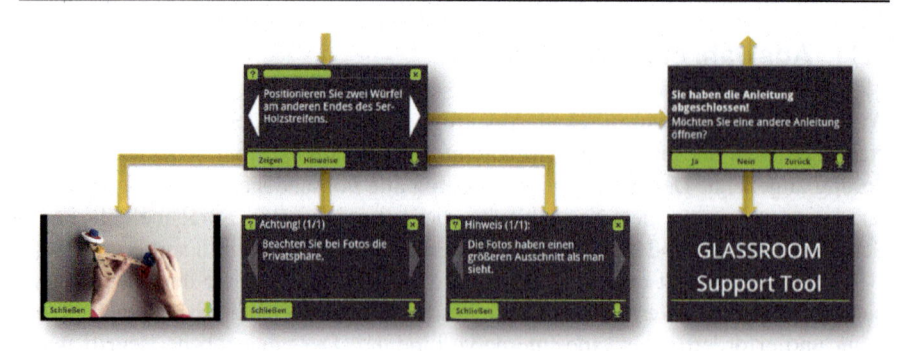

Abb. 11. Anzeige eines Schrittes (Support Tool)

Hat der Anwender das Ende einer Anleitung erreicht, so kann er entweder eine andere Anleitung öffnen oder die Applikation beenden. Darüber hinaus hat er zu jedem Zeitpunkt die Möglichkeit, die Anleitung abzubrechen. In diesem Fall kommt er zurück zur Auswahlseite.

6 Prozess- und Inhaltsverwaltung mit dem GLASSROOM Manager

Bei der dritten Applikation handelt es sich um ein Autoren- und Verwaltungswerkzeug für Assistenzprozesse. Der GLASSROOM Manager ist, im Gegensatz zu den beiden anderen Applikationen, keine Applikation für Smart Glasses, sondern eine Desktop-Anwendung.

Die Entscheidung, die Funktionalitäten in einer Desktop-Anwendung zu realisieren, beruht auf folgenden Überlegungen:

- Die Aufgabe der Bearbeitung und Verwaltung von Assistenzprozessen ist zu komplex, um auf *Smart Glasses* ausgeführt werden zu können. Die geringe Darstellungsfläche für Informationen und die eingeschränkten Interaktionsmöglichkeiten würden die Bedienung einer solchen Applikation nahezu unmöglich machen.

- Eine Mobilanwendung für *Smartphone* oder *Tablet* lässt die Frage offen, wie die Datensynchronisation mit den Smart Glasses stattfinden soll. Eine solche Lösung erfordert die Realisierung einer server-seitigen Komponente, welche über das Internet von der Anwendung gesteuert wird, oder eine Peer-to-Peer-Kommunikation zwischen den zwei Geräten.

- Eine *Webanwendung* hätte den Vorteil einer zentralen Verfügbarkeit, benötigt aber ebenfalls eine server-seitige Komponente und bietet nur beschränkte Möglichkeiten zur Integration externer Anwendungen zu Medienbearbeitung.

Als technologische Basis wurde zur Realisierung des GLASSROOM-Managers JavaFX eingesetzt, ein UI-Framework zur Erstellung plattformunabhängiger Anwendungen auf Basis von Java. Neben einer reichhaltigen Komponentenbibliothek bietet JavaFX auch die Möglichkeit, die GLASSROOM Process Engine zur Verwaltung von Assistenzprozessen einzubinden und damit alle Applikationen der Werkzeugkette auf eine einheitliche Basis zu stellen.

6.1 Anforderungen und Konzept

Die naive Herangehensweise zur Erstellung, Bearbeitung und Distribution von Assistenzprozessen benötigt vier Schritte:

1. die Modellierung des Serviceprozesses, z. B. unter Verwendung eines BPMN-Editors,
2. die Erstellung der Inhalte und Medien zur Unterstützung,
3. die Verknüpfung von Serviceprozess und Inhalten zum finalen Assistenzprozess,
4. die Distribution des Assistenzprozesses auf das Endgerät.

Um diese Schritte abdecken zu können, bedarf es technischer Kompetenzen im Bereich der BPMN-Modellierung, der Medienbearbeitung und der Systemadministration. Diese technischen Kompetenzen lassen sich für die adressierte Zielgruppe, d. h. die erfahrenen Fachexperten, welche mit der Erstellung der Anleitungen betraut werden, nicht voraussetzen. Aus diesem Grunde wird mit dem GLASSROOM Manager versucht, die vier Schritte transparent für den Anwender in einer einheitlichen Oberfläche zu integrieren und von technischen Details zu abstrahieren. Er bietet auch die Möglichkeit, neue Assistenzprozesse zu erstellen und kann daher als vollständiges Modellierungswerkzeug verwendet werden.

Ziel des Bedienkonzepts ist es, sich an bestehender und bekannter Software zur Erstellung von Dokumenten zu orientieren. Der Aufbau der Anwendung ist in Grundzügen mit der von Software zur Erstellung von Präsentationen wie *Microsoft Powerpoint*[6] oder *LibreOffice Impress*[7] zu vergleichen: Die Schritte werden in sequenzieller Folge aufgelistet. Wird ein Schritt ausgewählt, so kann man dessen Unterstützungsfunktionen und Medien über entsprechende Eingabemasken bearbeiten.

Die Verwaltung der Assistenzprozesse basiert auf dem Prinzip eines Repositories: Ein lokales Verzeichnis enthält alle Prozesse und Inhalte und bildet eine Referenz, gegen welche andere (externe) Verzeichnisse synchronisiert werden können (vgl. Abschnitt 6.5).

---

[6] Microsoft PowerPoint: https://products.office.com/de-de/powerpoint.
[7] LibreOffice Impress: https://de.libreoffice.org/discover/impress/.

6.2 Installation und Konfiguration

Als JavaFX-Anwendung ist der GLASSROOM Manager auf allen System lauffähig, welche eine Java-Laufzeitumgebung zur Verfügung stellen, u. a. Windows, Linux und MacOS. Im Folgenden gehen wir von einem Windows-System (Version 7 oder neuer) aus, da dies die im Projekt adressierte Zielplattform ist.

Der GLASSROOM Manager kann als Anwendung sowohl auf Benutzer- als auch auf Systemebene installiert werden. Alternativ kann die Anwendung auch ohne Installation von einem Datenträger ausgeführt werden.

Wird die Anwendung das erste Mal gestartet, so wird der Nutzer direkt in die Einstellungen navigiert, wo er ein Verzeichnis auswählen muss, welches als lokales Repository dient (vgl. Abb. 12). Ferner hat er hier die Möglichkeit, externe Editoren zur Bearbeitung von Bildern und Videos zu konfigurieren, welche im Rahmen der Bearbeitung und Erstellung von Anleitungen verwendet werden.

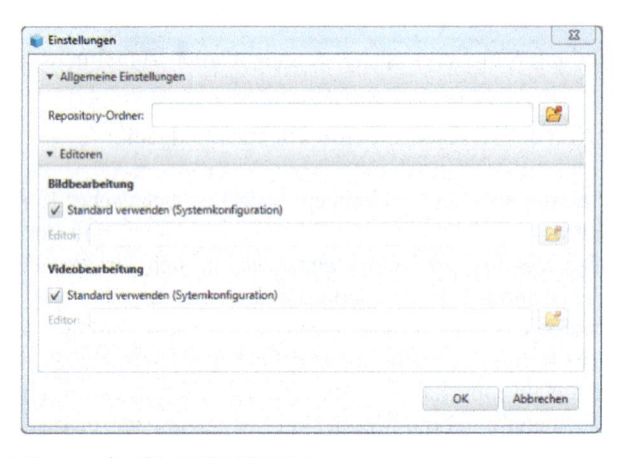

Abb. 12. Einstellungen des GLASSROOM-Managers

6.3 Anlegen und Bearbeiten von Anleitungen

Über das Hauptmenü kann der Anwender neue Anleitungen erstellen oder eine bestehende Anleitung öffnen. Zum Öffnen einer Anleitung erhält er eine Liste aller Anleitungen, welche im Repository hinterlegt sind, um eine Anleitung daraus auszuwählen. Erstellt er eine neue Anleitung, so öffnet sich eine Eingabemaske zur Hinterlegung ihres Titels und ihrer Beschreibung (vgl. Abb. 13).

Wurde eine neue Anleitung angelegt oder eine stehende Anleitung geöffnet, so stehen alle Interaktionselemente des Hauptfensters zur Verfügung. Dieses untergliedert sich in drei Bereiche: Im Kopfbereich werden die Metadaten der Anleitung angezeigt, in der linken Seitenleiste die Schritte und Kapitel der Anleitung und rechts davon die Unterstützungsinformationen zum aktuell ausgewählten Eintrag.

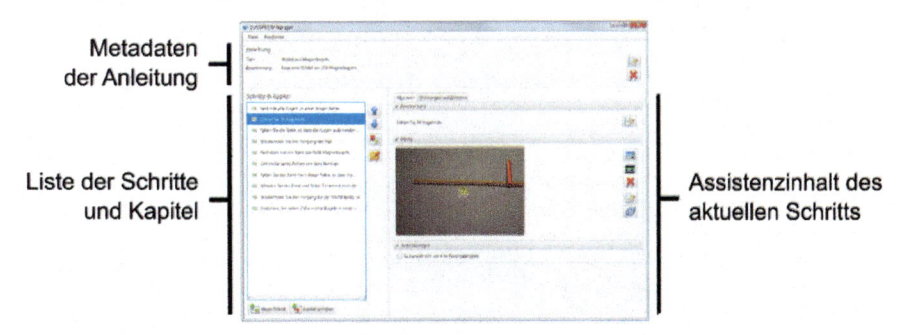

Abb. 13. Hauptfenster des GLASSROOM-Managers

Für die Interaktion werden Schaltflächen rechts vom jeweiligen Element bereitgestellt. Diesem Bedienkonzept liegt die Idee einer engeren Verknüpfung von Informations- und Interaktionselement zu Grunde. Standard-Interaktionen sind die Bearbeitung bzw. Löschung des jeweiligen Elements. Zu den verfügbaren Operationen auf einer Anleitung gehört neben der Bearbeitung der Metainformationen das Einfügen und Entfernen von Schritten und Kapiteln sowie die Veränderung ihrer Reihenfolge. Weitere Funktionen, wie das Zusammenfassen von Schritten zu einem Kapitel und der Import von Schritten aus anderen Anleitungen, sind für zukünftige Versionen der Anwendung geplant.

6.4 Bearbeitung der Unterstützungsinformationen

Die Erstellung von Schritt (im Serviceprozess) und Inhalt (im Assistenzprozess) erfolgt synchron und transparent für den Anwender. Es können alle in Abschnitt 4.4 beschriebenen Unterstützungsinformationen bearbeitet werden. Als Medienobjekt können lokale Bilder und Videos eingebunden werden. Darüber hinaus besteht die Möglichkeit, das aktuelle Medienobjekt direkt in einem externen Editor zu öffnen, insofern dieser konfiguriert ist. Damit ist es z. B. möglich, Bilder zu annotieren oder Videos, welche mit den Recording Tool aufgenommen wurden, im Nachhinein zu schneiden.

Die Listen mit Warnungen und Hinweisen können in einem eigenen Reiter angezeigt und bearbeitet werden. In der aktuellen Version handelt es sich um einfache, textuelle Einträge; für zukünftige Versionen ist die Unterstützung von (Warn-) Symbolen, sowie eine Katalogfunktion geplant (vgl. Abb. 14).

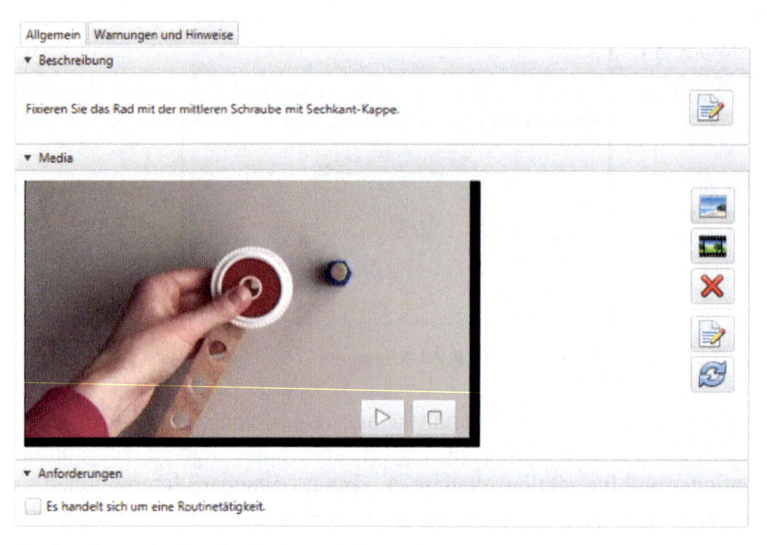

Abb. 14. Eingabemaske für die Assistenzinhalte eines Schrittes

6.5 Synchronisation und Distribution

Sämtliche Änderungen, welche an einer Anleitung und den Inhalten vorgenommen werden, werden unmittelbar im Repository persistiert. Eine Wiederherstellungsfunktion ermöglicht es, Änderungen zu revidieren, das Repository enthält aber immer den aktuell angezeigten Zustand der Anleitung. Treten technische Fehler bei der Speicherung auf, so wird die entsprechende Änderung automatisch revidiert und der Anwender erhält eine passende Fehlermeldung.

Die Distribution auf die Datenbrillen erfolgt über eine eigene Oberfläche, welche dem Anwender die Inhalte von Repository und Client über zwei synchronisierte Listen zugänglich macht. Dafür muss der Anwender den Client-Ordner öffnen; im Kontext der GLASSROOM-Werkzeugkette ist dies das *glassroom*-Verzeichnis auf der SD-Karte der Vuzix M100. Die Anwendung liest daraufhin beide Verzeichnisse ein und überprüft, wo welche Anleitungen vorhanden sind und wann die Anleitungen das letzte Mal aktualisiert wurden.

Auf Basis dieser Informationen werden die Anleitungen mit entsprechenden Symbolen aufgelistet (vgl. Abb. 15):

- Liegt die Anleitung in der gleichen Version auf beiden Geräten vor, so erhalten beide Seiten einen grünen Haken.

- Ist die Anleitung nur auf einem Gerät vorhanden, so erhält dieses Gerät einen „Neu"-Stern und das andere ein „Herunterladen"-Symbol.

- Ist die Anleitung auf einem Gerät veraltet, so wird dies über ein „Synchronisieren"-Symbol kenntlich gemacht.

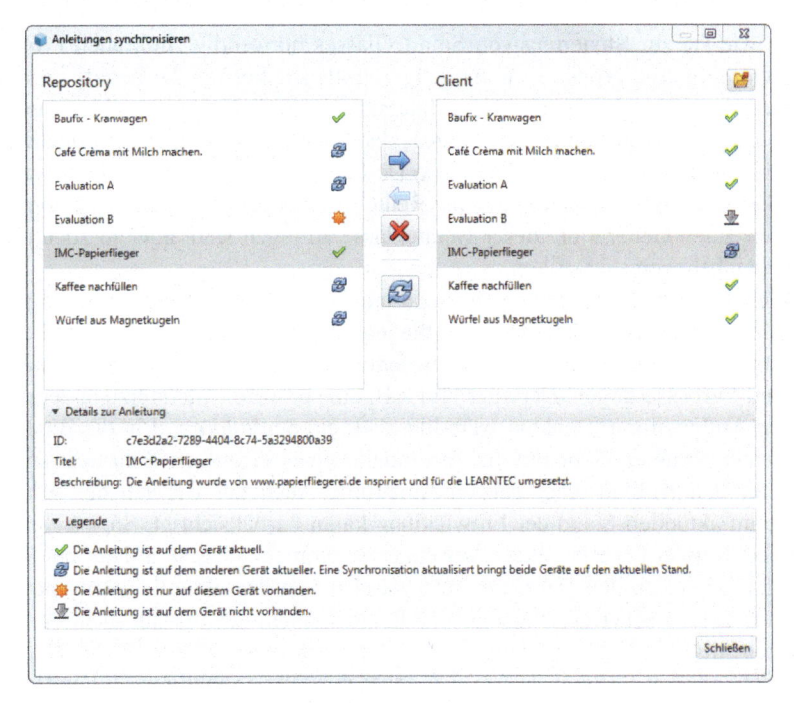

Abb. 15. Oberfläche zur Synchronisation von Anleitungen

Wird eine Anleitung ausgewählt, so werden die Metainformationen zur Anleitung angezeigt und es stehen, abhängig vom aktuellen Synchronisationsstatus, verschiedene Funktionen bereit. Neue bzw. neuere Anleitungen können auf das jeweilig andere Gerät transferiert werden. Außerdem ist das Löschen einer Anleitung vom ausgewählten Gerät möglich.

Um die Synchronisation zu vereinfachen, gibt es auch die Funktion, alle Anleitungen, welche auf beiden Geräten vorhanden sind, auf einmal zu synchronisieren, d. h. die neuesten Versionen der Anleitungen auf beide Geräte zu kopieren.

7 Zusammenfassung und Ausblick

Mit dem Recording Tool, dem Manager und dem Support Tool wird der komplette Prozess von Aufnahme, Bearbeitung und Wiedergabe von Assistenzprozessen in einer Werkzeugkette umgesetzt. Dabei werden sowohl ein Rapid Authoring zur schnellen und unkomplizierten Erstellung von Inhalten als auch eine explizite Modellierung von Anleitungen unterstützt.

Das Rapid Authoring und die letztliche Assistenz erfolgen über die Vuzix M100 Smart Glasses. Diese bieten im Gegensatz zu anderen mobilen Endgeräten wie Smartphones und Tablets die Möglichkeit, beide Hände für die Durchführung einer Tätigkeit zu verwenden. Im Gegenzug verursachen andersartige Bedienkonzepte, wie sie zur Steuerung von Smart Glasses notwendig sind, auch Probleme und erfordern eine größere Einarbeitungszeit als solche, welche bereits im Alltag etabliert sind. Aus den beschränkten Interaktionsmöglichkeiten resultiert auch die Notwendigkeit, dem komplexen Prozess der Nachbearbeitung bzw. Modellierung von Assistenzprozessen eine klassische Desktop-Anwendung zur Seite zu stellen. Zu guter Letzt gibt es auch noch eine Reihe technischer Unzulänglichkeiten, welche der ersten Generation dieser Geräteklasse zu eigen sind, aber in zukünftigen Modellen behoben sein sollten.

Auch wenn alle Anwendungen in Zusammenarbeit mit den Anwendungspartnern des GLASSROOM-Projekts für die jeweiligen Anwendergruppen hin entwickelt und optimiert wurden, so gibt es dennoch eine Reihe möglicher Anpassungen und Verbesserungen. Darunter fällt z. B. eine bessere Unterstützung der didaktischen Aufbereitung. Denkbar wäre hier z. B. ein *Scaffolding*, d. h. die Bereitstellung einer Struktur nicht nur für die Inhalte eines einzelnen Schrittes, sondern auch für den Aufbau einer ganzen Anleitung. Auch der Bereich der Adaption wurde im aktuellen Stand der Entwicklung kaum berücksichtigt. So wäre es z. B. möglich, Kapitel für erfahrenere Anwender zusammenzufassen und nur bei Bedarf vollständig auszurollen. Zu guter Letzt werden von den aktuellen Anwendungen auch nur solche Serviceprozesse unterstützt, bei denen der Verlauf nicht von Fallunterscheidungen bestimmt wird. Komplexere Prozesse, wie z. B. die Diagnose eines fehlerhaften Systems, lassen sich daher nur schwer abbilden. Zukünftige Arbeiten müssen sich daher auch der Frage widmen, wie man solche Strukturen auch auf Endgeräten mit eingeschränkten Interaktions- und Darstellungsmöglichkeiten zugänglich machen kann.

8 Literatur

Shneiderman B, Plaisant C (1997) Designing the User Interface: Strategies for Effective Human-Computer Interaction (3. Aufl). Addison-Wesley Longman Publishing Co, Inc., Boston, MA, USA

Tanuma K, Sato T, Nomura M & Nakanishi M (2011) Comfortable design of task-related information displayed using optical see-through head-mounted display. In: Salvendy G, Smith MJ (Hrsg) Human Interface and the Management of Information. Interaction with Information. Human Interfaced 2011. Lecture Notes in Computer Science Ausg 6772, Springer, Berlin, 419–429

Konzeption und Implementierung einer VR-Lernumgebung für technische Dienstleistungen

Matthias Bues, Tobias Schultze und Benjamin Wingert

Mit den heute am Markt verfügbaren technischen Komponenten für virtuelle Realität (VR) (insb. Head-Mounted-Displays) wird der breite produktive Einsatz VR-basierter Lernumgebungen erstmals realistisch. Das Medium VR ermöglicht die Vermittlung von Kenntnissen und Fähigkeiten für Wartung und Reparatur von Maschinen und Anlagen in einer hoch realistischen Weise, die sehr nahe am physischen Objekt ist, ohne ein solches zu benötigen.

1 Einleitung und Problemstellung

Die meisten Produkte des Maschinen- und Anlagenbaus sind gekennzeichnet durch hohe Komplexität, einen hohen Grad an kundenspezifischer Anpassung und relativ geringe Stückzahlen. Sie benötigen zudem während ihres Lebenszyklus in großem Umfang Wartung und auch Anpassung an geänderte Einsatzbedingungen. Dies erfordert einen hohen Kompetenzgrad des technischen Servicepersonals. Bedingt durch die geringen Stückzahlen kann der dafür erforderliche Kompetenzaufbau oft nicht am Objekt selbst durchgeführt werden, so dass auf andere Lernmethoden und -medien, wie textuelle Beschreibungen, Abbildungen und Filmsequenzen, zurückgegriffen werden muss. Diese Medien ermöglichen jedoch nur in sehr geringem Umfang die Methode des Lernens durch Ausführen der Tätigkeit. Diese Problemstellung liegt auch bei den Anwendungspartnern im Projekt GLASS-ROOM, den Unternehmen Klima Becker und Amazonenwerke, vor.

Virtuelle Realität (VR) ermöglicht dagegen das Lernen durch Ausführen am virtuellen Objekt, also ohne das physische Produkt zu benötigen. Die wesentlichen Charakteristika der VR im hier betrachteten Sinn sind die maßstäbliche und räumlich definierte Visualisierung der Objekte und der Umgebung sowie die Möglichkeit für den Nutzer, direkt räumlich mit den Objekten in der virtuellen Welt zu interagieren. Beispielsweise kann in der VR ein zu montierendes Bauteil direkt gegriffen und am korrekten Montageort plaziert werden, während dies in einer Lerneinheit am PC oder Tablet bestenfalls durch Abstraktionen wie Drag and Drop darstellbar wäre. Außerdem hat der Nutzer in der VR die freie Wahl der Perspektive, kann also wie in der Realität das Verständnis für räumliche Zusammenhänge durch Betrachten aus verschiedenen Richtungen gewinnen. Dieses Anwendungspotenzial der VR wird bereits seit den Anfängen der VR-Forschung untersucht und konnte für spezielle Anwendungsbereiche oder in Laborumgebungen nachgewiesen werden (Loftin et al. 1997; Mujber et al. 2004).

Ein wesentliches Ziel des Projektes GLASSROOM war es, dieses Potenzial der VR zur Lösung realer Problemstellungen in der Phase des Kompetenzaufbaus zu heben. Dazu war es erforderlich, die gesamte Prozesskette von der Erstellung der Lerneinheiten bis zu deren Nutzung durch die Lernenden einzubeziehen; erst dadurch wird die Einsetzbarkeit des Mediums VR im Produktivbetrieb ermöglicht. Geleitet von den im Projekt entwickelten didaktischen Methoden und unter Berücksichtigung der Randbedingungen bei den Anwendungspartnern wurden eine VR-Applikation und das dazugehörige Autorenwerkzeug entwickelt und evaluiert. Es konnte gezeigt werden, dass VR in den hier gegebenen Anwendungsszenarien tatsächlich ein praktisch nutzbares Lernmedium ist.

Ausgehend von den beiden wesentlichen Erfolgsfaktoren *Nutzerzentrierung* und *Prozessintegration* werden im diesem Kapitel die Konzeption und Umsetzung der VR-Prototypen im Projekt GLASSROOM beschrieben. Zu deren Evaluation sei auf S. 157 ff verwiesen.

2 Eingesetzte VR-Technik

2.1 VR-Hardware

Gemäß der Zielsetzung des GLASSROOM-Projektes werden für das VR-basierte Training Head-Mounted-Displays („Datenbrillen") eingesetzt. Diese werden zum einen in großer Stückzahl hergestellt und sind, bei insgesamt hoher Qualität, entsprechend kostengünstig, zum anderen ist damit das gesamte VR-System insoweit mobil, als es transportabel und innerhalb kurzer Zeit aufzubauen und in Betrieb zu nehmen ist.

In der ersten Entwicklungsphase stand zunächst nur eine Entwicklerversion der Oculus Rift (DK2) zur Verfügung; diese bietet bereits eine brauchbare Displayauflösung und eine hinreichend schnelle und genaue Positions- und Orientierungsbestimmung (Tracking) des Kopfes, jedoch keine Eingabegeräte (Oculus 2015). Die DK2 wurde kombiniert mit einem LEAP Motion-Sensor, der mittels zweier Infrarotkameras die Hände und Fingerstellungen des Nutzers erkennt. Der Leap-Sensor ist an der Vorderseite der DK2 angebracht, wodurch der Nutzer in seinem Greifraum direkt mit den Händen in der virtuellen Umgebung interagieren kann (LEAP 2016). Der Erfassungsbereich der LEAP wurde für die GLASSROOM-Anwendung um 30 Grad nach unten rotiert; dadurch konnte der wichtige Greifraum vor und unterhalb des Nutzers besser erfasst werden (vgl. Abb. 1).

In der zweiten Entwicklungsphase wurde die HTC Vive eingesetzt, die neben einer besseren Displayauflösung und einem größeren Erfassungsbereich des Trackings zwei 3D-Eingabegeräte mitbringt, deren räumliche Position und Orientierung erfasst werden und die zudem über mehrere Eingabeelemente verfügen (vgl. Abb. 2). Damit werden komplexere Interaktionen möglich, außerdem ist das Tracking präziser und zuverlässiger als die Handerfassung mit dem LEAP-Sensor. Allerdings ist mit diesem System keine Interaktion mit den Händen allein möglich.

Abb. 1. Oculus DK 2 mit LEAP-Sensor

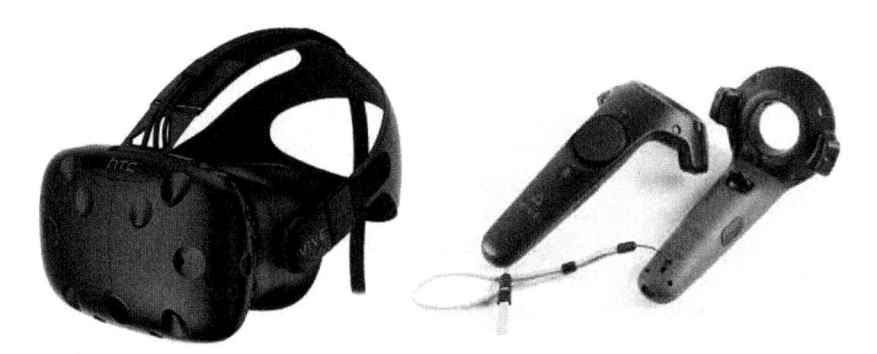

Abb. 2. HTC Vive und zugehörige Controller

Die nachfolgende Tabelle 1 gibt einen Überblick über die wesentlichen Eigenschaften der beiden VR-Hardwareplattformen, die in GLASSROOM eingesetzt werden. Beide VR-Brillen benötigen zudem einen Computer (PC), auf dem die VR-Applikation einschließlich der Echtzeitberechnung der Bilder abläuft. Letztere ist die rechenintensivste Aufgabe, für die eine leistungsfähige Grafikkarte erforderlich ist; eingesetzt wurde eine NVIDIA GeForce 1080i (NVIDIA 2016).

Tabelle 1. Eigenschaften der Hardwareplattformen

	Oculus Rift DK 2	*HTC Vive*
Auflösung pro Auge	960 x 1080 Pixel	1080 x 1200 Pixel
Field of View	~ 100 Grad	~ 110 Grad
Bildwiederholungsrate	75 Hz	90 Hz
Displaytechnik	OLED	OLED
Eingabegeräte	–	zwei getrackte Controller
Tracking	kamerabasiert	laserbasiert
Trackingbereich	180 Grad, 2 m zu 74 Grad	360 Grad, 4,6 x 4,6 m
Typ	kabelgebunden	kabelgebunden
Gewicht	440 g	470 g
Markteinführung	19. März 2014	5. April 2016

2.2 VR-Softwareplattform

Ebenso wie für 2D-GUI-Applikationen sind auch für die effiziente Entwicklung von VR-Applikationen entsprechende Softwareplattformen und die zugehörigen Entwicklungswerkzeuge erforderlich. Die Entwicklung betrifft dabei überwiegend die funktionale Logik der Applikation und die Repräsentation des 3D-User-Interface. Die 3D-Modelldaten, aus denen die virtuelle Umgebung besteht (im Fall von GLASSROOM also vor allem die Modelle der Maschinen und Anlagen) zählen nicht dazu; diese werden entweder mittels eigenständiger Modellierungssoftware erstellt oder aus bestehenden 3D-Daten (z. B. CAD) konvertiert.

Vor Erscheinen der aktuellen Generation von VR-Brillen war der Markt für VR klein und daher nur wenig kommerzielle VR-Software erhältlich. Ein großer Teil der produktiv eingesetzten VR-Applikationen wurde mittels VR-Rahmenwerken aus dem Forschungsumfeld entwickelt; beispielhaft seien hier AVOCADO/ AVANGO (Tramberend 1999) und Lightning (Bues et al. 2008) genannt.

Mit dem rapiden Wachstum des VR-Marktes seit 2012 kamen vermehrt VR-Softwareplattformen und die zugehörigen Entwicklungswerkzeuge mit großem Funktionsumfang auf den Markt. Entsprechend der derzeit überwiegenden Ausrichtung der VR-Industrie auf den Spielemarkt basieren die meisten davon auf Spiele-Engines, die um VR-Funktionalitäten erweitert wurden.

Hauptkriterien bei der Auswahl der VR-Plattform für die GLASSROOM-Entwicklung waren eine effiziente Applikationsentwicklung, eine breite Unterstützung unterschiedlicher VR- und auch anderer Zielplattformen sowie die Qualität des Imports von 3D-Daten, insb. CAD-Modellen. In die engere Wahl gezogen wurden Unity3D (Unity 2017) und Unreal (Epic 2017). Beide Spiele-Engines mit VR-Erweiterungen wurden im Projekt GLASSROOM umfangreichen Tests unterzogen. Den Ausschlag für die Entscheidung zugunsten von Unity3D gab der Import von 3D-CAD-Daten, bei dem nur in Unity3D die Objektstruktur des CAD-Modells soweit erhalten bleibt, dass die Interaktion mit einzelnen Bauteilen in VR möglich ist. Zudem ist die Entwickler-Community von Unity3D wesentlich größer als die von Unreal, was eine bessere Entwicklerunterstützung zur Folge hat.

3 Nutzerzentrierung

Eine wesentliche Voraussetzung für eine erfolgreiche VR-Nutzung in produktiven Umgebungen ist eine hohe Nutzerakzeptanz; dies gilt insb. auch für didaktische Anwendungen. Eine nutzer- und anwendungsgerechte Konzeption standen daher bei der Entwicklung der VR-Applikation und insb. deren 3D-User-Interface im Vordergrund. Die Anforderungen an 3D-User-Interfaces sind teils ähnlich denen an grafische (2D-) User Interfaces (meist als GUI – Graphical User Interfaces – bezeichnet), teils jedoch auch von diesen verschieden. Die Aufgaben in 3D-User-Interfaces lassen sich in die drei Klassen „Navigation", „Selektion/Manipulation" und „Systemsteuerung" einteilen (Bowman et al. 2004).

Navigation bezeichnet die gesteuerte Veränderung der eigenen Position in der virtuellen Welt durch den Benutzer. Dieser muss beispielsweise bei der Wartung einer in VR im Maßstab 1:1 repräsentierten Maschine alle deren Teile und Baugruppen erreichen können. Dies kann wie in der Realität einfach durch „Herumlaufen" geschehen, jedoch nur innerhalb des physisch begehbaren und durch das VR-Tracking erfassbaren Raumbereiches. Bereits im GLASSROOM-Anwendungsfall der Pantera-Feldspritze reicht dieser jedoch nicht aus und es werden andere, virtuelle Techniken zur Navigation notwendig. Diese müssen einfach handhabbar sein und zudem sicherstellen, dass der Nutzer sich über seine Position in der virtuellen Welt jederzeit im Klaren ist. Letzteres ist nicht selbstverständlich, da virtuelle Navigationsmethoden nicht mehr direkt mit der physischen Bewegung des Nutzers im Raum korrespondieren. Eine Möglichkeit, die virtuelle Navigation zu vereinfachen, ist die Einschränkung von deren Freiheitsgraden. Beim GLASSROOM-Prototypen wurden hierzu zwei Methoden betrachtet und evaluiert. Zum einen wurde ein Navigationsmodell umgesetzt, das eine Bewegung nur auf einem vordefinierten Pfad um die Maschine herum ermöglicht, wobei der Nutzer die Richtung und Geschwindigkeit der Bewegung entlang des Pfades mit einer einfachen Handgeste steuern kann (vgl. Abb 3).

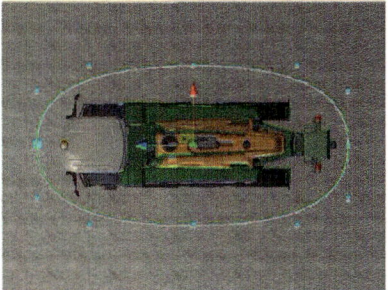

Abb. 3. Navigation mit Handgesten auf vordefiniertem Pfad

Dieses Modell erfüllte in der Evaluation die gestellten Anforderungen an einfache Handhabbarkeit und Orientierungssicherheit, ist jedoch nur für Anwendungsfälle geeignet, bei denen sich die zu erreichenden Positionen auf einem zusammenhängenden und möglichst konvexen Pfad befinden. Für Situationen, in denen dies nicht ausreicht, wurde ein zweites Navigationsmodell erprobt, bei dem der Nutzer auf den Zielpunkt zeigt und danach nur noch die Translation zu diesem Punkt auslöst („Point and move there") (vgl. Abb. 4). Die Translation zum Zielpunkt kann auf verschiedene Arten visualisiert werden. Naheliegend erscheint zunächst die Bewegung entlang eines Pfades vom Ausgangs- zum Zielort. Vorteil dieser Methode ist, dass der Nutzer die Translation als solche wahrnimmt und deshalb leichter die Orientierung behalten kann. Zur Vermeidung von Symptomen der Simulatorkrankheit (Schwindel, Übelkeit) darf die Geschwindigkeit dieser Translation jedoch nicht zu hoch sein, was bei großen Entfernungen zu langen Übergangszeiten führt. Zudem muss der Pfad vom Ausgangspunkt zum Zielort so vorberechnet werden, dass während der Translation keine Kollisionen mit Objekten bzw. Hindernissen in der virtuellen Welt auftreten; diese wären für den Nutzer stark irritierend. Wird auf die Visualisierung der Translation verzichtet („Teleportation"), können diese Probleme vermieden werden. Um die Wahrnehmung eines abrupten Positionswechsels abzumildern, kann vor dem Positionswechsel die Sicht auf die virtuelle Welt in einem weichen Übergang verdunkelt und nach dem Positionswechsel wieder aufgehellt werden.

Abb. 4. Navigation mittels 3D-Controller (Point and move there)

Diese Art der Navigation wurde im zweiten GLASSROOM-Prototypen eingesetzt. Dabei wird die Zielposition durch Zeigen mittels des Vive-Controllers ausgewählt und die räumliche Verbindung dorthin durch eine parabelförmige gepunktete Linie visualisiert. Die möglichen Zielpositionen liegen immer auf horizontalen, nach oben orientierten Flächen. Diese Navigationsmethode war in der Evaluation durch die Nutzer ebenfalls gut handhabbar, die Orientierung nach der Positionsänderung war jedoch teilweise kurzzeitig erschwert, z. B. bei Zielpositionen unterhalb der Maschine.

Selektion und Manipulation sind die wichtigsten Elemente der Durchführung der eigentlichen Tätigkeit in der VR, weshalb ihrer Umsetzung bei Lernanwendungen besondere Bedeutung zukommt. Das primäre Lernziel der GLASSROOM-VR-Applikation ist die Kenntnis der Montagereihenfolge, der Lage der einzelnen Bauteile und bauteilabhängiger Anweisungen, z. B. des korrekten Anzugsmomentes einer Schraube. Die notwendigen Grundkenntnisse und Fähigkeiten zur Ausführung der einzelnen Teilschritte, z. B. dem Anziehen einer Schraube, werden dagegen als vorhanden vorausgesetzt. Dementsprechend können die Interaktionen in der VR so weit vereinfacht werden, dass der Nutzer sich auf die oben genannten Lernziele konzentrieren kann, anstatt zunächst die simulierte Ausführung manueller Tätigkeiten in der VR erlernen zu müssen. Diese sind, hauptsächlich durch das nicht vorhandene haptische Feedback, in der VR beim derzeitigen Stand der Technik nur unzureichend nachzubilden. Es existieren zwar verschiedene technische Ansätze zur Darstellung haptischen Feedbacks, diese sind jedoch für Anwendungen wie die hier betrachteten weder von ihrer Funktionalität noch vom technischen Aufwand her als praxistauglich anzusehen.

Im vorliegenden Anwendungsfall war das Ziel, möglichst direkte räumliche Selektion und Manipulation zu nutzen, da mittels dieser die Tätigkeit am physischen Objekt am realistischsten nachgebildet werden kann. Direkt heißt in diesem Kontext, dass der Nutzer mit der physischen Hand direkt das virtuelle Objekt berührt (Selektion), ergreift, bewegt und wieder loslässt (Manipulation). Ein Gegenbeispiel für eine indirekte Selektion ist eine von der virtuellen Hand ausgehende Linie („virtueller Laserzeiger"), mittels der das entsprechende Objekt ausgewählt wird, das von der Linie getroffen wird und das die geringste Entfernung von der Hand des Nutzers hat. Damit können zwar Objekte außerhalb des Greifraumes selektiert werden, die Interaktion unterscheidet sich aber stark von der Realität. Deshalb wurde in GLASSROOM auf diese Interaktionsmethode verzichtet. Stattdessen sind Navigationsmöglichkeiten vorgesehen, mittels derer der Nutzer sich nahe genug zum Objekt bewegen kann, so dass es in seinem Greifraum liegt. Beim ersten GLASSROOM-Prototypen ohne Controller wird die Selektion dadurch vereinfacht, dass beim Erlernen der Montageaufgabe das jeweils nächste zu platzierende Bauteil automatisch an der Hand des Nutzers positioniert wird (es wird automatisch „gegriffen"). Das Teil muss dann nur an die korrekte Position gebracht werden, auch das Loslassen erfolgt automatisch, sobald die korrekte Position innerhalb eines einstellbaren Toleranzbereiches erreicht ist. Beim zweiten Prototyp wird eine Taste am Controller verwendet, um die Aktionen Greifen (Taste drücken) und Loslassen (Taste loslassen) zu steuern.

4 Prozessintegration

Die Prozessintegration ist der zweite wesentliche Erfolgsfaktor für den produktiven VR-Einsatz. Im GLASSROOM-Kontext bedeutet dies zunächst, die 3D-Produktdaten, auf die sich die VR-Lerneinheiten beziehen, soweit wie möglich aus dem bestehenden Produktentwicklungsprozess zu übernehmen. Der Aufwand für eine dedizierte Erstellung dieser 3D-Daten würde den VR-Einsatz in den meisten Fällen unwirtschaftlich machen. Desweiteren muss es möglich sein, dass die mit der Ausbildung betrauten Fachexperten eigenständig in der Lage sind, VR-Lerneinheiten zu erstellen, ohne dafür VR-Spezialkenntnisse zu benötigen. Die folgende Abb. 5 gibt einen Überblick über den Prozess zur Erstellung der GLASSROOM-VR-Lerneinheiten.

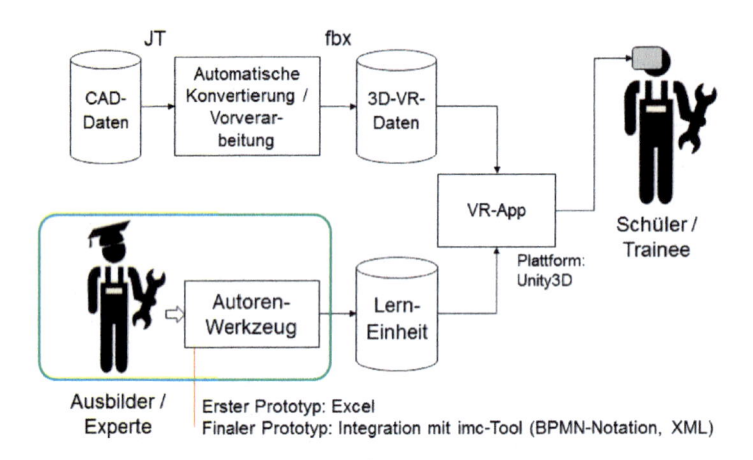

Abb. 5. GLASSROOM-Prozess zum Erstellen von VR-Lerneinheiten

5 Datenintegration

Im Produktentstehungsprozess fallen auch ohne VR-Einsatz eine Vielzahl von Visualisierungsaufgaben an, insb. von 3D-CAD-Daten, für die unterschiedliche Softwarewerkzeuge eingesetzt werden. Die nativen Datenformate der meisten CAD-Programme sind jedoch proprietär, weshalb ein direkter Import in andere Software einen großen Aufwand für die Entwicklung der entsprechenden Importfunktionen in der jeweiligen Zielsoftware mit sich bringt, soweit die Datenformate von den Herstellern überhaupt offengelegt werden. Eine bessere Lösung stellen plattformunabhängige Austauschformate dar, für die jeder Softwarehersteller nur einmalig eine Import-/Exportfunktion implementieren muss. Diese Austauschformate können zwar nicht alle Informationen der nativen CAD-Daten repräsentieren, was für Visualisierungsaufgaben in der Regel jedoch auch nicht nötig ist; hierfür genügen die 3D-Geometrie, ggf. in unterschiedlichen Qualitätsstufen, sowie die Information über die Bauteile- und Baugruppenstruktur. Das derzeit verbreitetste und von allen gängigen CAD-Plattformen unterstützte Austauschformat ist der ISO-Standard 14306:2012, bekannt als JT (ISO 2012). Bei der Entwicklung des GLASSROOM-Datenimports wurde sich daher auf JT als Quellformat für den VR-Import konzentriert. Auch seitens des Anwendungspartners Amazonenwerke stehen 3D-Produktdaten im JT-Format zur Verfügung.

Das von der in GLASSROOM eingesetzten VR-Engine Unity3D am besten unterstützte 3D-Datenformat ist Filmbox (.fbx), das in den Domänen Computeranimation und Computerspiele weit verbreitet ist. Zur Konvertierung von fbx nach JT wurden zunächst einige existierende Konvertierungswerkzeuge evaluiert, die jedoch nicht alle Anforderungen erfüllten; insb. unterstützen diese das aktuelle JT-Format 10.x nicht. Es wurde daher ein eigener Konverter auf der Basis von OpenCascade (2017) entwickelt.

6 Erstellung der VR-Lerninhalte

Eine vollständige VR-Lerneinheit enthält neben den 3D-Modellen der Maschinen, an denen gearbeitet wird, sämtliche Informationen über die jeweils zu erlernende Aufgabe. Diese bestehen aus der Beschreibung des Montage- und Demontageprozesses und spezifischen Informationen zu den einzelnen Arbeitsschritten wie einzusetzende Werkzeuge, Bauteileigenschaften und mögliche Fehler und Gefahrenquellen.

Die Erstellung der VR-Lerneinheit sollte keine speziellen VR-Kenntnisse erfordern; insb. darf sie nicht die Benutzung der Unity3D-Entwicklungsumgebung erfordern, von der das Authoring der VR-Lerneinheiten in GLASSROOM deshalb unabhängig gemacht wurde.

In der ersten Entwicklungsphase wurde eine einfache Beschreibung der Montagereihenfolge in Form einer Excel-Tabelle umgesetzt, in der jede Zeile einem Arbeitsschritt entspricht. Für jeden Arbeitsschritt werden der Bezeichner des betroffenen Bauteils sowie textuelle Informationen über Besonderheiten des Arbeitsschrittes hinterlegt. Diese Excel-Tabelle wird als .csv-Datei (Comma Separated Value) exportiert und kann in dieser Form von der GLASSROOM-VR-Applikation geladen werden; diese lädt zudem das zugehörige 3D-Modell als .fbx-Datei. Beide Dateien zusammen bilden somit eine vollständige VR-Lerneinheit.

Dieses einfache Datenmodell ermöglicht nur die Beschreibung linearer Arbeitsprozesse, was nicht in allen Fällen ausreichend ist. Zudem sollten für alle GLASSROOM-Inhalte, also auch für Inhalte, die für den Smart-Glasses-Einsatz vorgesehen sind, möglichst ein einheitliches Datenmodell und Autorenwerkzeug verwendet werden können. In der zweiten Entwicklungsstufe wurde deshalb die GLASSROOM-VR-Applikation mit dem Prozessmodellierungswerkzeug, das an anderer Stelle in diesem Band beschrieben wird, integriert. Dieses Modellierungswerkzeug, das auch zur Erstellung der Unterstützungsinformationen für den Smart Glasses-Einsatz verwendet wird, ermöglicht die Beschreibung komplexerer

Prozesse in der standardisierten Beschreibungssprache BPMN (OMG 2011) für die auch ein XML-Datenformat spezifiziert ist. Dieses wurde für die GLASS-ROOM-VR-Applikation um die VR-spezifischen Einträge, insb. die Referenz auf das im jeweiligen Arbeitsschritt betroffene Bauteil im 3D-Modell, erweitert. Diese erweiterte BPMN-Prozessbeschreibung enthält somit wiederum alle Informationen der VR-Lerneinheit.

7 Zusammenfassung und Ausblick

In GLASSROOM wurde der Prototyp einer VR-Applikation für Ausbildungsanwendungen bis zu einem Reifegrad entwickelt, der den Einsatz für den Kompetenzaufbau im Bereich des Maschinen- und Anlagenbaus erlaubt. Das zugehörige Autorenwerkzeug ermöglicht es den technischen Fachexperten, ohne spezielle VR-Kennnisse VR-Lerneinheiten zu erstellen. Die zukünftige Weiterentwicklung zielt auf die Nutzung mobiler VR-Plattformen wie der Samsung GearVR (Samsung 2017); die besondere technische Herausforderung besteht dabei in der im Vergleich zu den für die stationären VR-Lösungen eingesetzten Computern wesentlich geringere Rechenleistung. Darüber hinaus wird die Erweiterung in Richtung Mixed Reality verfolgt, also der Überlagerung der virtuellen 3D-Objekte mit der realen Umgebung, wie sie aktuell mit der Microsoft HoloLens (Microsoft 2017) bereits in Ansätzen erprobt werden kann.

8 Literatur

Bowman D, Kruijff E, LaViola JJ, Poupyrev I (2004) 3D User Interfaces: Theory and Practice, Addison Wesley

Bues M, Gleue T, Blach R (2008) Lightning. Dataflow in motion, In: Proceedings of SEARIS Workshop on Software Engineering and Architectures for Realtime Interactive Systems, Reno, USA

Epic Games Inc. (2017) Unreal Engine 4, https://www.unrealengine.com/what-is-unreal-engine-4, 29.3.2017

HTC Corporation (2016), HTC Vive, https://www.vive.com, 31.3.2017

International Organization for Standardization (2012) ISO 14306:2012 – JT file format specification for 3D visualization https://www.iso.org/standard/60572.html

Leap Motion Inc. (2016), Oculus Rift DK 2 setup, https://developer.leapmotion.com/vr-setup/dk2, 30.3.2017

Loftin BR, et al. (1997) Virtual Environment Technology in Training – Results from the Hubble Space Telescope Mission of 1993, In: Seidel RJ, Chatelier PR (Hrsg) Virtual Reality, Training's Future? Springer

Microsoft Corp. (2017) Microsoft HoloLens Official Site, https://www.microsoft.com/en-us/hololens, 3.4.2017

Mujber TS, Szecsi T, Hashmi MSJ (2004) Virtual reality applications in manufacturing process simulation, In: Journal of Material Processing Technology 155–156: 1834–1838

NVIDIA Corp. (2016) GeForce 1080i, http://www.nvidia.de/graphics-cards/geforce/pascal/gtx-1080-ti, 30.3.2017

Object Management Group (2011) Business Process Model And Notation, http://www.omg.org/spec/BPMN/2.0/, 3.4.2017

Oculus VR LLC (2015) Development Kit 2, https://www3.oculus.com/en-us/dk2/, 30.3.2017

Open Cascade SAS (2017) Open Cascade Technology, https://www.opencascade.com/, 3.4.2017

Samsung Corp. (2017) GearVR http://www.samsung.com/global/galaxy/gear-vr/, 3.4.2017

Tramberend H (1999) Avocado: a distributed virtual reality framework, In: Proceedings of IEEE Virtual Reality 1999, Houston, USA, 13–17 March 1999

Unity Technologies (2017) Unity Game Engine https://unity3d.com/de/, 31.3.2017

**Teil IV:
Erstellung digitaler Lerninhalte
und Evaluation**

Smart Glasses als Autorenwerkzeug zur Erstellung digitaler Aus- und Weiterbildungsinhalte

Sven Jannaber, Lisa Berkemeier, Dirk Metzger, Christina Niemöller, Lukas Brenning und Oliver Thomas

Technische Dienstleistungen sind von hoher Komplexität und umfassenden Informationsbedarfen gekennzeichnet, sodass zu ihrer Erbringung eine zielgerichtete IT-Unterstützung unerlässlich ist. Zur Vorbereitung einer adäquaten Prozessunterstützung durch mobile Assistenzsysteme müssen zunächst die Dienstleistungsprozesse identifiziert und dokumentiert werden. Insb. technische Serviceprozesse sind jedoch oftmals nur schwierig ex-post durch Modellierungsexperten zu erfassen, da notwendige Detailinformationen aus der Serviceerbringung fehlen. Gleichzeitig besitzen Servicetechniker nicht das Modellierungswissen, um im Nachgang ihre Dienstleistungstätigkeiten zielführend dokumentieren zu können. In diesem Kapitel wird deshalb ein Konzept erarbeitet, durch das Servicetechniker in die Lage versetzt werden, die Erbringung von Dienstleistungen bereits während ihrer Ausführung dokumentieren zu können.

1 Motivation

Dienstleistungen werden zunehmend zum Katalysator innovativer Geschäftsmodelle und Dienstleistungsmodelle werden zum Dreh- und Angelpunkt informationstechnischer Unterstützung (Thomas & Nüttgens 2012). Gerade technische Dienstleistungen wie Instandhaltungen werden zunehmend komplexer und informationsintensiver, sodass deren Erbringung ohne adäquate IT-Unterstützung kaum noch möglich ist. Diese Unterstützung sollte prozessbasiert und mobil erfolgen und die Informationsbedarfe des Dienstleistungserbringers decken (Matijacic et al. 2013; Däuble et al. 2015). Smart Glasses als mobiles Endgerät versorgen den Nutzer mit Informationen direkt im Sichtfeld und sind freihändig zu bedienen (Niemöller et al. 2016). Entsprechende Assistenzsysteme haben damit auch das Potenzial, die Aus- und Weiterbildung im technischen Kundendienst (TKD) prozessbasiert zu unterstützen. Expertenwissen über die Prozesse komplexer Reparatur- und Wartungsarbeiten wird zeit- und ortsunabhängig zugänglich. Zur Befül-

© Springer-Verlag GmbH Deutschland 2018
O. Thomas et al. (Hrsg.), *Digitalisierung in der Aus- und Weiterbildung*,
https://doi.org/10.1007/978-3-662-56551-3_9

lung dieser prozessgesteuerten Assistenzsysteme ist es erforderlich, die entsprechenden Dienstleistungsprozesse zu modellieren.

Die Charakteristika von Dienstleistungen, wie die Potenzial-, Prozess und Ergebnisdimension (Scheer et al. 2006), sowie der industrielle Charakter von technischen Dienstleistungen (Becker & Neumann 2006) bergen dabei spezielle Anforderungen an die Modellierung. Neben der Immaterialität und Integrativität sind diese Dienstleistungen u. a. durch die Komplexität der dynamischen Bearbeitungsstrukturen und stark verzweigter Entscheidungspfade schwierig von Modellierungsexperten ex-post zu erfassen. Während Domänenexperten das Wissen über die fachliche Ausführung des Prozesses innehaben, verfügen Modellierungsexperten über Kenntnisse der methodischen Aufzeichnung von Prozessen (Pendergast et al. 1999). Bei der Erfassung von Prozessen werden jedoch sowohl das Domänenwissen als auch Modellierungskenntnisse benötigt. Dadurch ergeben sich ein hoher Ressourcenaufwand und ebenso Probleme bei der Zusammenführung des unterschiedlichen Wissens (Riemer et al. 2011). Zur Begegnung der resultierenden Komplexität werden verschiedene Ansätze zur Vereinfachung des Modellierungsprozesses, wie bspw. der werkzeuggestützten, kollaborativen Modellierung, zur Integration verschiedener Stakeholder in die Prozessmodellierung (Riemer et al. 2011) oder der Vereinfachung von Modellierungssprachen, um Novizen zur Prozessmodellierung zu befähigen (Becker et al. 2007; Recker et al. 2010; Wilmont et al. 2010), diskutiert. Diese Lösungsansätze begegnen dabei jedoch noch nicht dem Problem, dass der Prozessablauf an sich kompliziert zu erfassen und wiederzugeben ist und Prozesse häufig Änderungen unterliegen. Deshalb wurden bereits Überlegungen zur Modellierung von Flexibilität (Buildtime vs. Runtime) getroffen (Weber et al. 2008).

Der folgende Ansatz setzt auf dieser Idee der Modellierung zur Runtime auf und begegnet weiterhin dem Problem, dass (a) der Prozess nicht ex-post wiedergegeben und mit Modellierungsexperten diskutiert werden muss, sondern direkt vom Prozessausführenden vor Ort aufgezeichnet werden kann, sowie einer Lösungskomponente mit der ermöglicht wird, dass (b) der Prozess mit der gleichen Technologie aufgezeichnet werden kann, mit der die Ausführung der Dienstleistung später informationstechnisch unterstützt wird (vgl. Abb. 1). Dabei wird gestaltungsorientiert nach Österle (2010) vorgegangen. Das Design eines auf Smart Glasses basierenden Systems zur Laufzeitmodellierung von Geschäftsprozessen wird vorgeschlagen und anhand eines Demonstrationsbeispiels evaluiert.

Dazu werden zunächst Dienstleistungsprozesse charakterisiert und Implikationen für die Modellierung abgeleitet (Abschnitt 2). Anschließend werden das methodische Vorgehen erläutert (Abschnitt 3) und Anforderungen für die Modellierung technischer Dienstleistungsprozesse erhoben (Abschnitt 4). Darauf aufbauend werden Lösungskomponenten zur Laufzeitmodellierung mit Smart Glasses entwickelt (Abschnitt 5) und an einem Demonstrationsbeispiel evaluiert (Abschnitt 6). Abschließend folgen eine Zusammenfassung und ein Ausblick auf weiteren Forschungsbedarf (Abschnitt 7). Mit dem Beitrag wird das bestehende Wissen erweitert, indem untersucht wird, welche Anforderungen an die Modellierung durch die Charakteristika von Dienstleistungen entstehen, welche Prozessbausteine bei der Laufzeitmodellierung berücksichtigt werden müssen und wie ein mobiles IT-System aufgebaut sein muss, damit die Dokumentation und Modellierung durch den Prozessausführenden während der Tätigkeit möglich ist. Für die Praxis ergeben sich durch den Ansatz neue Möglichkeiten der Prozessaufnahme, die versucht, den kritisierten Punkten (ressourcenintensiv durch u. a. verschiedene Stakeholder, Kommunikationsaufwand, schwierige Beschreibbarkeit) zu begegnen. Die unmittelbar in der Domäne erhobenen Prozesse können in der Aus- und Weiterbildung zur Anleitung während der Prozessdurchführung als *Training on the job* eingesetzt werden.

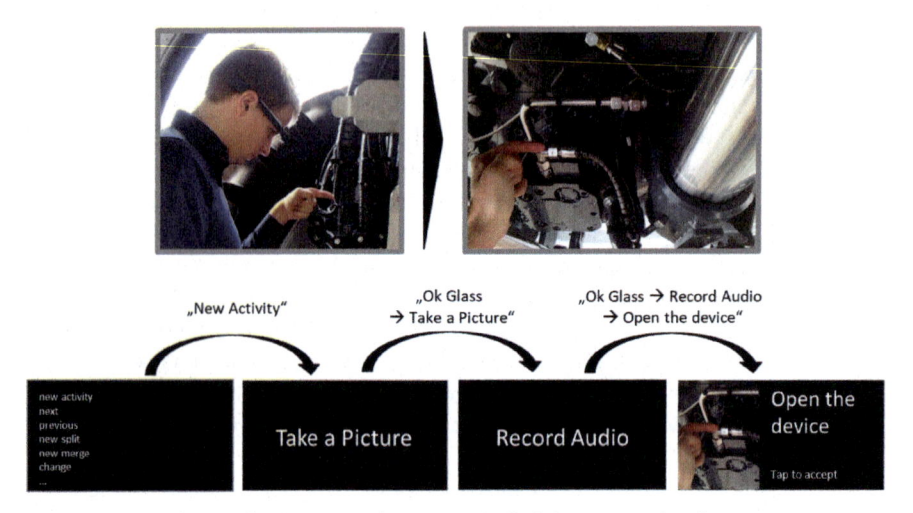

Abb. 1. Smart Glasses als Autorenwerkzeug zur Aufzeichnung von Serviceprozessen

2 Charakterisierung technischer Dienstleistungsprozesse und Implikationen für die Modellierung

Eine Dienstleistung kann vereinfacht als eine Aktivität beschrieben werden, die aufgrund ihrer Immaterialität nicht im Voraus produziert und gelagert werden kann und durch eine intensive Interaktion zwischen dem Dienstleistungserbringer und -empfänger gekennzeichnet ist (Thomas 2006; Leimeister 2012; Meffert & Bruhn 2012). Bezugnehmend auf die konstitutiven Definitionen von Dienstleistungen werden vier Eigenschaften einer Dienstleistung, häufig als IHIP bezeichnet, genannt: Immaterialität (Intangibility), Heterogenität (Heterogeneity), Untrennbarkeit von Erstellung und Konsum (Inseperability of Production and Consumption) sowie Nichtlagerfähigkeit (Perishability) der Dienstleistung (Zeithaml et al. 1985). Die beschriebenen IHIP-Eigenschaften lassen sich den zwei wesentlichen konstitutiven Merkmalen Immaterialität sowie Integrativität unterordnen, da die weiteren Unterscheidungen sich gegenseitig bedingen.

Technische Dienstleistungen zeichnen sich dadurch aus, dass sie primär an technischen Objekten des Kunden, wie z. B. Maschinen und Anlagen, verrichtet werden (Becker & Neumann 2006). Technische Dienstleistungen wie die des technischen Kundendienstes werden vor Ort an der Maschine, häufig in einem kurzen Zeitfenster, erbracht (Matijacic et al. 2013). Am Beispiel von technischen Serviceprozessen und ihrer inhaltlichen Klassifikation können die Komplexität und der damit verbundene Einfluss auf die Modelle und Modellierung dargestellt werden. In der DIN 31051 werden technische Serviceprozesse unterteilt in Inbetriebnahme, Instandhaltung und Entsorgung (vgl. Abb. 2). Die Instandhaltung wird wiederum differenziert in Wartung, Inspektion, Verbesserung und Instandsetzung (DIN 2003; Schlicker et al. 2010).

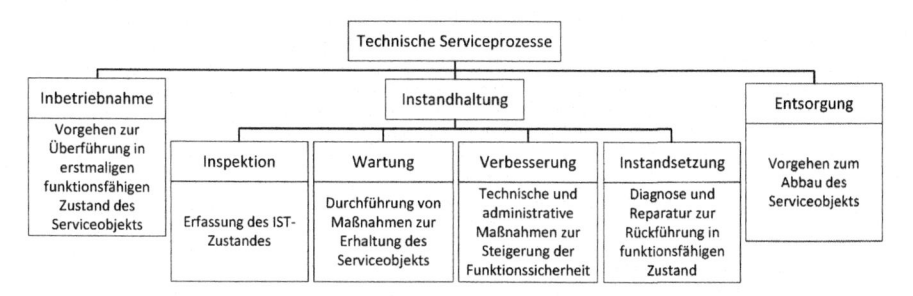

```
                        Technische Serviceprozesse
        ┌───────────────────────┼───────────────────────┐
   Inbetriebnahme           Instandhaltung           Entsorgung
   Vorgehen zur    ┌──────┬──────┬──────┬──────┐   Vorgehen zum
   Überführung in  Inspektion Wartung Verbesserung Instandsetzung  Abbau des
   erstmaligen                                                      Serviceobjekts
   funktionsfähigen Erfassung Durchführung Technische und  Diagnose und
   Zustand des      des IST-  von Maßnahmen administrative Reparatur zur
   Serviceobjekts   Zustandes zur Erhaltung Maßnahmen zur  Rückführung in
                              des           Steigerung der  funktionsfähigen
                              Serviceobjekts Funktionssicherheit Zustand
```

Abb. 2. Inhaltliche Differenzierung von technischen Serviceprozessen (DIN 2003; Schlicker et al. 2010)

Grundsätzlich können die Serviceprozesse nach einer linearen Bearbeitungsabfolge, mit antizipierbarem Verlauf und einer nicht-linearen Bearbeitungsstruktur, deren Ablauf kaum vorhergesehen werden kann, gegliedert werden (Schlicker et al. 2010). Inbetriebnahme- und Entsorgungsprozesse folgen meist einer linearen Bearbeitung, die schon während der Konstruktions- und Entwicklungsphase des Produkts identifiziert sowie in einer sinnvollen Reihenfolge geordnet und als explizites Wissen dokumentiert werden können. Gleiches gilt für Inspektions-, Verbesserungs- und Wartungsprozesse, welche häufig checklistenbasiert erfolgen. Dahingegen beinhalten Instandsetzungsprozesse – also Diagnose- und Reparaturprozesse – komplexe Abläufe, in denen sich Arbeitsschritte zur Fehlerdiagnose mit den Arbeitsschritten einer Reparatur abwechseln. Somit wird einer nichtlinearen, dynamischen und verzweigten Bearbeitungsstruktur gefolgt, abhängig vom Kontext der Störung. Da aber die Bauteile in Wirkungsbeziehungen zueinanderstehen, bestimmt die Bewertung des zuletzt durchgeführten Arbeitsschrittes hierbei den nächsten Schritt. Somit ergibt sich der Prozessverlauf ad-hoc zur Laufzeit (Schlicker et al. 2010).

3 Methode

Methodisch orientiert sich der gestaltungsorientierte Beitrag an Österle et al. (2010) und deckt alle vier Schritte Analyse, Entwurf, Evaluation und Diffusion ab. In der Übersicht (vgl. Abb. 3) sind die Abschnitte den jeweiligen Schritten zugeordnet. Das vorgestellte Ergebnis des Beitrags ist ein Smart-Glasses-basiertes System zur Modellierung von Geschäftsprozessen während der Laufzeit, welches auf Basis der Google Glass prototypisch instanziiert wird. Der Bedarf für eine Modellierung während der Ausführung wurde in Abschnitt 1 und 2 beschrieben und wird im Folgenden in Abschnitt 4 als Forschungslücke aufgezeigt. Darauf folgt die Konzeption des Systems in Abschnitt 5. Zuletzt wird der Prototyp als Demonstrationsbeispiel gegen die gewählte Forschungslücke evaluiert, wie von Riege, Saat & Bucher (Riege et al. 2009) vorgeschlagen. Die Diffusion der Forschungsergebnisse erfolgt durch den Beitrag selbst.

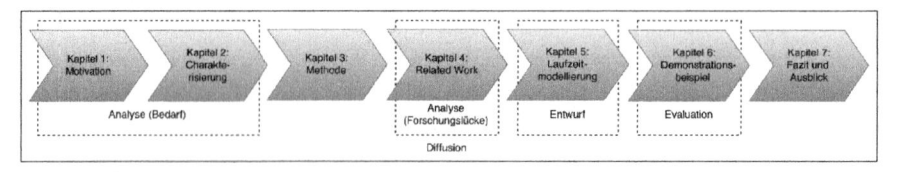

Abb. 3. Methodik des Beitrags

Der Beitrag wird dabei geleitet durch die folgenden Forschungsfragen:

- FF1: Welche Implikationen haben die Charakteristika technischer Dienstleistungen auf die Modellierung von Dienstleistungsprozessen?
- FF2: Welche Prozessbausteine sollten bei einer Laufzeitmodellierung berücksichtigt werden?
- FF3: Wie kann ein System zur Laufzeitmodellierung mit Smart Glasses konstruiert sein?

4 Anforderungen für die Modellierung technischer Dienstleistungsprozesse

Die Charakteristika von Dienstleistungen sowie der industrielle Charakter technischer Dienstleistungen haben spezifische Anforderungen an die Modellierung der Dienstleistungsprozesse zur Folge. Diese lassen sich unter drei wesntlichen Aspekten zusammenfassen, Immaterialität, Integrativität und Modularisierbarkeit, die im Folgenden ausgeführt werden.

4.1 Immaterialität

Bezugnehmend auf den immateriellen Charakter von Dienstleistungen werden häufig eine stark eingeschränkte Beschreib- oder Messbarkeit von Dienstleistungen problematisiert (Maleri 1997). Laut Becker und Neumann (2006) existieren für technische Dienstleistungen zwar verschiedene, gängige Systematisierungsansätze, dennoch treten Probleme bei der Standardisierung der Auftragsabwicklung und der Formalisierung adäquater Prozessbeschreibungen zur Leistungserbringung auf. Die resultierende Komplexität erschwert ebenfalls die Abbildung entsprechender Prozesse in Informationssystemen. Der resultierende Mangel an Greif- und Beschreibbarkeit impliziert den Bedarf, die Prozesse direkt bei der Erbringung vom Domänenexperten dokumentieren zu lassen. Da dieser häufig kein erfahrener Modellierer ist, muss eine einfache Möglichkeit zur Modellierung, ohne Kenntnisse von Modellierungssprachen, bereitgestellt werden, bspw. textbasiert mit einzelnen Bildern. Um den realen Prozessablauf am *Point of Service* zu erfassen, darf dieser nicht durch die Modellierungstätigkeit beeinflusst oder verfälscht werden. Somit sollten a) sowohl die Hände frei sein für die eigentliche Dienstleistungserbringung, b) kein zusätzliches IT-System notwendig sein und c) Die Unterstützung mobil, ad-hoc und einfach einsetzbar sein. Die Wiederverwendung des Assistenzsystems ist dieser Argumentation folgend denkbar.

4.2 Integrativität

Die Heterogenität von Dienstleistungen wird bestimmt durch externe Faktoren wie bspw. die Tagesform des Kunden (Leimeister 2012). Somit bedeutet die Heterogenität der Dienstleistung eine erschwerte Standardisierbarkeit. Dies trifft vor allem bei technischen Dienstleistungen zu, die sowohl standardisierte Leistungen wie Wartungen mit Checklisten, aber auch spezialisierte Leistungen wie die Störungsdiagnose beinhalten, welche ein hohes Maß an Wissen und Kreativität erfordern (Walter 2010). Die Untrennbarkeit von Erbringung und Konsum (Uno-actu-Prinzip) hat Einfluss auf die Flexibilität des Dienstleistungsprozesses. Da der Erbringer und der Kunde gleichzeitig der Dienstleistung beiwohnen (Leimeister 2012), beinhalten die Geschäftsprozesse somit auch Leistungsanteile des Kunden (Integrativität), was laut Becker und Neumann dazu führt, dass sich erforderliche Arbeitsgänge eines Auftrags vielfach erst zur Laufzeit aus dem Kundenverhalten oder aus dem Zustand der technischen Objekte ergeben. Planungs- und Dispositionsaktivitäten müssen ggf. mehrfach iteriert werden (Becker & Neumann 2006). Dies impliziert die Aufnahme mehrerer Varianten bei der Modellierung. Die dynamische Bearbeitungsstruktur und die sich zur Laufzeit erst ergebenen Prozesse (Schlicker et al. 2010) führen dazu, dass auch die Modellierung im Vorfeld zu komplex ist und ebenfalls während der Laufzeit erfolgen sollte.

4.3 Modularisierbarkeit

Leimeister ergänzt die konstitutiven Eigenschaften um die Eigenschaft der Modularisierbarkeit, bei der es sich um die Zerlegung der Prozesse in Teildienstleistungen handelt (Leimeister 2012). Dieser Vorgang wird Dekomposition genannt und hat Implikationen für die Architektur des Backend-Systems. Damit einhergeht insb. ein Bedarf an Schnittstellen, sodass Elemente, die eine starke Abhängigkeit untereinander aufweisen, in einem Modul zusammengeführt werden können. Die einzelnen Module können wiederverwendet werden, was einen positiven Einfluss auf den wirtschaftlichen Nutzen hat (Böhmann & Krcmar 2006). Zur Administration der Service-Portfolios müssen u. a. Funktionen zum Entfernen überflüssiger Dienstleistungsprozesse geschaffen werden (Leimeister 2012).

Basierend auf den identifizierten Anforderungen soll ein mobiles System zur Modellierung der Prozesse zur Laufzeit entwickelt werden.

5 Laufzeitmodellierung mit Smart Glasses

5.1 Sprachendefinition

Eine wichtige Grundvoraussetzung zur Modellierung von Geschäftsprozessen ist die Wahl einer angemessenen Modellierungssprache (Weske et al. 2004). Verbreitete Sprachen sind z. B. die Business Process Model and Notation (BPMN) und die Ereignisgesteuerte Prozesskette. Im vorliegenden Fall wurde für die Transformation auf eine Smart-Glasses-Modellierungsumgebung die Sprache BPMN als Basis genutzt. Aufgrund der speziellen Anforderungen hinsichtlich Anwendungsszenario und Technologie, die in diesem Beitrag skizziert werden, wird eine angepasste deskriptive und enumerative Sprachkonvention für die BPMN entwickelt.

Die betrachteten BPMN-Elemente werden im Folgenden gemäß ihrer Definition (Object Management Group 2011) erläutert:

- *Event:* Ein Event ist definiert als ein Ereignis, das im Verlauf eines Prozessflusses auftreten kann. Die BPMN-Modellierungssprache differenziert zwischen Anfangs-, Zwischen- und Endevents. Während Start- und Endevents den Anfang beziehungsweise das Ende des Prozessflusses repräsentieren, stellen sog. Zwischenevents unterschiedliche Ereignisse innerhalb des Prozesses, wie z. B. Fehler oder eintreffende Meldungen, dar.

- *Activity:* Als das Hauptelement der BPMN-Sprache repräsentieren Activities tatsächliche Geschäftsabläufe bzw. Aufgaben, die als sequenzielle Kombination einen Geschäftsprozess determinieren.

- *Gateway:* Ein Gateway teilt den Prozessfluss basierend auf notwendigen Entscheidungen. Grundsätzlich gibt es exklusive (XOR) Gateways, durch die nach Aufteilung des Prozessflusses nur genau ein Prozesspfad weiterverfolgt wird.

Im Gegensatz dazu wird durch parallele (AND) Gateways die Ausführung mehrerer paralleler Prozesspfade angestoßen.

- *Sequence Flow:* Der Sequence Flow visualisiert den Ausführungsfluss durch eine direkte Verkettung von Activities, Events und Gateways.
- *Message flow.* Der Message flow repräsentiert den Nachrichtenfluss zwischen Sender- und Empfängerelementen.
- *Association:* Associations verbinden Informationen und Anmerkungen mit BPMN-Elementen.
- *Pool:* Ein Pool-Element bezieht sich auf einen Prozessteilnehmer, der Teil einer Kollaboration ist (z.B. im B2B-Kontext).
- *Lane:* Eine Lane untergliedert den Prozessfluss, wodurch die Organisationsstruktur innerhalb des Prozessflusses visualisiert wird.
- *Data Object:* Daten beziehungsweise Informationen als Input oder Output der Activities.
- *Message:* Spiegelt den Informationsfluss zwischen Sender und Empfänger (Teilnehmer) wider.
- *Group:* Anhand von Gruppen kann der Modellierer BPMN-Elemente anhand bestimmter Kriterien zusammenfassen.
- *Text Annotation*: Durch Anmerkungen können BPMN-Nutzer zusätzliche Informationen bereitstellen.

In der nachfolgenden Tabelle 1 sind die Elemente des BPMN Basic Element Set inklusive ihrer grafischen Notation aufgeführt. Zu jedem Eintrag wird erläutert, ob das entsprechende Element in die Sprachkonvention für die BPMN-Prozessmodellierung mit Smart Glasses aufgenommen wird. Bei einigen Elementen werden kleinere Einschränkungen hinsichtlich ihrer Spezifikation gemäß Object Management Group (2011) vorgenommen, die jeweils am betroffenen Element beschrieben werden. Die angewandte Sprachkonvention reduziert die Elemente des Basic Element Set der BPMN-Modellierungssprache auf Elemente, die sich sinnvoll auf eine mobile Modellierungsumgebung übertragen lassen.

Tabelle 1. Das BPMN Basic Element Set (Object Management Group 2011)

Element	BPMN-Notation	Smart-Glasses Sprachkonvention
Event	○	Start- und Endevents sowie einfache Zwischenevents
Activity	▭	Generische Aktivitäten und Sub-Aktivitäten
Gateway	◇	Ausschließlich exklusive Entscheidungen (XOR)
Sequence Flow	→	Ja
Message Flow	⇢	Nein
Association	⋯⋯>	Nein
Pool	[Name]	Nein (kann durch Attribute und zusätzliche Ressourcen erfüllt werden)
Lane	[Name/Name]	Nein, (kann durch Attribute und zusätzliche Ressourcen erfüllt werden)
Data Object	🗎	Ja
Message	✉	Nein
Group	⌐ ⌐	Nein, (kann durch Attribute und zusätzliche Ressourcen erfüllt werden)
Text Annotation	Descriptive Text Here	Nein

Besonderer Schwerpunkt der Sprachkonvention ist die Reduktion von Komplexität der Modellierungstätigkeiten, da im Kontext des Beitrags die Modellierung parallel zu der eigentlichen Dienstleistungserbringung auszuführen ist. Um insb. die Informationsbedarfe von technischen Dienstleistungen zu befriedigen als auch getroffene Einschränkungen der BPMN-Spezifikation in Tabelle 1 zu adressieren, sieht die in diesem Beitrag vorgestellte BPMN-Sprachkonvention zudem die zusätzliche Modellierung von klassischen Ressourcen, wie Organisationseinheit und Informationssystem, vor.

5.2 Prozessmuster

Im nachfolgenden werden *Workflow Pattern* nach van der Aalst et al. (2003) aufgegriffen, um die Laufzeitmodellierung von Unterstützungsprozessen zu instanziieren. Die Prozessmuster wurden jeweils bezüglich deren Erforderlichkeit in der Laufzeitmodellierung bewertet. Eine parallel durchgeführte und kollaborative Modellierung und Bearbeitung von Aufgaben wird in diesem Ansatz zunächst nicht unterstützt und ist Bestandteil weiterer Forschungsarbeiten. Der Techniker führt Aktivitäten zur Laufzeit sequenziell aus; eine parallele Ausführung ist nicht möglich. Somit werden alle Pattern zu parallelen Abläufen ebenfalls in der Laufzeitmodellierung als nicht nutzbar eingestuft. Eine Übersicht der nutzbaren Muster wird in Tabelle 2 gegeben.

Tabelle 2. Verwendete Prozessmuster in der Laufzeitmodellierung mit Smart Glasses

Prozessmuster	*Smart Glasses Sprachkonvention*
1. Sequence	Grundlegendes Prozessmuster. Sequenzielle Abläufe werden daher berücksichtigt.
4. Exclusive choice	Modellierung verschiedener Prozessverzweigungen. Die Pfade werden jeweils einzeln zur Laufzeit aufgezeichnet.
5. Simple merge	Analog zu den Verzweigungen wird auch das Zusammenführen von Prozesspfaden berücksichtigt.
8. Multi merge	Die Erweiterung zum Simple merge wird berücksichtigt.
10. Arbitrary cycles	Einfache Wiederholungen von Tätigkeiten innerhalb der Prozessführung können modelliert werden.
16. Deferred choice	Verzögerte Entscheidungen durch eintreffende Ereignisse über das Nachrichtensystem einer Prozessführung werden abgebildet.

Insgesamt sind 6 der 20 Pattern geeignet für eine Laufzeitmodellierung mit Smart Glasses und werden somit in der im Folgenden dargestellten prototypischen Umsetzung berücksichtigt. Damit wird die oben genannte Forschungsfrage *FF2* hinsichtlich der Prozessbausteine, die für die Laufzeitmodellierung relevant sind, beantwortet.

5.3 Implementierung

Anhand der im Vorfeld gewählten Komponenten wird im Folgenden die Implementierung eines auf Smart Glasses basierenden Modellierungssystems dargestellt. In Abb. 4 werden die Anzeigen und Sprachkommandos zusammen mit dem resultierenden BPMN-Modell gezeigt. Die gestrichelten Pfeile zeigen die entsprechenden Änderungen des Modells auf Basis der Eingaben über die Smart Glasses.

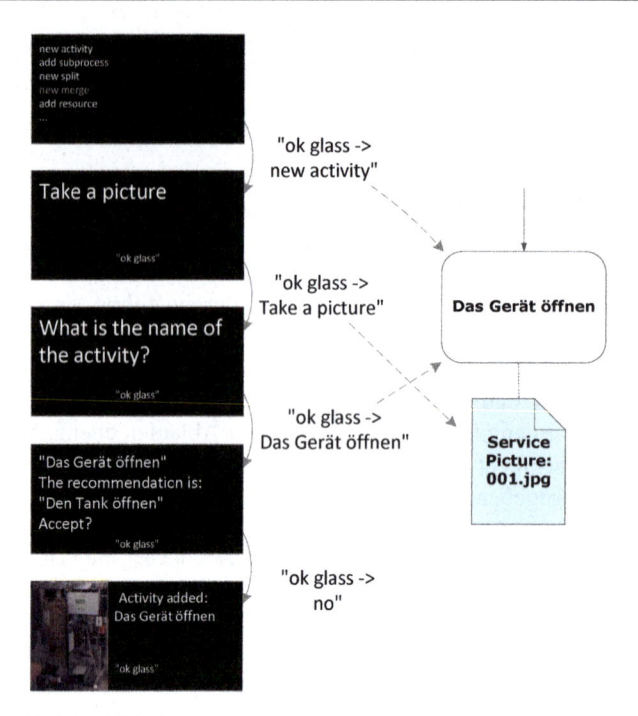

Abb. 4. Neue Aktivität hinzufügen

Um eine einfache Abfolge von Funktionen zu erstellen, ist eine Software-Komponente vorgesehen, mit der neue Aktivitäten im Modell ergänzt werden. Diese Komponente bietet zwei Möglichkeiten. *Erstens*, der Nutzer des Modellierungssystems kann ein Bild aufnehmen, um die Funktion zu illustrieren. *Zweitens*, durch die Nutzung der Spracherkennung und der Sprache-zu-Text-Funktion wurde die Kennzeichnung der Funktion implementiert. Sofern der Nutzer einen bereits vorhandenen Prozess verändert, auf den ein weiterer Prozess folgt so wird die neue Funktion zwischen die bereits existierenden eingebunden. Sollte noch keine Folgefunktion bestehen, wird die neue Funktion als Startpunkt eines neuen Prozesses genutzt. In Wartungs- und Reparaturprozessen besteht auf Grund von Maschinenversionen oder unterschiedlichen Ersatzteillieferanten der Bedarf, alternative Prozesspfade zu modellieren. Dazu ist eine Softwarekomponente für das Einfügen eines neuen Split in der Prozesskette implementiert. Um „Dead-ends" zu vermeiden, kann diese Funktion nur aufgerufen werden, sofern auf das aktuelle Element mindestens ein weiteres folgt. Zuerst wird die Bedingung des Splits erfragt. Anschließend wird der Nutzer nach der notwendigen Eingabe für den existierenden Pfad gefragt sowie nach der Eingabe für den neu erstellten Pfad (vgl. Abb. 5).

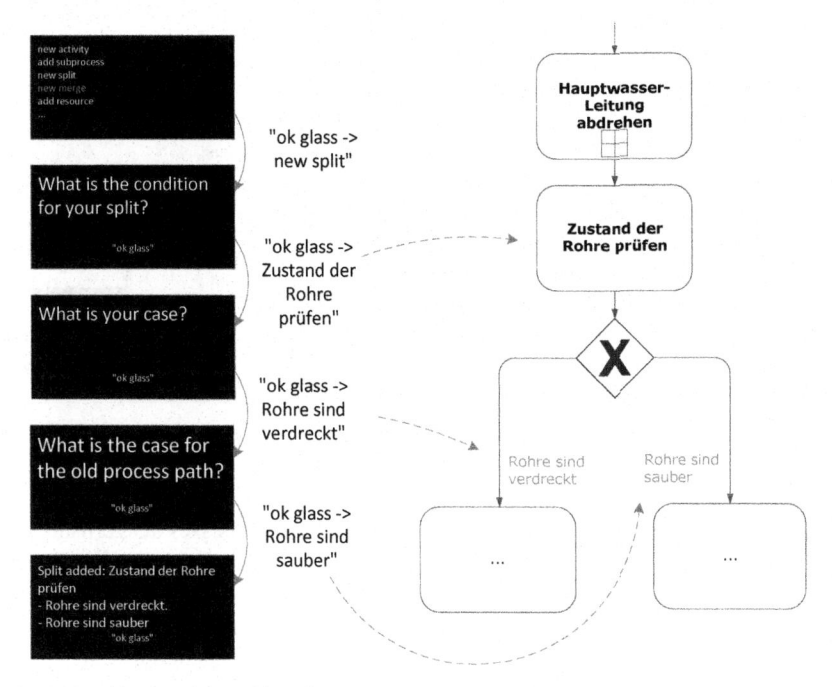

Abb. 5. Neue Verzweigung hinzufügen

Wird ein Split in eine bestehende Prozessabfolge integriert, so wird die Prozessmodellierung mit dem neuen Pfad fortgesetzt.

5.4 Architektur

Die in Abb. 6 dargestellte Architektur beinhaltet die Kommunikation zwischen den unterschiedlichen Systemkomponenten. Namentlich sind diese Komponenten der Smart Glasses tragende Techniker, ein Server, auf dem alle Kommunikation zusammenläuft, eine Datenbank zur Prozessspeicherung, ein Backend, auf dem ein Modellierer Prozesse testen und überarbeiten kann, (öffentliche) Thesauri und ein Interface zu anderen Systemen.

Die Eingabe in das System erfolgt zunächst durch den Techniker mit Hilfe von Smart Glasses. Dieser nimmt den Prozess auf bzw. ändert einen bestehenden Prozess nach auf Grund von Änderungen oder neuen Varianten ab und sendet diese an den Server (1). Die Prozessänderungsvorschläge werden vom Modellierer im Backoffice abgerufen, ein Modellierer kann an dieser Stelle auch ein Domänenexperte sein, da mit vereinfachten Modellierungstools gearbeitet wird (2). Dieser überprüft die neuesten Änderungen im Prozess und kann ggf. Änderungen durchführen, um die Qualität des Prozesses gewährleisten zu können. Anschließend wird der Prozess durch den Mitarbeiter im Backoffice freigegeben (3+) oder der Prozessänderungsvorschlag abgelehnt (3-).

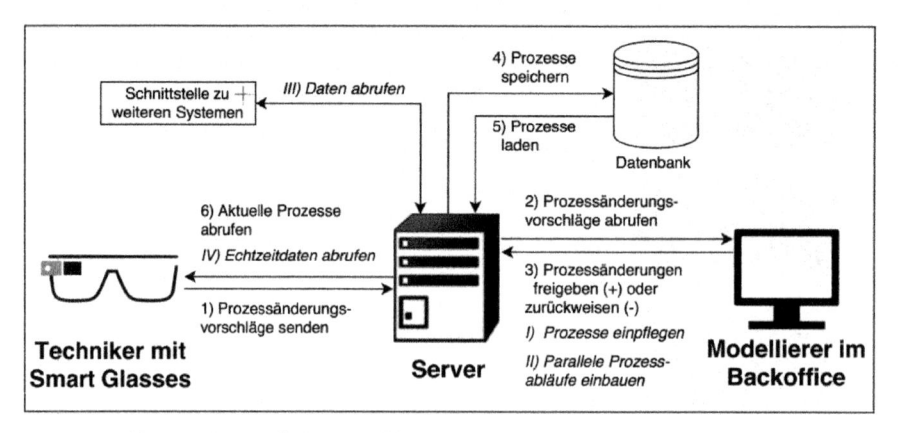

Abb. 6. Architektur der Laufzeit-Modellierungsumgebung

Die daraus ggf. folgenden Änderungen werden in der Datenbank persistiert (4), sodass diese anschließend von Technikern, die mit Smart Glasses ausgerüstet sind, abgerufen werden können (5 und 6). Prozesse, die bereits vor der Einführung des auf Smart Glasses basierenden Systems bestehen, können im Backoffice auf den Server geladen werden (I) und sind damit für die Techniker abrufbar. So wird eine Basis von Prozessen bereits bei der Einführung des Systems sichergestellt.

Die vorgestellte Architektur ist als Referenz für die Erstellung analoger Systeme zu verstehen und kann dazu adaptiert werden. Sowohl die in Abschnitt 6 vorgestellte Umsetzung als auch die hier präsentierte Architektur dienen als Konstruktionsreferenz und beantworten die oben genannte Forschungsfrage FF3 nach der Konstruktion eines Systems zur Laufzeitmodellierung mit Smart Glasses.

6 Demonstrationsbeispiel

Das in Abschnitt 5 dargestellte System soll im Folgenden anhand eines Demonstrationsbeispiels veranschaulicht werden. Dabei werden die postulierten Konstrukte der BPMN am Beispiel eines Prozessausschnitts gezeigt, der auf einem realen Geschäftsprozess aus dem Klima- und Heizungsbau basiert. Der Prozess wurde in Rahmen des Forschungsprojektes GLASSROOM erhoben und beschreibt den Wechsel eines Tanks. Bei dem Dienstleister handelt es sich um Klima Becker, einen mittelständischen B2B-Serviceerbringer, der technische Dienstleistungen für Produzenten von Klima- und Heizungstechnik anbietet. Die Service-Erbringung beinhaltet vorwiegend Instandhaltungsprozesse und ist zusätzlich durch eine hohe Heterogenität der Service-Objekte charakterisiert. Dies ist bedingt durch die Instandhaltung von Anlagen verschiedener Hersteller, mit wiederum zahlreichen Varianten. In Abb. 7 ist ein mit BPMN modellierter Prozess eines Tankwechsels abgebildet. Die einzelnen Prozessschritte werden vom Techniker mit Smart Glasses aufgezeichnet, indem Fotos der einzelnen Schritte aufgenommen und durch Sprachaufnahmen ergänzt werden. In diesem Demonstrationsbeispiel werden die

Prozessneuaufnahme und -bearbeitung von drei Technikern unterschieden, dargestellt in den Varianten 0, 1 und 2.

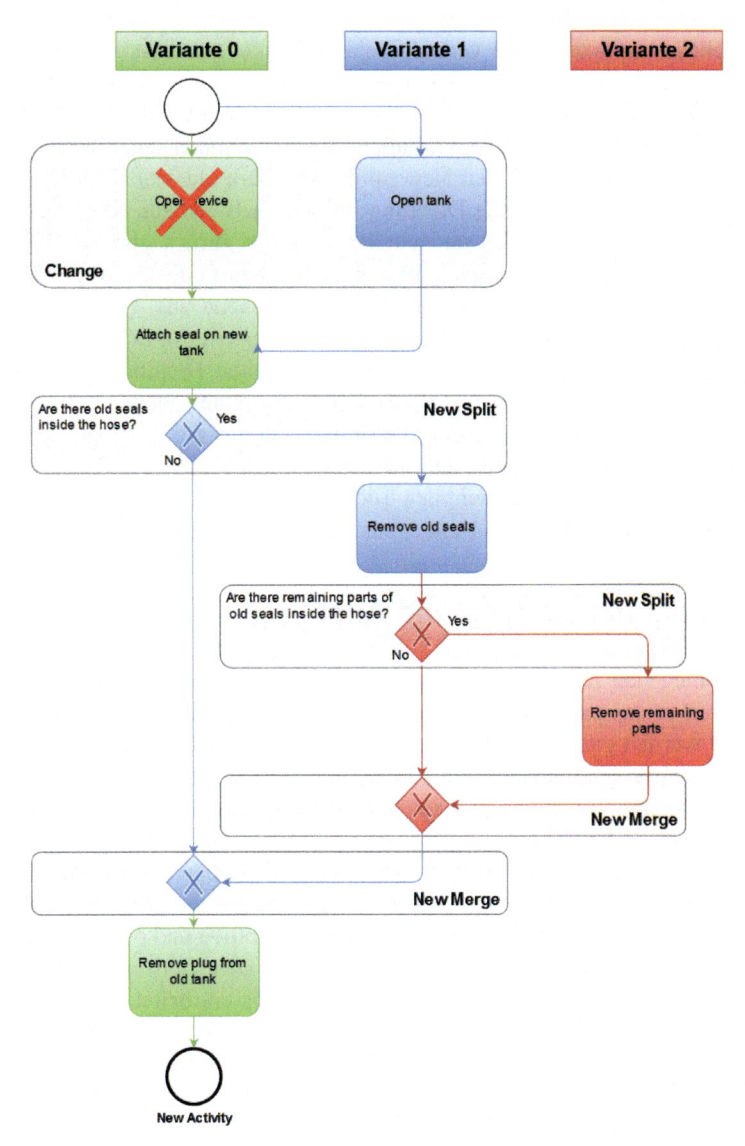

Abb. 7. Iterative Prozessmodellierung eines technischen Services durch den Einsatz von Smart Glasses

Die Variante 0 bildet die Neuaufnahme des Prozessausschnitts durch einen Techniker ab. Die einzelnen Aktivitäten werden jeweils als New Activity während der Serviceerbringung, in diesem Fall der Wechsel eines Tanks, aufgezeichnet.

Der resultierende Prozess steht anschließend allen Technikern als Anleitung zur Verfügung. Stellt ein weiterer Techniker bei einem erneuten Tankwechsel Abweichungen vom ursprünglichen Prozess fest, kann er diesen unmittelbar adaptieren, dargestellt in Variante 1. Hier verändert ein Techniker zunächst den Prozessschritt „Open device", indem er die Elementbezeichnung konkretisiert („Open tank"). Anschließend kehrt der Prozessverlauf zur ursprünglichen Variante 0 zurück, bevor im weiteren Verlauf der Servicetätigkeit der Techniker auch die Anbringung einer neuen Dichtung durch den New Split „Are there old seals inside the hose?" weiter spezifiziert. Ist eine alte Dichtung im Schlauch verbaut, folgt die neue Alternative „Remove old seals" und ein New Merge zurück zum ursprünglichen Prozess. Einem weiteren Techniker, ebenfalls mit Smart Glasses ausgestattet, liegt damit beim Wechsel eines Tanks der Prozess bestehend aus Alternative 0 und 1 vor. Seine Prozessadaption ist in Alternative 2 dargestellt. Im Schritt „Remove old seals" findet der Techniker nach Entfernung der alten Dichtung Rückstände im Schlauch der Anlage. Er erweitert den Prozess um den New Split „Are there remaining parts of old seals inside the hose?", nimmt die Alternative "Remove remaining parts" in den Prozess auf und schließt sich wieder der Prozessfolge aus Variante 1 an. Anschließend steht den Technikern der Gesamtprozess mit den Bestandteilen der Alternativen 0, 1 und 2 zur Verfügung.

7 Zusammenfassung und Ausblick

Die grundlegende Idee, während der Laufzeit Prozesse durch den Ausführenden aufnehmen zu lassen, war bislang nicht oder nur mit Einschränkungen möglich. Prozesse wurden gar nicht oder unabhängig von deren Ausführung durch Modellierungsexperten dokumentiert bzw. modelliert. Die notwendige Zusammenarbeit der Prozess- und Modellierungsexperten wurde als zu kosten- und zeitintensiv wahrgenommen. Hinzu kam die Komplexität technischer Dienstleistungen, die schwer zu erfassen sind und sich erst zur Laufzeit ergebenen Instandsetzungsprozesse ex ante nicht vorhersehbar und ex post schwierig beschreibbar waren. Um dieser Herausforderung zu begegnen, wurde eine intuitive und parallel ausführbare Möglichkeit zur Prozessmodellierung während der Dienstleistungserbringung geschaffen. Es wurde zunächst auf theoretischer Basis erarbeitet, welche Anforderungen sich aus den Charakteristika technischer Dienstleistungen für die Modellierung ergeben (vgl. FF1), welche Konstrukte für die Laufzeitmodellierung in Frage kommen (vgl. FF2) und schließlich auf Basis von Smart Glasses ein Prototyp entwickelt (vgl. FF3). Dieser lässt sich parallel zur Ausführung der Tätigkeit nutzen und ermöglicht so die Modellierung zur Laufzeit. Dabei können nicht nur komplett neue Modelle erstellt, sondern auch bereits vorhandene Modelle adaptiert werden.

Dieser Beitrag begegnet der Forschungslücke zur Laufzeitmodellierung durch Domänenexperten und bildet einen Ausgangspunkt für weiteren Forschungsbedarf. Das System ist aktuell hinsichtlich der Ausführung von parallelen Tätigkeiten durch mehrere Personen gleichzeitig limitiert. Dies wäre als Erweiterung denkbar und erfordert eine genauere Betrachtung der Synchronisation und Kollaboration. Darüber hinaus sind die Informationsergonomie eines entsprechenden Systems sowie dessen Nutzerakzeptanz sicherzustellen und in weiteren Forschungsarbeiten zu betrachten.

Insgesamt bildet das vorgestellte Konzept eine Basis zur Laufzeitmodellierung, die sowohl für Theorie als auch Praxis der Herausforderung der Modellierung als zeit- und kostenintensive Aufgabe begegnet.

8 Literatur

Becker J, Neumann S (2006) Referenzmodelle für Workflow-Applikationen in technischen Dienstleistungen. In: Bullinger H-J, Scheer A-W (Hrsg) Service Engineering. Springer, Berlin, 623–647

Becker J, Pfeiffer D, Räckers M (2007) Domain Specific Process Modelling in Public Administrations – The PICTURE-Approach. In: Wimmer MA, Scholl J, Grönlund A (Hrsg) Electronic Government: 6th International Conference, EGOV 2007, Regensburg, Deutschland, 3.–7. September, 2007. Proceedings. Springer, Berlin, Heidelberg, Berlin, Heidelberg, 68–79

Böhmann T, Krcmar H (2006) Modulare Servicearchitekturen. In: Bullinger H-J, Scheer A-W (Hrsg) Service Engineering SE – 26. Springer, Berlin, Heidelberg, 377–401

Däuble G, Özcan D, Niemöller C et al. (2015) Information Needs of the Mobile Technical Customer Service – A Case Study in the Field of Machinery and Plant Engineering. In: Proceedings of the 48th Annual Hawaii International Conference on System Sciences (HICSS 2015)

DIN (2003) DIN 31051:2003–06

Leimeister JM (2012) Dienstleistungsengineering und -management

Maleri R (1997) Grundlagen der Dienstleistungsproduktion. 4., vollständig überarbeitete und erweiterte Auflage

Matijacic M, Fellmann M, Özcan D et al. (2013) Elicitation and Consolidation of Requirements for Mobile Technical Customer Services Support Systems – A Multi-Method Approach. In: Proceedings of the 34th International Conference on Information Systems (ICIS 2013). Mailand, Italien, 1–16

Meffert H, Bruhn M (2012) Konzepte und theoretische Grundlagen des Dienstleistungsmarketing. In: Dienstleistungsmarketing. Gabler Verlag, Wiesbaden, 43–80

Niemöller C, Metzger D, Fellmann M et al. (2016) Shaping the Future of Mobile Service Support Systems – Ex-Ante Evaluation of Smart Glasses in Technical Customer Service Processes. In: Informatik 2016. Klagenfurt

Object Management Group (2011) Business Process Model and Notation (BPMN) Version 2.0

Österle H, Becker J, Frank U et al. (2010) Memorandum zur gestaltungsorientierten Wirtschaftsinformatik. Zeitschrift für betriebswirtschaftliche Forsch 662–672

Pendergast M, Aytes K, Lee JD (1999) Supporting the group creation of formal and informal graphics during business process modeling. Interact Comput 11:355–373

Recker J, Safrudin N, Rosemann M (2010) How Novices Model Business Processes. In: Hutchison D, Kanade T, Kittler J et al. (Hrsg) Business Process Management. Springer, Berlin, Heidelberg, Berlin and Heidelberg, 29–44

Riege C, Saat J, Bucher T (2009) Systematisierung von Evaluationsmethoden in der gestaltungsorientierten Wirtschaftsinformatik. In: Becker J, Krcmar H, Niehaves B (Hrsg) Wissenschaftstheorie und gestaltungsorientierte Wirtschaftsinformatik. Physica-Verlag HD, 69–86

Riemer K, Holler J, Indulska M (2011) Collaborative process modelling-tool analysis and design implications. ECIS 2011 Proc 13

Scheer A-W, Grieble O, Klein R (2006) Modellbasiertes Dienstleistungsmanagement. In: Bullinger H-J, Scheer A-W (Hrsg) Service Engineering. Springer, Berlin, Heidelberg, 19–51

Schlicker M, Blinn N, Nüttgens M (2010) Modellierung technischer Serviceprozesse im Kontext hybrider Wertschöpfung. In: Thomas O, Loos P, Nüttgens M (Hrsg) Hybride Wertschöpfung. Springer, Berlin, Heidelberg, Berlin, Heidelberg, 144–175

Thomas O (2006) Management von Referenzmodellen: Entwurf und Realisierung eines Informationssystems zur Entwicklung und Anwendung von Referenzmodellen. In: Loos P (Hrsg) Wirtschaftsinformatik – Theorie und Anwendung. Schriftenreihe: Wirtschaftsinformatik – Theorie und Anwendung, Berlin

Thomas O, Nüttgens M (2012) Dienstleistungsmodellierung 2012 – Product-Service Systems und Produktivität. Springer Gabler Wiesbaden

van der Aalst WMP, ter Hofstede AHM, Kiepuszewski B, Barros AP (2003) Workflow patterns. Distrib Parallel Databases 14:5–51

Walter P (2010) Technische Kundendienstleistungen: Einordnung, Charakterisierung und Klassifikation. In: Thomas O, Loos P, Nüttgens M (Hrsg) Hybride Wertschöpfung. Springer, Berlin, Heidelberg, 24–41

Weber B, Reichert M, Rinderle-Ma S (2008) Change patterns and change support features – Enhancing flexibility in process-aware information systems. Data & Knowl Eng 66:438–466

Weske M, van der Aalst WMP, Verbeek HMW (2004) Advances in business process management. Data Knowl Eng 50:1–8

Wilmont I, Brinkkemper S, van de Weerd I (2010) Exploring Intuitive Modelling Behaviour. 301–313

Zeithaml VA, Parasuraman A, Berry LL (1985) Problems and strategies in services marketing. J Mark 33–46

Akzeptanz von Smart Glasses für die Aus- und Weiterbildung

Lisa Berkemeier, Christina Niemöller, Dirk Metzger und Oliver Thomas

Smart Glasses sind durch eine individuelle Prozessunterstützung und eine kontextsensitive Informationsversorgung ein vielversprechendes Werkzeug in der betrieblichen Qualifikation von Mitarbeitern. Ein nachhaltiger Einsatz einer Smart-Glasses-basierten Prozessunterstützung erfordert jedoch die Akzeptanz der Nutzer. Zur Messung der Nutzerakzeptanz vor der Einführung eines entsprechenden Systems wurden 105 Probanden aus dem Bereich der Landmaschinentechnik befragt. Unter Einsatz des Technology Acceptance Model konnten eine positive Nutzungsintention und deren Einflussfaktoren festgestellt werden. Die Erkenntnisse über die Akzeptanz von Smart-Glasses-basierten Systemen und deren Rückkopplung in das System-Design tragen zur Wissensbasis des IS Design und Service Systems Engineering bei. Darüber hinaus tragen die Charakteristika eines akzeptierten Smart-Glasses-basierenden Systems zur konkreten Umsetzung entsprechender Lernkonzepte in der Praxis der Aus- und Weiterbildung im technischen Kundendienst bei.

1 Einleitung

Smart Glasses haben das Potenzial, Unternehmen in verschiedenen Branchen und Prozessen zu unterstützen (Elder & Vakaloudis 2015). Smart-Glasses-basierte Systeme zur Prozessunterstützung können Mitarbeiter in Produktion und Dienstleistungserbringung mit relevanten Informationen versorgen. Der Hauptvorteil dieser Technologie besteht in der freihändigen Steuerung und der kontextsensitiven Informationsbereitstellung (Reif et al. 2009; Zheng & Matos 2015). Daher sind Smart Glasses besonders für Aufgaben mit einem großen Informationsaufkommen geeignet, die gleichzeitig beide Hände zur Bewerkstelligung benötigen. Service-Support-Systeme auf Basis von Smart Glasses sind weiterhin als geeignete Lösung identifiziert worden, um Dienste mit hohem Informationsbedarf zu unterstützen (Herterich et al. 2015; Niemöller et al. 2016).

Mit einem hohen Informationsbedarf sind Mitarbeiter jedoch nicht nur bei äußerst komplexen Aufgaben konfrontiert, sondern auch in der Qualifikationsphase im Rahmen der betrieblichen Aus- und Weiterbildung. In diesem Zusammenhang

© Springer-Verlag GmbH Deutschland 2018
O. Thomas et al. (Hrsg.), *Digitalisierung in der Aus- und Weiterbildung*,
https://doi.org/10.1007/978-3-662-56551-3_10

bieten Smart-Glasses-basierte Systeme flexible Prozessunterstützungen, die sich an dem individuellen Informationsbedarf des Nutzers orientieren. Smart Glasses ermöglichen damit unmittelbar in die Ausführung einer Dienstleistung integrierte Lernsysteme. Smart-Glasses-basierte Systeme können auf diese Weise einen unerfahrenen Mitarbeiter bei der Einarbeitung in Prozesse mit variierender Komplexität unterstützen und diesem damit eine eigenständige Ausführung der Tätigkeit ermöglichen.

Obwohl das Potenzial von herkömmlichen Head-Worn-Displays zur ergonomischen Arbeitsgestaltung und zur Zeitersparnis im Wartungssektor bereits in der Forschung diskutiert wird (Lawson & Pretlove 1998; Rügge et al. 2003; Haritos & Macchiarella 2005; Henderson & Feiner 2009), existieren bislang nur wenige Beiträge hinsichtlich der neu aufkommenden Technologie der Smart Glasses. Insbesondere die Potenziale von Smart-Glasses-basierten Systemen im Bereich der beruflichen Qualifikation stehen bislang nicht im Fokus der Betrachtungen. Die innovativen Anwendungsmöglichkeiten von Smart Glasses im Einsatzgebiet der beruflichen Aus- und Weiterbildung sowie allgemein im technischen Kundendienst haben großes Nutzenpotenzial, jedoch gehen mit dieser Technologie auch funktionsbezogene Risiken einher. Die Einführung von Smart-Glasses-basierten Assistenzsystemen im Arbeitsumfeld wird daher kontrovers betrachtet. Im Kontext einer betrieblichen Nutzung von Smart Glasses ist u. a. die Datenschutzkonformität ein kritischer Faktor. Darüber hinaus werden vor allem ergonomische und gesundheitliche Auswirkungen bei einem dauerhaften Einsatz der neuen Technologie am Arbeitsplatz hinterfragt (Koelle et al. 2015). Insbesondere, da es sich um ein soziotechnisches System handelt, welches den gesamten Arbeitstag genutzt werden soll und neue technische Features besitzt, wie das Tracking von Nutzern oder auch das unbeachtete Erstellen von Fotos, sind konkrete Maßnahmen für die Einschränkung entsprechender Risiken von Smart-Glasses-basierten Assistenzsystemen essentiell für eine erfolgreiche Einführung.

Infolgedessen stehen die Nutzenpotenziale von Smart-Glasses-basierten Systemen in der beruflichen Qualifikation für den technischen Kundendienst in direktem Konflikt mit den Risiken hinsichtlich der Vorbehalte der Nutzer. In diesem Zusammenhang besteht eine Lücke in der Erforschung von Smart Glasses, welche bis heute noch nicht in Unternehmen in der praktischen Anwendung sind. Um entsprechende Risiken zu identifizieren und messbar zu machen, kann die Nutzerakzeptanz eines Systems untersucht werden. Es existieren bereits erste Studien hinsichtlich funktionsorientierter Anwendungssysteme, allerdings berücksichtigen diese keine Maßnahmen zur Messung und Förderung der Nutzerakzeptanz (Niemöller et al. 2016).

In der Wirtschaftsinformatik sind diverse Modelle und Theorien für die Erforschung der Technologieakzeptanz und deren Einflussfaktoren verbreitet, wie z.B. Varianten des Technology Acceptance Model (TAM). Da derzeit nur wenige Forschungsreihen zu Smart Glasses existieren, sind die Akzeptanzfaktoren von Smart Glasses nicht vollständig bekannt (Segura & Thiesse 2015). Zunächst ist daher die generelle Bereitschaft der Zielgruppe zur Nutzung eines Smart-Glasses-basierten Assistenzsystems im technischen Kundendienst zu überprüfen.

Vor diesem Hintergrund bestehen die folgenden Forschungsfragen:

- FF1: Wie ist der wahrgenommene Nutzen eines Smart-Glasses-basierten Systems?
- FF2: Wie ist der Bedienkomfort eines Smart-Glasses-basierten Systems?
- FF3: Ist die Zielgruppe bereit, ein Smart-Glasses-basiertes System einzusetzen?

Um die angeführten Forschungsfragen zu beantworten, wird zunächst in Abschnitt 2 der Begriff der Nutzerakzeptanz für den Einsatz im betrieblichen Kontext abgeleitet und ein Modell zur Messung dieser eingeführt. In Abschnitt 3 wird die Nutzerakzeptanz von 105 Experten im Bereich der Landmaschinentechnik gemessen. Die Ergebnisse werden dargestellt und analysiert in Abschnitt 4. In Abschnitt 5 erfolgt eine Diskussion der Ergebnisse mit anschließendem Ausblick auf weiteren Forschungsbedarf in Abschnitt 6.

2 Nutzerakzeptanz im betrieblichen Kontext

2.1 Akzeptanzbegriff

Der Begriff „Akzeptanz" wird in der Akzeptanzforschung durchaus heterogen definiert. Schönecker (1980) hat die Ansätze unterschiedlicher wissenschaftlicher Disziplinen untersucht. Während die verhaltensorientierte Perspektive vor allem die Übereinstimmung von persönlicher Einstellung und Verhalten mit den Zielen einer Organisation erforscht, ist für Fragestellungen aus Perspektive des Marketings die Adoption des Produktes durch den Verbraucher von Interesse (Schönecker 1980). Högg (2010) definiert Akzeptanz als „positive (wiederholte) Annahmeentscheidung des Nutzers". Dies entspricht damit der Adoption eines Systems durch potenzielle Anwender (Högg 2010).

Mit der Einführung der ersten Computer in Unternehmen ist die Frage aufgekommen, weshalb neue Systeme trotz besserer Performanz nicht von den Mitarbeitern genutzt werden (Davis et al. 1989). Akzeptanz wird in diesem Zusammenhang entsprechend der Auffassung von Högg (2010) als positive Annahmeentscheidung des Anwenders durch die aktive Nutzung der Systeme verstanden. In der Wirtschaftsinformatik steht Akzeptanz weiterhin für das Konzept einer aktiven Handlung in Form der (Nicht-)Nutzung sowie für das intentionale Nutzerverhalten im Vorfeld einer Einführung neuer technischer Systeme (Wilhelm 2012). Akzeptanz kann daher als eindimensionale Variable des Nutzerverhaltens mit einer dichotomen Ausprägung verstanden werden. Im betrieblichen Kontext kann die Nutzung eines Systems jedoch obligatorisch sein. Damit würde mit der Einführung automatisch Nutzerakzeptanz vorliegen, obschon der Nutzer das System innerlich ablehnt. Die alleinige Messung von Akzeptanz in Form des Nutzerverhaltens nach Einführung des Systems ist damit unzulänglich.

In den Ausführungen von Müller-Bölling und Böling (1986) zum Nutzerverhalten bei technikinduziertem organisationalem Wandel wird Akzeptanz daher als ein zweidimensionales Konzept aufgefasst. Das Akzeptanzverständnis, dargestellt in Abb. 1, differenziert beobachtbare und intrinsische Akzeptanz des Anwenders. Die Verhaltensakzeptanz ist das beobachtbare Verhalten, während die Einstellungsakzeptanz die innerliche Überzeugung des Nutzers abbildet. Auf diese Weise können die vier Benutzertypen *Überzeugter Nutzer*, *Verhinderter Nutzer*, *Gezwungener Nutzer* und *Überzeugter Nicht-Nutzer* unterschieden werden (Müller-Bölling & Müller 1986). Bei einer obligatorischen Einführung eines Systems sind die Nutzer, je nach Einstellungsakzeptanz, entweder den gezwungenen oder überzeugten Anwendern zuzuordnen. Jedoch ist die Einstellungsakzeptanz von Individuen nicht objektiv messbar, da das beobachtbare Verhalten (overt behaviour) und nicht beobachtbare Aspekte des Verhaltens (covert behaviour) nur selten übereinstimmen (Schönecker 1980). Ob Maßnahmen zur Akzeptanzverbesserung eines Systems notwendig sind und wie diese gesteuert werden können, ist daher nicht beobachtbar. Hier setzt die Akzeptanzforschung durch Modelle an, die nicht-beobachtbares Verhalten quantifizierbar machen.

	Verhaltensakzeptanz	
	Ja	Nein
Einstellungsakzeptanz: Ja	Überzeugter Nutzer	Verhinderter Nutzer
Einstellungsakzeptanz: Nein	Gezwungener Nutzer	Überzeugter Nicht-Nutzer

Abb. 1. Benutzertypen entsprechend der Verhaltens- und Einstellungsakzeptanz (Müller-Bölling & Müller 1986)

Die Ziele der Akzeptanzforschung gehen damit über die reine Feststellung von Akzeptanz hinaus. In verschiedenen Modellen wird versucht, die Entstehung und die Einflussfaktoren von Akzeptanz zu determinieren. Erkenntnisse über die Ursachen von Nutzerakzeptanz ermöglichen eine Anpassung des Systems, um die Adoption durch die Anwender voranzutreiben und diese zu *überzeugten Nutzern* zu machen. In der Wissenschaft stark verbreitete Modelle sind die Theory of Planned Beahvior (TPB) (Ajzen 1991), Theory of Reasoned Action (TRA) (Fishbein & Ajzen 1977) und das Technology Acceptance Model (TAM) (Davis et al. 1989). Diese und viele weitere Modelle basieren auf ähnlichen Einflussvariablen, ermitteln eine Verhaltensabsicht (behavioural intention) der Nutzer und geben schließlich auf dieser Basis eine Prognose über das Verhalten (actual behaviour). Die im Folgenden präsentierte Forschung folgt dem Ansatz des TAM.

2.2 Technology Acceptance Model

Der Argumentation von Davis (1985) folgend, setzt sich die Motivation eines Anwenders, ein System tatsächlich zu nutzen, aus drei Konstrukten zusammen: dem wahrgenommenen Nutzen, der wahrgenommenen Benutzerfreundlichkeit und der daraus resultierenden Nutzungsintention. Das entsprechende Modell ist mit den angenommenen Zusammenhängen zwischen diesen Konstrukten in Abb. 2 dargestellt.

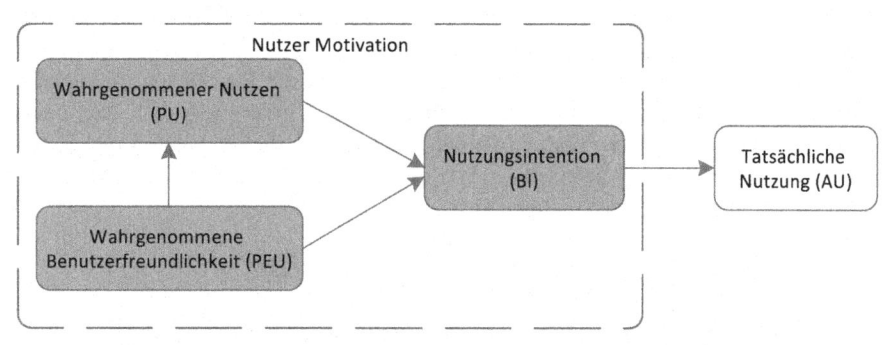

Abb. 2. Technology Acceptance Model (Davis 1985)

Der wahrgenommene Nutzen (Perceived Usefulness) beschreibt das vom Nutzer empfundene Ausmaß der Leistungssteigerung durch die Verwendung der Technologie. Der empfundene Aufwand, der bei der Nutzung der Technologie entsteht, wird durch die wahrgenommene Benutzerfreundlichkeit (Perceived Ease of Use) erfasst. Ein entsprechender Aufwand, der durch die Nutzung entsteht, kann sich in körperlicher oder auch mentaler Anstrengung manifestieren.

Im vorliegenden Modell wird ein signifikanter Zusammenhang zwischen der Benutzerfreundlichkeit und dem Nutzen des Technologieeinsatzes angenommen, da eine eingeschränkte Benutzerfreundlichkeit durch zeitlichen Aufwand und eine erhöhte Beanspruchung einen negativen Effekt auf die auszuführende Tätigkeit ausübt. Daher können die Charakteristika des Systems indirekt durch den Bedienkomfort den Nutzen beeinflussen. Die aus beiden Faktoren der wahrgenommenen Nützlichkeit und Benutzerfreundlichkeit folgende Nutzungsintention (Behavioural Intention) ist ein Affektreiz des Nutzers mit direkter Auswirkung auf dessen Verhalten durch die aktive (Nicht-) Nutzung (Actual Use) des Systems. Das TAM, dargestellt in Abb. 2, beschreibt diese Zusammenhänge und misst die Motivation des Anwenders zur Nutzung eines Systems.

Die Messung der Akzeptanz mittels des Modells erfolgt über einen standardisierten Fragebogen, der Fragenkomplexe zu den einzelnen Konstrukten des TAM beinhaltet.

3 Durchführung der Akzeptanzstudie

3.1 Szenario

Die Umfrage wurde im Rahmen der *Agritechnica*, der weltgrößten Messe für Landtechnik, durchgeführt (vgl. Abb. 3). Die Studie erfolgte in zwei Schritten, (1) dem Test eines Smart-Glasses-basierten Systems und (2) einem Fragebogen zur Technologieakzeptanz. Die Probanden haben den GLASSROOM-Prototyp, ein auf Smart-Glasses-basierendes System zur Prozessunterstützung im technischen Kundendienst, getestet, in diesem Fall ein Reparatur- und Wartungsprozess einer Landmaschine. In dem vorliegenden Prototyp werden die Prozessschritte aus der Perspektive des Technikers direkt in das Sichtfeld des Smart-Glasses-Nutzers eingeblendet. Mittels Sprach- und Tasteneingabe konnten die Probanden durch den vorher aufgenommenen Prozess navigieren. Die anschließende Teilnahme am Fragebogen erfolgte auf freiwilliger Basis.

Abb. 3. Evaluation der Smart-Glasses-Application auf der Agritechnica

3.2 Prototyp

Der eingesetzte Prototyp unterstützt den technischen Kundendienst durch eine Prozessführung bei Reparatur- und Wartungsprozessen durch ein Smart-Glasses-basiertes System, vorgestellt von Niemöller et al. (2017). Dem Techniker werden dabei über die Smart Glasses die einzelnen Prozessschritte sowie aufgabenbezogene Informationen, wie das benötigte Werkzeug, Ersatzteile oder auch Sicherheitshinweise, zugänglich gemacht. Dadurch ist ein *Training on the job* möglich, ohne die Begleitung durch einen erfahrenen Mitarbeiter. Die Probanden haben den

Prototyp anhand eines Beispielprozesses getestet, in dem ein neuer Taster an einer Landmaschine angebracht und angeschlossen wird. Die Anforderungen an die funktionale und nicht-funktionale Gestaltung des Systems wurden bereits nutzerzentriert erhoben und umgesetzt (Niemöller et al. 2017). Die Untersuchung des Prototyps mittels des TAM dient der Evaluation der Nutzerakzeptanz.

3.3 Fragebogen zum Technology Acceptance Model

Der Fragebogen wird eingeleitet mit demographischen Fragen zur Berufserfahrung, Alter und Kenntnissen über Smart Glasses des Teilnehmers. Anschließend folgen die Fragen zu den Konstrukten des TAM. Die entsprechenden Konstrukte werden dabei auf Items heruntergebrochen, zu denen jeweils eine Frage gestellt wird. Die aus dem TAM resultierenden Fragen werden über eine bipolare 5-stufige Likert Skala, von (1) starker Zustimmung bis (5) starker Ablehnung, beantwortet. Damit eine parametrische Auswertung dieser Daten erfolgen kann, wurde die Skalenbeschriftung durch Zahlenwerte von 1 bis 5 ergänzt (Allen & Seaman 2007). Der Fragebogen wurde auf Englisch und Deutsch bereitgestellt.

Um sicherzustellen, dass die Fragenkomplexe tatsächlich das gleiche Konstrukt beschreiben, wird das Cronbachs Alpha als Konsistenzmaß verwendet. In das zu erstellende Strukturgleichungsmodell fließen die Variablen ein, die ein Cronbachs Alpha über dem festgelegten Schwellwert von 0,65 aufweisen. Diesem Vorgehen folgend wird die wahrgenommene Nützlichkeit aus drei Fragen (Items) kombiniert (α = 0,689). Der wahrgenommene Nutzen konstatiert sich aus vier Items (α = 0,764) und die Nutzungsabsicht aus einem Item.

3.4 Beschaffenheit der Stichprobe

Insgesamt haben 105 Personen die Umfrage zur Technologieakzeptanz vollständig beantwortet. Die Mehrheit der Teilnehmer ist männlich (86,7%), zwischen 16 und 60 Jahren alt (mit einem Durchschnittsalter von 31,4 Jahren). Nahezu zwei Drittel (62,9%) der Probanden hatten zuvor keine Erfahrungen mit der Nutzung von Smart Glasses, während ein Drittel diese Technologie ein bis zwei Mal zuvor testen konnte (35,2%). Mehr als die Hälfte der Befragten (56,2%) arbeiten im Landmaschinenbau und sind somit als Domänenexperten anzusehen. Die restlichen Teilnehmer sind Landwirte (10,5%) sowie in der IT (4,8%) oder in anderen Sektoren (22,9%) tätig. Hinsichtlich ihrer Positionen konnte folgende Zuteilung vorgenommen werden: Experten (39,0%), Kontrolleure (6,7%), mittleres Management (16,2%) und Top-Management (9,5%).

4 Auswertung des Fragebogens

4.1 Ergebnisse

Das resultierende Modell ist unter Angabe der konstatierenden Fragen, den Konstrukten sowie deren signifikanten Einflüssen in Abb. 4 dargestellt.

Die Aggregation der einzelnen Items zu einem Wert für das jeweilige übergeordnete Konstrukt erfolgt bei gleicher Gewichtung. Die Aggregation zu einem Konstrukt erfolgt durch die Bestimmung des Mittelwertes und des Medians über die einzelnen Items. Damit ergibt sich für den wahrgenommenen Nutzen ein Mittelwert von 1,75, bestehend aus den Fragen Q3 bis Q6. Die wahrgenommene Benutzerfreundlichkeit setzt sich aus den Fragen Q8 bis Q10 zusammen und weist einen Mittelwert von 2,06 auf. Für den Faktor der Nutzungsabsicht wurden die Werte von Q7 genutzt, der Mittelwert beträgt 1,84.

Forschungsfrage 1 (FF1: *Wie ist der wahrgenommene Nutzen eines Smart-Glasses-basierten Systems?*) wird in Abb. 5 untersucht, dazu wird die Verteilung der Mittelwerte (links) und des Median (rechts) über alle 4 Items pro Individuum für den wahrgenommenen Nutzen skizziert. Mit einem Durchschnittswert von 1,75 (zwischen *Starke Zustimmung* und *Zustimmung*) im wahrgenommenen Bedienkomfort und keinen negativen Bewertungen wird eine durchweg positive Evaluation erzielt. Dies wird auch durch einen Median von 2 (*Zustimmung*) impliziert.

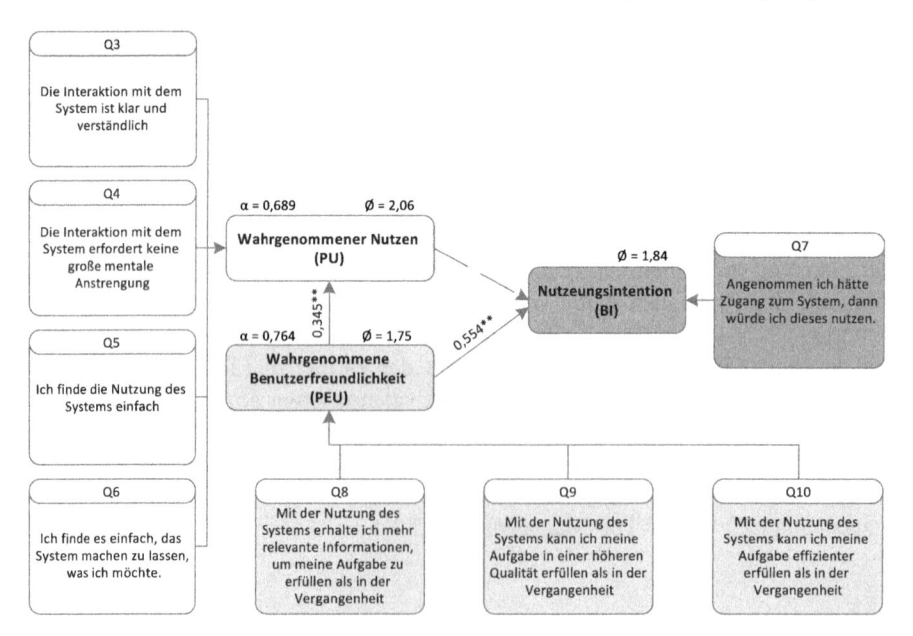

Abb. 4. Modellanalyse

Akzeptanz von Smart Glasses für die Aus- und Weiterbildung 151

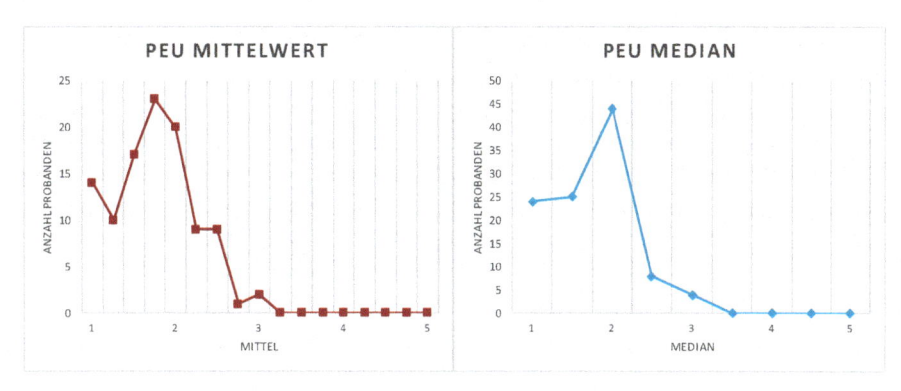

Abb. 5. Mittelwerte und Median der PEU-Items

Die Verteilung der Werte der wahrgenommenen Benutzerfreundlichkeit wird analog zum wahrgenommenen Nutzen in Abb. 6 dargestellt und analysiert den vorhandenen Datensatz hinsichtlich der Beantwortung von Forschungsfrage 2 (FF2: *Wie ist der Bedienkomfort eines Smart-Glasses-basierten Systems?*). Mit einem Mittelwert von 2,06 (zwischen *Zustimmung* und *Indifferent*) und einem Median von 2 (*Zustimmung*) wird die Benutzerfreundlichkeit schlechter wahrgenommen als der Nutzen des Smart-Glasses-basierten Systems, dennoch liegt diese weiterhin im positiven Bereich.

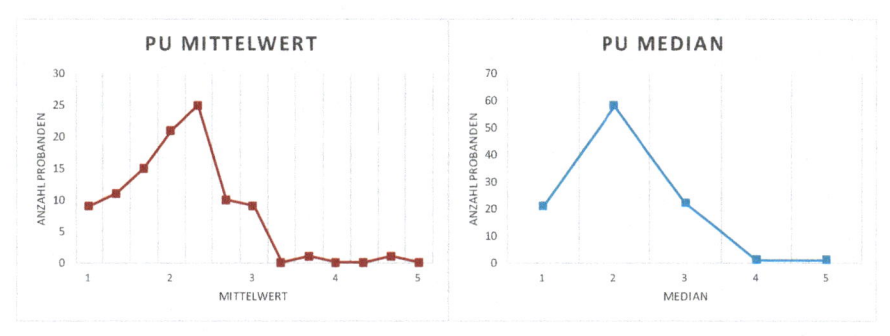

Abb. 6. Mittelwerte und Median der PU-Items

Insgesamt wird die Akzeptanz aus der Nutzungsabsicht der Probanden ermittelt. Im Rahmen des TAM wird eine Korrelation zwischen Nutzungsabsicht und tatsächlicher Nutzung angenommen. Dieser Argumentation folgend ist eine positive Nutzungsabsicht der Probanden ein starker Indikator für eine tatsächliche Nutzung der Technologie.

Abb. 7 zeigt die Ergebnisse der Umfrage hinsichtlich der Nutzungsabsicht der Probanden für das zuvor getestete Smart-Glasses-basierte System für die berufliche Bildung. Damit wird die Forschungsfrage 3 (FF3: *Ist die Zielgruppe bereit, ein Smart-Glasses-basiertes System einzusetzen?*) hinsichtlich der Anwendungsbereitschaft der Zielgruppe, ebenfalls positiv beantwortet. Mit einem Durschnitt von 1,84 (Zwischen *starke Zustimmung* und *Zustimmung*) und einem Median von 1, bei insgesamt 77,1% positiven Angaben (*Starke Zustimmung* und *Zustimmung*) zur zukünftigen Nutzungsabsicht, wird ein insgesamt positives Feedback gegeben. Die positive Nutzungsabsicht des Prototyps impliziert eine positive Nutzerakzeptanz eines Smart-Glasses-basierten Systems zur Prozessunterstützung während der Ausführung eines Reparatur- oder Wartungsprozesses im Rahmen der beruflichen Qualifikation von Mitarbeitern.

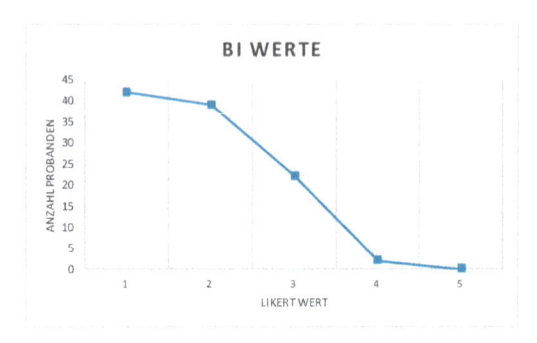

Abb. 7. Werte des BI-Items

4.2 Korrelationen

Innerhalb des TAM werden Korrelationen zwischen den drei Faktoren wahrgenommener Nutzen, wahrgenommene Benutzerfreundlichkeit und Nutzungsabsicht beschrieben. Zur Überprüfung dieser Zusammenhänge werden die Korrelationen der Konstrukte bestimmt. Die Ergebnisse dieser Analyse sind in der nachfolgenden Tabelle 1 dargestellt. Zwischen der wahrgenommenen Benutzerfreundlichkeit als unabhängigem Faktor und der wahrgenommenen Nützlichkeit als abhängigem Faktor, wurde eine signifikant positive Korrelation festgestellt. Eine gute Benutzerfreundlichkeit hat damit einen positiven Einfluss auf den wahrgenommenen Nutzen.

Tabelle 1. Korrelation der Konstrukte

Unabh. Fakt.	*Abh. Fakt.*	*Regression*	*Standardfehler*	*t-Wert*	*Signifikanz*
PEU	PU	0,345	0,128	2,695	0,008 (positive Korrelation)
PEU	BI	(0,98)	(0,158)	0,621	0,536 (nicht-signifik. Korrelation)
PU	BI	0,554	0,118	4,703	0,000 (positive Korrelation)

Des Weiteren wurde eine signifikant positive Korrelation zwischen der Nutzungsabsicht (abhängiger Faktor) und dem wahrgenommenen Bedienkomfort (unabhängiger Faktor) festgestellt. Allerdings konnte die vermutete positive Korrelation zwischen der wahrgenommenen Benutzerfreundlichkeit und der Nutzungsabsicht anhand der vorliegenden Daten nicht bestätigt werden. Dadurch wird der wahrgenommene Bedienkomfort nicht als ein signifikanter Erfolgsfaktor für die Einführung eines neuen Systems identifiziert. Nichtsdestotrotz existiert eine indirekte positive Korrelation über die wahrgenommene Nützlichkeit. Die Korrelationen der Faktoren sind in Abb. 8 skizziert.

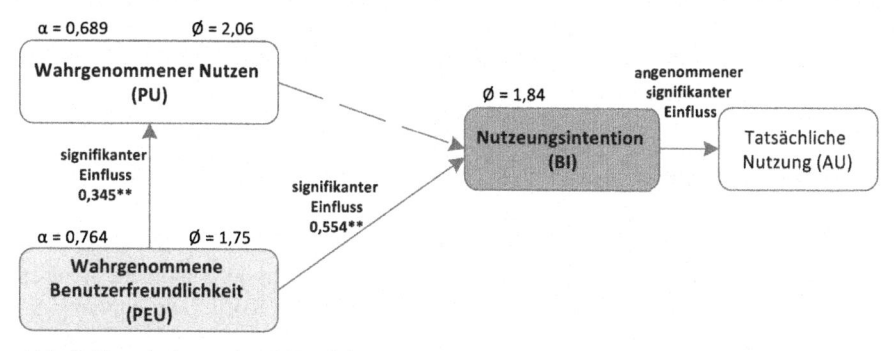

Abb. 8. Korrelationen der TAM-Faktoren

4.3 Implikationen

Insgesamt implizieren die Ergebnisse der Umfrage eine positive Nutzerakzeptanz für ein Smart-Glasses-basiertes System zur beruflichen Qualifikation im technischen Kundendienst. Alle drei einleitenden Forschungsfragen konnten im Rahmen der vorliegenden Analyse bestätigt werden. Jedoch ist zu berücksichtigen, dass die Probanden im Vorfeld einer hypothetischen Einführung des entsprechenden Systems, auf Basis eines GLASSROOM-Prototyps, befragt wurden und aktuell keine Möglichkeit besteht, das System tatsächlich zu nutzen. Damit sind die Probanden hauptsächlich der Gruppe der *verhinderten Nutzer* zuzuordnen (vgl. Abschnitt 2.1). Im Rahmen einer tatsächlichen betrieblichen Nutzung, stehen jedoch *überzeugte* und *gezwungene Nutzer* im Fokus der Betrachtungen. Die Erkenntnisse zur Akzeptanz des Smart-Glasses-basierten Systems sind nur eingeschränkt übertragbar, da neue Einflüssen im Rahmen der Implementierung eines entsprechenden Systems, beispielsweise die bereitgestellte Infrastruktur, Umweltbedingungen wie starke Hintergrundgeräusche oder diffuse Lichtverhältnisse, die in diesem Beitrag untersuchten Akzeptanzfaktoren negativ beeinflussen können oder auch eigenständige Einflussfaktoren darstellen. Aufgrund dessen sind weitere Untersuchungen mit voranschreitender Systemadoption notwendig.

Der Einfluss der Benutzerfreundlichkeit auf den wahrgenommenen Nutzen und damit auch die Nutzungsintention evaluiert das nutzerzentrierte Design im vorliegenden Prototypen positiv. Von zentraler Bedeutung für die Nutzerakzeptanz ist der wahrgenommene Nutzen, ein Smart-Glasses-basiertes System sollte daher mit besonderem Fokus auf die Funktionalität und die Aufgabenorientierung gestaltet werden. Die Ergebnisse dieser Untersuchung unterstützen somit die Erhebung und Umsetzung von sowohl funktionalen als auch nicht-funktionalen Anforderungen in der Systementwicklung. Weiterhin lassen die Ergebnisse der Korrelationsanalyse vermuten, dass ein Smart-Glasses-basiertes System mit hohem Nutzen, auch bei eingeschränkter Nutzerfreundlichkeit, akzeptiert wird. Neue Technologien mit einem niedrigen Reifegrad, wie Smart Glasses zum aktuellen Zeitpunkt, benötigen somit in erster Linie nutzenstiftende Anwendungsfälle für eine frühe Nutzerakzeptanz. Ansätze des Acceptability Enginneerings (Kim 2015), die Akzeptanz als Entwicklungsziel fokussieren, sind damit besonders geeignet für die Entwicklung von Smart-Glasses-basierten Systemen.

5 Diskussion

Zentraler Aspekt der vorliegenden Untersuchung ist das TAM nach Davis (1989). Obschon es sich um eines der meistzitierten Akzeptanzmodelle handelt, steht es insb. bei der Anwendung im betrieblichen Kontext in der Kritik. Die Nutzung eines betrieblichen Informationssystems ist obligatorisch für die betroffenen Mitarbeiter, jedoch berücksichtigt das TAM diesen zentralen Aspekt der unfreiwilligen Nutzung nicht in der Bestimmung des entscheidenden Faktors der Nutzungsintention (Venkatesh et al. 2012). Darüber hinaus werden weitere Faktoren und komplexere Zusammenhänge hinter dem Phänomen der Nutzerakzeptanz vermutet. Das TAM wurde aus diesem Grund stetig weiterentwickelt und adaptiert, so wurde 2008 bereits das TAM 3 veröffentlicht (Venkatesh & Bala 2008). Für eine explizite Erforschung der Nutzerakzeptanz von Smart Glasses sind daher detaillierte Alternativen, wie das TAM 3, mit entsprechenden Erweiterungen in Betracht zu ziehen. Insbesondere die Charakteristika moderner Technologien wie Smart Glasses werden jedoch durch konventionelle Modelle nicht hinreichend erfasst (Zobel et al. 2016). Im Zusammenhang mit der Allgegenwärtigkeit von Datenerhebungen kann beispielsweise Datenschutz einen bislang nicht berücksichtigten Akzeptanzfaktor darstellen (Kopp & Sokoll 2015).

6 Ausblick

Die Variablen konventioneller Akzeptanzmodelle werden hinsichtlich einer umfassenden Erforschung der Nutzerakzeptanz von Smart Glasses hinterfragt. Eine Adaption der Akzeptanzmodelle auf den Kontext einer betrieblichen Nutzung von Smart Glasses ist näher zu untersuchen. Bei einem Dauereinsatz am Arbeitsplatz sind vor allem Vorbehalte gegenüber der Informationsergonomie und der gesundheitlichen Unbedenklichkeit von Smart Glasses kritische Aspekte. Die umfassende Erforschung dieser Faktoren kann durch weitere Experimente und expandierte Akzeptanzmodelle erfolgen. Insbesondere bei einem obligatorischen Einsatz von Smart Glasses im unternehmerischen Kontext ist die Erfassung der Einstellungsakzeptanz der Nutzer notwendig, um die Nutzung nachhaltig positiv beeinflussen zu können. Die detaillierte Untersuchung der Akzeptanzfaktoren eines entsprechenden Systems kann in diesem Zusammenhang existenzielle Erkenntnisse für die Ableitung von Gestaltungsanforderungen und -prinzipien für ein erfolgreiches System darstellen.

Smart Glasses sind eine innovative Technologie mit geringem Reifegrad, zentraler Faktor für die Akzeptanz entsprechender Systeme ist jedoch der wahrgenommene Nutzen und nicht die Benutzerfreundlichkeit. Aktueller Forschungsbedarf besteht daher insb. in der Entwicklung von nutzenstiftenden Anwendungsszenarien sowie der Gestaltung eines insgesamt positiven Nutzungserlebnisses. Weitere Forschungsfragen, die sich draus ergeben, sind:

- FF4: Welche nutzenstiftenden Anwendungsszenarien gibt es für Smart Glasses über die berufliche Aus- und Weiterbildung hinaus?
- FF5: Was sind konkrete Akzeptanzfaktoren für Smart-Glasses-basierte Systeme?
- FF6: Wie kann ein positives Nutzererlebnis von Smart-Glasses-basierten Systemen gestaltet werden?

Die weitere Untersuchung der abgeleiteten Forschungslücken erfordert zum einen die Entwicklung adäquater Akzeptanzmodelle und zum anderen die Übertragung der Ergebnisse auf weitere Branchen und vielfältige Prozesse.

7 Literatur

Ajzen I (1991) The theory of planned behavior. Organ Behav Hum Decis Process 50:179–211

Allen IE, Seaman CA (2007) Likert Scales and Data Analyses. Qual Prog 40:64

Davis (1985) A technology acceptance model

Davis FD, Bagozzi RP, Warshaw PR (1989) User Acceptance of Computer Technology: A Comparison of Two Theoretical Models. Manage Sci 35:982–1003

Elder S, Vakaloudis A (2015) Towards uniformity for smart glasses devices: An assessment of function as the driver for standardisation. In: 2015 IEEE International Symposium on Technology and Society (ISTAS). IEEE, 1–7

Fishbein M, Ajzen I (1977) Belief, attitude, intention, and behavior: An introduction to theory and research. Philos Rhetor 10:130–132

Haritos T, Macchiarella ND (2005) A Mobile Application of Augmented Reality for Aerospace Maintenance Training. In: 24th Digital Avionics Systems Conference. IEEE, 5.B.3-1-5.B.3-9

Henderson S, Feiner S (2009) Evaluating the benefits of augmented reality for task localization in maintenance of an armored personnel carrier turret. In: Proceeding ISMAR '09 Proceedings of the 2009 8th IEEE International Symposium on Mixed and Augmented Reality. Washington, DC, USA, 135–144

Herterich MM, Peters C, Uebernickel F, et al. (2015) Mobile Work Support for Field Service. Int Tagung Wirtschaftsinformatik, 134–148

Högg R (2010) Erweiterung und Evaluation des Technologieakzeptanzmodells zur Anwendung bei mobilen Datendiensten. Universität St. Gallen

Kim H-C (2015) Acceptability Engineering: The Study of user Acceptance of Innovative Technologies. J Appl Res Technol 13:230–237

Koelle M, Kranz M, Andreas M (2015) Don't look at me that way! – Understanding User Attitudes Towards Data Glasses Usage. In: MobileHCI '15, 17th Intern. Conf. on Human-Computer Interaction with Mobile Devices and Services. Copenhagen, Denmark, 362–372

Kopp R, Sokoll K (2015) Wearables am Arbeitsplatz – Einfallstore für Alltagsüberwachung? In: NZA 2015, 1352 – beck-online. https://beck-online.beck.de/?vpath=bibdata%2Fzeits%2FNZA%2F2015%2Fcont%2FNZA.2015.1352.1.htm. 13 Apr 2016

Lawson SW, Pretlove JRG (1998) Augmented reality for underground pipe inspection and maintenance. In: Stein MR (Hrsg) Photonics East (ISAM, VVDC, IEMB). International Society for Optics and Photonics, 98–104

Müller-Bölling D, Müller M (1986) Akzeptanzfaktoren der Bürokommunikation. Oldenbourg, München

Niemöller C, Metzger D, Fellmann M et al. (2016) Shaping the Future of Mobile Service Support Systems – Ex-Ante Evaluation of Smart Glasses in Technical Customer Service Processes. In: Informatik 2016. Klagenfurt

Niemöller C, Metzger D, Thomas O (2017) Design and Evaluation of a Smart-Glasses-based Service Support System. In: 13. International Conference on Wirtschaftsinformatik (WI). 106–120

Reif R, Günthner WA, Schwerdtfeger B, Klinker G (2009) Pick-by-Vision Comes on Age: Evaluation of an Augmented Reality Supported Picking System in a Real Storage Environment. In: Proceedings of the 6th International Conference on Computer Graphics, Virtual Reality, Visualisation and Interaction in Africa. New York, NY, USA, 23–31

Rügge I, Boronowsky M, Herzog O (2003) Wearable Computing für die Industrie

Schönecker HG (1980) Bedienerakzeptanz und technische Innovationen: akzeptanzrelevante Aspekte bei der Einführung neuer Bürotechniksysteme. Minerva Publ., München

Segura S, Thiesse F (2015) Extending UTAUT2 to Explore Pervasive Information Systems. In: ECIS 2015 Completed Research Papers. Paper 154

Venkatesh V, Bala H (2008) Technology acceptance model 3 and a research agenda on interventions. Decis Sci 39:273–315

Venkatesh V, Thong J, Xu X (2012) Consumer Acceptance and Use of Information Technology: Extending the Unified Theory of Acceptance and Use of Technology. Mis 36:1–22

Wilhelm DB (2012) Nutzerakzeptanz von webbasierten Anwendungen. Gabler, Wiesbaden

Zheng XS, Matos P (2015) Eye-Wearable Technology for Machine Maintenance: Effects of Display Position and Hands-free Operation. CHI 2015, Crossings 2125–2134

Zobel B, Berkemeier L, Werning S, Thomas O (2016) Augmented Reality am Arbeitsplatz der Zukunft: Ein Usability-Framework für Smart Glasses. In: Informatik von Menschen für Menschen (Informatik 2016). LNI, Klagenfurt

Evaluation digitaler Aus- und Weiterbildung im virtuellen Raum

Tobias Schultze und Matthias Bues

Die im Rahmen des Projekts GLASSROOM entstandene VR-Applikation wurde in zwei Nutzertests in ihrem jeweils aktuellen Entwicklungsstand evaluiert. Die Applikation wurde mit Hilfe der in den Tests erlangten Ergebnisse und Erfahrungen weiterentwickelt. In diesem Beitrag wird die Durchführung der Evaluationen beschrieben; näher betrachtet werden dabei insb. die jeweiligen Entwicklungsstände, die Auswahl der jeweiligen Lerninhalte sowie die eingesetzten technischen Mittel.

1 Einleitung

Virtuelle Realität (VR) wird bereits seit den 1990er-Jahren in Forschung und Entwicklung eingesetzt, ist jedoch noch lange kein alltägliches Medium. Die mit der VR-Nutzung verbundenen Erfahrungen sind deshalb für die meisten Anwender neu. Gerade beim Einsatz in der beruflichen Bildung ist jedoch eine von Anfang an positive Nutzererfahrung entscheidend für die für den Einsatz des Mediums notwendige hohe Nutzerakzeptanz. Zudem muss die Handhabung der VR-Applikation sehr schnell erlernbar sein, da diese nicht das Lernziel ist und deshalb gegenüber den eigentlichen Lernzielen im Hintergrund bleiben sollte. Anders als im Bereich der grafischen Benutzungsschnittstellen für Desktop-Computer und Smartphones gibt es für 3D-Benutzungsschnittstellen bisher kaum Standards, u. a. bedingt durch die derzeitige Vielfalt und Entwicklungsdynamik der 3D-Eingabegeräte. Die meisten Grundregeln der visuellen und funktionalen Gestaltung von Benutzungsoberflächen (Preim & Dachselt 2010) lassen sich auf VR übertragen; es kommen jedoch VR-spezifische Aspekte hinzu. So müssen Interaktionskonzepte für die räumliche Navigation und Manipulation gefunden werden (Bowman et al. 2005); beide sind kein direkter Bestandteil von klassischen grafischen Benutzungsoberflächen (GUI). Die Entwicklung von Mensch-Computer-Schnittstellen erfordert agile, nutzerzentrierte Entwicklungsmethoden, die als zentrales Element eine kontinuierliche Nutzerevaluation des dynamischen Prototyps bedingen.

Die erste Evaluation mit einer großen und hinsichtlich fachlichem Hintergrund, Vorkenntnissen und Alter heterogenen Nutzerbasis erfolgte anlässlich der Messe

Agritechnica in Hannover im November 2015 auf dem Messestand der Amazonenwerke. Der zweite Evaluationsprozess im Januar 2017 wurde mit denjenigen Technikern der Amazonenwerke durchgeführt, die dort die VR-Applikation produktiv für Schulung und Weiterbildung einsetzen sollen. Der hierfür verwendete Entwicklungsstand der VR-Applikation bezog die Ergebnisse und Erfahrungen der gesamten entwicklungsbegleitenden Evaluation, insb. auch des *Agritechnica*-Experimentes, ein.

2 Evaluation auf der Agritechnica

Im November 2015 wurde im Rahmen der weltweit größten Messe für Agrartechnik *Agritechnica* in Hannover erstmals ein früher Stand des VR-Prototyps ausgestellt, wobei die Demonstration für alle Standbesucher zugänglich war (vgl. Abb. 1).

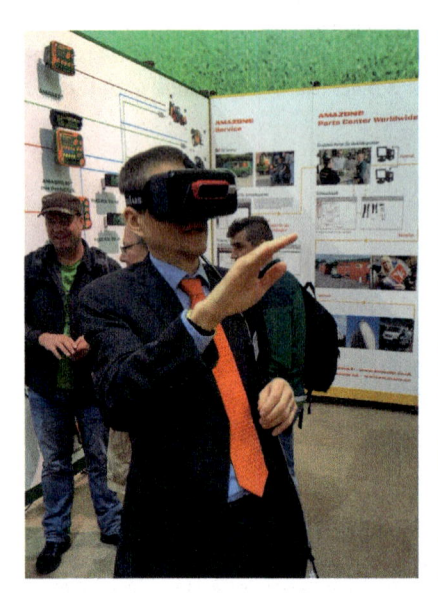

Abb. 1. Evaluation der VR-Lernumgebung auf der Agritechnica

Zur Erhebung und späteren statistischen Auswertung des Nutzerfeedbacks wurde ein Fragebogen entwickelt, bei dem die Erreichung der wesentlichen Entwicklungsziele für die GLASSROOM-VR-Applikation maßgeblich waren:

- Schaffung einer benutzerfreundlichen VR-Umgebung,
- Geringer VR-spezifischer Lernaufwand durch intuitive Bedienbarkeit,
- An den Lernkontext angepasste Darstellung technischer Inhalte,
- Realitätsgetreue Abbildung der Arbeitsschritte.

Eingesetzt wurde die vom Fraunhofer IAO im Projekt GLASSROOM entwickelte VR-Applikation im aktuellen Entwicklungsstand. Dieser führte den Besucher zunächst in die VR-Umgebung ein und ermöglichte die Simulation einer einfachen Montageaufgabe, welche der Nutzer eigenständig zu lösen hatte. Der Fragebogen war im Anschluss auszufüllen.

2.1 Zielsetzung der Evaluation

Ziel der Evaluation war es, den subjektiven Eindruck und den Nutzungserfolg von Personen, welche nicht mit VR vertraut sind, zu erfassen und auszuwerten. Da die Messe ein heterogenes Besucherspektrum bot und davon ausgegangen werden konnte, dass eine Mehrzahl der Probanden wenig bis keine Vorerfahrungen mit VR-Technologien und insb. dem dargestellten Use Case mitbrachten, eignete sich dieses Umfeld besonders für die Erhebung allgemeiner und subjektiver Daten. Dabei sollten nicht etwa Fachwissen oder handwerkliche Fähigkeiten abgefragt, sondern Erkenntnisse über die Akzeptanz und das allgemeine Zurechtkommen mit den entwickelten Konzepten und der verwendeten Technologie erlangt werden.

2.2 Technische Voraussetzungen

Für den technischen Aufbau fand hierbei die *Oculus DK2* als Head Mounted Display sowie ein an der Vorderseite der Datenbrille angebrachter *Leap-Motion-Sensor* Verwendung. Mittels des Sensors können die Hände des Nutzers innerhalb der virtuellen Umgebung dargestellt und deren Bewegung auf die in VR dargestellten Hände übertragen werden.

In vorangegangenen Tests stellte sich heraus, dass sich der Interaktionsraum bei Montagetätigkeiten selten oberhalb der Blickachse befindet. Aus diesem Grund wurde der durch den Sensor abgedeckte horizontale Erfassungswinkel von 120° durch eine speziell angefertigte Halterung um 30° nach unten verlagert. Hierdurch deckt der Sensor nicht mehr, wie bei einer Befestigung parallel zur Blickachse, 60° oberhalb und 60° unterhalb, sondern 30° oberhalb und 90° unterhalb der Blickachse ab (vgl. Abb. 2). Damit konnte in Vorversuchen eine zuverlässigere Erfassung von Interaktionen auf Brusthöhe festgestellt werden. Dies konnte darauf zurückgeführt werden, dass sich die Interaktion nunmehr im Zentrum des durch den Sensor erfassbaren Bereiches abspielte und dieser aus einem für das System günstigeren Blickwinkeln (leicht von oben) auf die Hände gerichtet ist. Hierdurch kommt es seltener zu Überlagerungen sowie schwer zu erfassenden Handpositionen am Rande des Sensorbereiches, was besonders die Trackinggenauigkeit einzelner Finger und Gesten verbessert. Die Vorversuche ergaben, dass die Fingerstellungen dennoch nicht mit hinreichender Zuverlässigkeit erfassbar waren, weshalb diese im Interaktionskonzept nicht verwendet wurden; sämtliche Interaktionen können mittels der Position und Orientierung der Hand durchgeführt werden. Dadurch ergab sich auch eine wesentlich leichtere Erlernbarkeit durch die Nutzer.

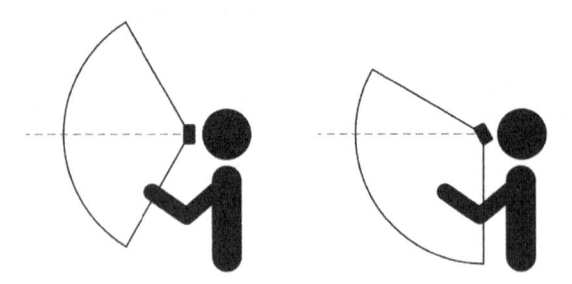

Abb. 2. Erfassungswinkel des Leap-Motion-Sensors
(links: parallel befestig, rechts: geneigt)

Durch den Leap-Motion-Sensor ist es dem Nutzer möglich, lediglich durch die Verwendung seiner Hände mit der Applikation zu interagieren. Die einzelnen Arbeitsschritte können somit auf realitätsnahe Art und Weise abgebildet und simuliert werden. Der Verzicht auf zusätzliche Eingabegeräte ebenso wie auf Fingergesten unterstützt wesentlich das schnelle Erlernen des Umgangs mit der VR-Applikation. Da sich der Nutzer zuvor weder die Tastenbelegung eines Controllers oder bestimmte Fingergesten einprägen muss, bedarf es weniger Zeit, um mit der Handhabung der Applikation vertraut zu werden. Somit bleibt der zu vermittelnde Lehrinhalt weiterhin im Fokus. Dieser Aspekt ist neben der Evaluation mit fachfremden und unerfahrenen Probanden auch bei dem produktiven Einsatz des Systems zur Effizienzsteigerung der Schulungen von Vorteil.

2.3 Wahl des Lehrinhaltes und der Aufgabe

Bereits im frühen Projektverlauf wurde gemeinsam mit den *Amazonenwerken* die selbstfahrende Feldspritze *Amazone Pantera* als Gegenstand exemplarischer Lehrinhalte festgelegt. Als erste konkret ausdefinierte Aufgabe fiel die Wahl auf eine einfache Montagetätigkeit im Inneren des Brühebehälters der Maschine. Die Aufgabe an sich ist von geringer Komplexität, wird aber wesentlich erschwert durch die räumlichen Gegebenheiten, denen der Techniker während der Ausübung dieser ausgesetzt ist: Den Schilderungen der Fachkräfte zufolge ist es im Inneren des Brühebehälters dunkel und eng, was nicht nur die Montageaufgabe selbst, sondern insb. auch deren Schulung erschwert. Der zu unterrichtende Techniker kann, bedingt durch die räumliche Enge, nicht von einem Instruktor begleitet werden. Außerdem können weitere Schulungsteilnehmer die Abläufe nicht direkt verfolgen und beobachten.

Entgegen des zu schulenden Fachpersonals, dem ein großes technisches Verständnis für die Tätigkeit an der dargestellten Maschine zugeschrieben werden kann, muss die abgebildete Schulungsaufgabe für die Evaluation mit nicht inhaltsaffinen Probanden so gewählt werden, dass sie diese auch ohne themenspezifisches Vorwissen erfolgreich absolvieren können. Dabei sollte die Aufgabe jedoch komplex genug sein, um den Vorteil einer VR-basierten Schulung zu veranschaulichen. Da diese Kriterien bei der zuvor definierten exemplarischen Schulungsaufgabe, der Bauteilmontage im Inneren des Düngemitteltanks, erfüllt werden, eignete sich diese gleichermaßen als Grundlage zur Evaluation mit Probanden unterschiedlicher fachlicher Affinität auf der *Agritechnica*.

Die auf der Messe vorgestellte Applikation wurde für den Zweck der Evaluation nur leicht angepasst. So führt sie den Nutzer langsam an die Schulungsaufgabe heran, um auch Probanden ohne Erfahrung mit VR-Technik einen leichten Einstieg zu ermöglichen. Aus diesem Grund wird der Nutzer nicht sofort mit der Schulungsaufgabe konfrontiert, sondern hat zunächst die Möglichkeit, sich mit der VR-Umgebung und der Interaktion mittels des Leap-Motion-Sensors vertraut zu machen.

Zu Beginn dieser einführenden Phase befindet sich der Nutzer vor dem Fahrzeug. Streckt der Nutzer nun eine Hand, für den Sensor sichtbar, vor sich aus und schwenkt diese nach links oder rechts, kann er seine Bewegung im Raum steuern. Je weiter die Hand die Mitte des Blickfeldes verlässt, desto schneller bewegt sich der Nutzer in die entsprechende Richtung um das Fahrzeug. Indem die Hand zurück in die Mitte geführt wird, lässt sich die Bewegung jederzeit verlangsamen oder stoppen. Hierdurch ist es dem Probanden möglich, ein Gefühl für das Interaktionskonzept der Applikation zu entwickeln. Zugleich entsteht durch die maßstabsgetreue Darstellung der Maschine sowie durch die Bewegung im virtuellen Raum bereits ein Eindruck der räumlichen Gegebenheiten und Dimensionen der Maschine.

Nachdem sich der Nutzer mit der Applikation vertraut machen konnte, wird er mit der Schulungsaufgabe konfrontiert. Diese beinhaltet neun aufeinanderfolgende Arbeitsschritte, in welchen Bauteile durch einfaches Platzieren zu einer Baugruppe zusammenzusetzen sind. Das im aktuellen Arbeitsschritt zu montierende Bauteil wird dem Anwender automatisch in die virtuelle Hand gelegt. Bewegt er seine Hand, bewegt er das Bauteil mit. Als Unterstützung bei der Platzierung wird eine leicht transparente Instanz des Bauteils an seinem Bestimmungsort dargestellt. Stimmt die Position der transparenten Instanz mit derjenigen des Bauteils in der Hand des Nutzers innerhalb eines definierten Toleranzbereiches überein, wird das Bauteil automatisch präzise platziert. Damit ist der jeweilige Arbeitsschritt abgeschlossen. Nach erfolgreichem Platzieren und einer Wartezeit von 5 Sekunden erscheint das in der Montagereihenfolge nächste Bauteil in der virtuellen Hand, sodass mit dem nächsten Arbeitsschritt fortgefahren werden kann(vgl. Abb. 3).

Zur Vereinfachung der Aufgabe bleibt die Ausrichtung des zu platzierenden Bauteiles unberücksichtigt und wird automatisch angepasst. Diese beiden Vereinfachungen (definierter Toleranzbereich für die Position und beliebige Ausrichtung) wurden im Hinblick auf das eigentliche Lernziel gewählt, das in der Kenntnis der Montagereihenfolge und der Lage der Bauteile, nicht aber in der Handfertigkeit der Montage an sich besteht. Die beliebige Ausrichtung ist nicht zulässig bei Bauteilen, die in falschen Orientierungen montierbar sind; in diesen Fällen ist die korrekte Ausrichtung Bestandteil des Lerninhaltes.

Abb. 3. Bearbeitungsschritt

Der Anwender hat jederzeit die Möglichkeit, Informationen über den aktuellen Arbeitsschritt und das zu bearbeitende Bauteil abzurufen. Hierzu muss er seine Hand mit der Handfläche nach innen drehen, sodass diese zu ihm zeigt. Anstelle seiner virtuellen Hand erscheint nun eine Informationsfläche. (vgl. Abb. 4).

Abb. 4. Informationsfläche

Neben einer Beschreibung der erforderlichen Tätigkeit, einer Abbildung des zu bearbeitenden Bauteiles und dessen Bezeichnung lässt sich hier der Fortschritt der Schulungsaufgabe ablesen. Wird die Hand mit der Handfläche vom Körper weggedreht, wird die Informationsfläche ausgeblendet und es kann mit der Bearbeitung der Aufgabe fortgefahren werden. Das Aufrufen der Informationsfläche nutzt eine Interaktionsmetapher, analog zu einem Buch in der geöffneten Hand (vgl. Abb. 4).

Um die erforderliche Zeit zur Bewältigung der Aufgabe in einem für eine öffentliche Evaluation angemessenen Rahmen zu halten, beschränkt sich der Umfang der Lektion auf neun Arbeitsschritte. Nachdem der Proband diese erfolgreich durchgeführt hat, ist die Schulungsaufgabe abgeschlossen.

2.4 Erhebung der Daten

Im Anschluss an die Demonstration und die Lerneinheit hatten die Probanden freiwillig die Möglichkeit, den Fragebogen auszufüllen und die Applikation anonym zu evaluieren. Neben drei personenbezogenen (PA1-PA3) beinhaltete der Fragebogen neun applikationsspezifische Fragen (AW1-AW9) (vgl. Tabelle 1).

Tabelle 1. Applikationsspezifische Fragen

Kürzel	Frage
PA1	Geschlecht
PA2	Alter
PA3	Aus welcher Fachrichtung kommen Sie?
AW1	Wie hat Ihnen die Applikation insgesamt gefallen?
AW2	Wie sind Sie mit der Interaktion zurechtgekommen?
AW3	Hatten Sie Schwierigkeiten mit der Interaktion? Wenn ja, welche?
AW4	Wie sehr hat Sie die Applikation körperlich angestrengt?
AW5	Wie sehr hat Sie die Applikation mental angestrengt?
AW6	Wie schätzen Sie Ihre technische Affinität ein?
AW7	Haben Sie schon einmal eine Virtual-Reality-Applikation ausprobiert?
AW8	Wie wichtig ist Ihnen die grafische Qualität der Applikation?
AW9	Anmerkungen

2.5 Ergebnisse

Die Auswertung der insgesamt 31 auswertbaren Fragebögen lässt eindeutige Tendenzen bezüglich der Akzeptanz erkennen. Von den 26 männlichen (84%) und 4 weiblichen (14%) befragten Probanden im durchschnittlichen Alter von 28 Jahren (einer ohne Angabe) gaben 39% an, die Messe als Privatperson besucht zu haben. 26% traten als Hersteller und 13% als Landwirte auf (23% Sonstige).

Tabelle 2. AW1 und AW2

AW1: Wie hat Ihnen die Applikation insgesamt gefallen?			
84% sehr gut	16% gut	0% schlecht	0% sehr schlecht
AW2: Wie sind Sie mit der Interaktion zurechtgekommen?			
32% sehr gut	68% gut	0% schlecht	0% sehr schlecht

Die allgemeine Einschätzung der Probanden lässt ein durchgehend positives Feedback erkennen (vgl. Tabelle 2). Ebenso wurde das eigene Zurechtkommen mit der Interaktion als positiv eingeschätzt (vgl. Tabelle 3). Auffällig hierbei ist, dass in keinem Fall „schlecht" oder „sehr schlecht" angekreuzt wurde.

Tabelle 3. AW3

AW3: Hatten Sie Schwierigkeiten mit der Interaktion? Wenn ja, welche?	
81% Nein	19% ja

Die Angaben zu den Schwierigkeiten bei der Interaktion lassen sich anhand der schriftlichen Anmerkungen größtenteils auf technische Bedingungen oder Einschränkungen durch das gegebene Setup zurückführen. So wurden bspw. die Bildschärfe oder „zu viele Personen" um den Probanden herum als negativ angemerkt.

Tabelle 4. AW4 und AW5

AW4: Wie sehr hat Sie die Applikation körperlich angestrengt?			
35% gar nicht	58% kaum	6% etwas	0% sehr
AW5: Wie sehr hat Sie die Applikation mental angestrengt?			
23% gar nicht	61% kaum	13% etwas	3% sehr

Die körperliche sowie mentale Anstrengung bei der VR-Nutzung wurde überwiegend als mäßig eingestuft (vgl. Tabelle 4). Dabei ist jedoch eine Tendenz in Richtung „gar nicht" erkennbar. Zu beachten ist hierbei jedoch, dass es sich bei der Schulungsaufgabe bewusst um eine vereinfachte Darstellung der Arbeitsschritte handelte.

Tabelle 5. AW6 und AW7

AW6: Wie schätzen Sie Ihre technische Affinität ein?			
3% sehr niedrig	16% niedrig	48% Hoch	32% sehr hoch
AW7: Haben Sie schon einmal eine Virtual-Reality-Applikation ausprobiert?			
65% noch nie	16% selten	10% oft	10% sehr oft

Durch die Fragen AW6 und AW7 wurde geprüft, ob sich die technische Affinität und möglicherweise Erfahrungen mit VR-Applikationen der Probanden auf die Anstrengung bei der Bewältigung der Aufgaben auswirkt (vgl. Tabelle 5). Ferner wurde die grafische Qualität der Applikation von den meisten Probanden als sehr wichtig bis wichtig eingestuft (vgl. Tabelle 6).

Tabelle 6. AW8

AW8: Wie wichtig ist Ihnen die grafische Qualität der Applikation?			
45% sehr wichtig	39% wichtig	13% nicht wichtig	0% unwichtig

Das Feld zur freien Anmerkungen (AW9) wurde lediglich von sechs Probanden genutzt. Dabei wurde zweimal von leichtem Schwindel berichtet. Ein Proband merkte an, dass die Kennzeichnung der Teile deutlicher sein könnte. Die restlichen Anmerkungen äußerten Lob.

3 Evaluation mit Fachpersonal

In einem zweiten Evaluationsprozess konnte der weiterentwickelte VR-Prototyp getestet werden. Diese Evaluation fand mit Fachpersonal in einem Schulungszentrum der *Amazonenwerke* in Hasbergen statt. Im Anschluss an die Demonstration des weiterentwickelten VR-Prototyps wurden die Probanden anhand eines durch die *Universität des Saarlandes* entwickelten didaktischen Leitfadens befragt. Die Ergebnisse dieser Befragung dienten der Auswertung der Evaluation.

3.1 Ziel der Evaluation

Ziel war es, die Bewertung der VR-Applikation durch das Fachpersonal zu erfassen, welches die Applikation zum produktiven Einsatz im Schulungszentrum verwenden soll. Hierbei wurden Servicetechniker, Serviceberater und Produktspezialisten befragt. Deren fachliches und produktspezifisches Wissen sowie deren Erfahrung mit anzuleitenden Technikern in der Schulung bilden eine gute Grundlage für die fachliche Einschätzung der Applikation.

3.2 Technische Voraussetzungen

Im Gegensatz zum *Agritechnica*-Experiment verwendet der zur Evaluation vorgestellte VR-Prototyp eine *HTC Vive* als Head Mounted Display sowie dessen 3D-Controller als Eingabegeräte. Mittels dieses Systems ist eine präzise Bestimmung der Position und Orientierung der Datenbrille sowie der einzelnen Controller in einem bis zu 5 x 5 m großen Bereich möglich. Durch das laserbasierte Trackingsystem der *HTC Vive* können die Position und Ausrichtung der Controller im Raum auch dann erfasst werden, wenn diese sich außerhalb des Blickfeldes des Anwenders befinden. Dies stellt eine wesentliche Verbesserung gegenüber dem Handtracking durch den Leap-Motion-Sensor dar, der lediglich einen begrenzen Bereich von 120° horizontal und 150° vertikal erfassen konnte. Die verwendeten Controller verfügen zudem über drei analoge Tastschalter, einen digitalen Trigger und ein Touchfeld, was eine größere Flexibilität in der funktionalen Gestaltung von Interaktion ermöglicht. Zudem ist Positions- und Orientierungsmessung wesentlich genauer als beim Leap-Motion-Sensor.

Die bei Bedarf aufrufbare virtuelle Informationsfläche ist auch in dieser VR-Applikation vorhanden. Zusätzlich wird nun die Rotation des Eingabegerätes auf das in der Hand gehaltene Bauteil übertragen, das außerdem auch abgelegt und wieder aufgenommen werden kann.

3.3 Wahl des Lehrinhaltes und der Aufgabe

Da im Gegensatz zur ersten Evaluation mit inhaltlich unerfahrenen Probanden der Wissensstand und die vorausgesetzten Kenntnisse höher eingestuft werden können, umfasst der zur zweiten Evaluation vorgestellte Prototyp neben erweiterter Funktionalitäten weitere und komplexere Schulungsaufgaben.

Da jedoch auch hier nicht davon ausgegangen werden kann, dass die Probanden bereits Erfahrung mit VR-Technik sammeln konnten, ist eine langsame Eingewöhnung nützlich. Auch in der in Hasbergen vorgestellten Applikation kann der Nutzer sich zu Beginn in einer Übersichtsszene mit der virtuellen Umgebung vertraut machen, bevor zum eigentlichen Lehrinhalt übergegangen wird. Auch hier startet der Ablauf mit der Montage der Rührwerkeinheit im Inneren des Spritzmitteltanks. Die zu bearbeitenden Teile werden dem Nutzer jedoch nicht mehr automatisch in die Hand gelegt, sondern neben der Maschine bereitgelegt. Dies erfordert, dass der Nutzer sich auch physisch im Raum zu dem zu bearbeitenden Bauteil bewegt, um danach zu greifen. Es ist nun möglich, die Teile jederzeit abzulegen, um sie beispielsweise mit der anderen Hand zu greifen oder für den korrekten Einbau auszurichten. Da die Ausrichtung einiger Bauteile bei der Montage eine wichtige Rolle spielen und eine mögliche Fehlerquelle in der Bewältigung der Aufgabe darstellen, wird diese nun auch von der Applikation abgebildet. Dabei wird die Orientierung der Eingabegeräte auf das Bauteil in der Hand des Anwenders übertragen und bei dessen Platzierung überprüft.

Die Applikation wurde durch eine weitere Schulungsaufgabe ergänzt. Diese besteht aus acht Arbeitsschritten und bildet den Montageprozess einer Pumpeneinheit der *Pantera*-Feldspritze ab. Für diese Aufgabe existiert zudem ein Montagevideo, welches mit Hilfe der im GLASSROOM-Projekt eingesetzten AR-Brille und der dazu entwickelten Software durch einen fachkundigen Techniker der *Amazonenwerke* zur Modellierung weiterer Arbeitsschritte erstellt wurde. Somit kann die selbe Aufgabe in unterschiedlichen Phasen des Kompetenzaufbaus und der -entwicklung betrachtet werden.

3.4 Erhebung der Daten und Ergebnisse

Die Befragungen der Servicetechniker wurden von der Universität des Saarlandes durchgeführt. Die Ergebnisse und Details zur dieser Evaluation sind auf S. 35 ff zu finden.

4 Fazit und Ausblick

Beide durchgeführten Evaluationen weisen klar auf die Praktikabilität der VR-Einsatzes in der beruflichen Bildung hin, insb. im Anwendungskontext der Montage und Wartung komplexer Maschinen. Keiner der befragten Probanden hat die VR-Applikation überhaupt nicht akzeptiert. Eine Vielzahl der Befragten kann sich ein derartiges System im täglichen Schulungs- und Ausbildungseinsatz vorstellen. Die Evaluation des zweiten Prototyps widerlegte die anfängliche Hypothese, dass die Vorteile der Interaktion mittels Leap-Sensor deren Nachteile gegenüber 3D-Controllern überwiegen. Die höhere Präzision der 3D-Controller und der wesentlich größere Interaktionsraum, insb. außerhalb des Sichtfeldes des Nutzers, gaben hier den Ausschlag.

Die Nutzerevaluation wird in der weiteren Entwicklung und produktiven Nutzung der Applikation fortgesetzt; die Ergebnisse lassen sich ebenso auf andere Anwendungsbereiche der VR übertragen.

5 Literatur

Bowman D, Krujiff E, LaViola J J Jr, Poupyrev I P (2005) 3D User Interfaces: Theory and Practice, Addison-Wesley, 2. Aufl

Preim B, Dachselt R (2010) Interaktive Systeme, Band 1: Grundlagen, Graphical User Interfaces, Informationsvisualisierung, Springer Berlin

Teil V:
Kooperations- und Geschäftsmodelle

Einsatz von Smart Glasses in Unternehmen – Analyse und Gestaltung von Geschäftsmodellen

Christina Niemöller, Tim Schomaker und Oliver Thomas

Die aktuellen technischen Entwicklungen und Forschungen im Bereich Smart Glasses versprechen Potenzial für den zukünftigen Einsatz im Unternehmen. Dennoch ist der Einfluss auf die Geschäftsmodelle aufgrund der Neuheit und fehlenden Live-Systeme noch wenig erforscht. In diesem Beitrag werden daher am Beispiel eines Hybriden Wertschöpfers, der neben Produkten ebenfalls Serviceleistungen zu diesen Produkten anbietet, Auswirkungen des Einsatzes von Smart Glasses untersucht und diskutiert. Zunächst werden Klassifikationskriterien für Geschäftsmodelle auf Basis einer systematischen Literaturrecherche erarbeitet. Dabei werden neun Dimensionen zur Beschreibung eines Geschäftsmodells sowie deren jeweilige Kriterien und Ausprägungen identifiziert. Anhand dieser Dimensionen wird analysiert, inwiefern und an welchen Stellen Smart Glasses einen Einfluss auf Geschäftsmodelle haben können bzw. wie durch Smart Glasses neue Geschäftsmodelle, wie z. B. Self-Services und Value Co-Creation, geschaffen werden können.

1 Einleitung

Smart Glasses befinden sich derzeit in der Entwicklungs- und Markteinführungsphase. Sie sind längst keine Vision mehr und Unternehmen wie Google, HTC und Epson arbeiten an digitalisierten Brillen, die Informationen in das Sichtfeld des Nutzers einblenden (Brandl et al. 2014; Lindeque et al. 2014; Metzger et al. 2017; Niemöller et al. 2017a).

Um heutzutage ein innovatives Produkt an den Kunden, Verbraucher und somit an den Markt zu transferieren, wird vor allem ein ausgefeiltes Geschäftsmodell benötigt. Ohne ein in sich stimmiges Geschäftsmodell können Unternehmen vom Markt verdrängt werden, die jahrelang Marktführer in einem bestimmten Bereich gewesen sind. Wie und ob Datenbrillen in Geschäftsmodelle mit einbezogen werden können und welche Dimensionen eines Geschäftsmodells durch den Einsatz von Datenbrillen beeinflusst werden, wird im vorliegenden Kapitel untersucht.

In Abschnitt 2 werden zunächst ein Begriffsverständnis von Geschäftsmodellen und Klassifikationskriterien für Geschäftsmodelle erarbeitet. In Abschnitt 3 erfolgt

© Springer-Verlag GmbH Deutschland 2018
O. Thomas et al. (Hrsg.), *Digitalisierung in der Aus- und Weiterbildung*,
https://doi.org/10.1007/978-3-662-56551-3_12

die Analyse, inwiefern Datenbrillen einen Einfluss auf die einzelnen Kriterien haben können. Dazu werden die einzelnen Dimensionen diskutiert. In Abschnitt 4 wird ein Fazit gezogen.

2 Klassifikation von Geschäftsmodellen

2.1 Definition und Eingrenzung

Der Begriff des Geschäftsmodells ist in aktueller Literatur noch nicht eindeutig definiert. Begriffe wie „Strategie", „Geschäftsmodell" und andere themenrelevante Wörter werden zum Teil synonym verwendet (Magretta 2002). Zott et al. (2011) liefern eine umfangreiche Übersicht zu den aktuellen Definitionen. Durch eine systematische Literaturrecherche identifizieren sie Artikel, die sich mit dem Thema Geschäftsmodelle befassen (Zott et al. 2011). Die Autoren stellen in ihrer Arbeit heraus, dass von 103 untersuchten Artikeln 37% den Begriff des Geschäftsmodells als allgemein verständlich voraussetzen, etwa 44% den Begriff für die eigene Arbeit definierten und sich etwa 19% auf Definitionen anderer stützten. Zudem wurde deutlich, dass unter den 44% oftmals der Begriff so definiert wurde, dass er zur vorliegenden Forschungsfrage passt (Zott et al. 2011).

Im vorliegenden Beitrag wird das Geschäftsmodell als ein Rahmenwerk verstanden, das aktuelle oder potenzielle Aktivitäten rund um das Produkt, die Verbindung zum Kunden, das Infrastrukturmanagement und finanzielle Aspekte aufzeigt (Osterwalder et al. 2005). Durch die Beeinflussung von Strategie, die zu interpretieren ist als Vision, Ziel oder Motivation und dabei die Differenzierung zu anderen Marktteilnehmern deutlich macht, erhält ein Geschäftsmodell individuellen Charakter (Morris et al. 2005). Ein allgemeingültiges Rahmenwerk zur Erstellung und Klassifikation von Geschäftsmodellen unterstützt bei der Einordnung des Unternehmens.

Die Rolle von Informationssystemen wird nachfolgend als essentieller technischer Inputfaktor (Chesbrough & Rosenbloom 2002) verstanden. Mit Hilfe von Informationssystemen soll das Geschäftsmodell in seinen Dimensionen (vgl. Abschnitt 2.2) verbessert bzw. erst ermöglicht werden (vgl. Abb. 1).

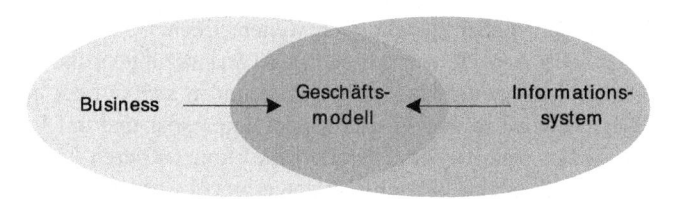

Abb. 1. Geschäftsmodellverständnis und Rolle von Informationssystemen

2.2 Dimensionen zur Beschreibung von Geschäftsmodellen

Auf Grundlage des Verständnisses von Geschäftsmodellen und der Analyse aktueller Literatur werden in diesem Abschnitt die Teilblöcke des Geschäftsmodells analysiert und grundlegende Fragestellungen ausgearbeitet, anhand derer Geschäftsmodelle klassifiziert werden können. Zunächst wurden, basierend auf der Literaturstudie von Osterwalder et al. (2005), neun Dimensionen definiert:

- *Nutzenangebot*: Gibt einen Überblick über Dienstleistungen und Produkte des Unternehmens (Amit & Zott 2001; Magretta 2002; Morris et al. 2005).
- *Zielkunden*: Beschreibt die Kundensegmente, denen das Unternehmen das Nutzenangebot bieten möchte (Magretta 2002; Morris et al. 2005).
- *Kundenbeziehung*: Erklärt, wie stark Kunden in Beziehung treten mit dem Unternehmen (Magretta 2002) .
- *Vertriebskanäle*: Beschreibt die verschiedenen Wege, in denen das Unternehmen in Kontakt mit Kundensegmenten kommt (Osterwalder et al. 2005).
- *Wertkonfiguration*: Beschreibt die Ordnung über Aktivitäten und Ressourcen (Chesbrough & Rosenbloom 2002; Morris et al. 2005).
- *Kernkompetenzen*: Erklärt, welche Funktion das Unternehmen in der Wertschöpfungskette besitzt (Osterwalder et al. 2005).
- *Partnernetzwerk*: Zeigt das Netzwerk von Partnern auf, mit denen das Unternehmen kooperiert (Morris et al. 2005).
- *Erlösmodell*: Beschreibt, in welcher Weise das Unternehmen Erlöse erzielt (Chesbrough & Rosenbloom 2002; Magretta 2002; Osterwalder et al. 2005).
- *Kostenstruktur*: Listet alle Kostenfaktoren auf, die aus dem Geschäftsmodell entstehen (Chesbrough & Rosenbloom 2002).

Diese neun Dimensionen beschreiben laut Osterwalder et al. (2005) Ausprägungen der Komponenten Produkt- und Dienstleistung, Verbindung zum Kunden, finanzielle Bewertung und Infrastrukturmanagement (vgl. Abb. 2).

Morris et al. (2005) haben zudem zwei weitere Ebenen für Geschäftsmodelle herausgearbeitet. Die Aspekte mit zugehörigen Ausprägungen, die zunächst per Ankreuzverfahren beantwortet werden sollen, befinden sich auf der ersten Basisebene. Auf der zweiten Ebene wird das Modell anpassbar und auf Unternehmen zugeschnitten, sodass sich der Erstellende darauf konzentrieren kann, wie durch jeden der sechs Entscheidungsbereiche Nutzen erbracht werden kann. Es wird also individualisiert und, im Gegensatz zur ersten Ebene, marktspezifisch eigenentwickelt. Auf der dritten Ebene des Rahmenwerkes zur Erstellung von Geschäftsmodellen sorgen Regeln für einen roten Leitfaden.

Abb. 2. Dimensionen zur Beschreibung eines Geschäftsmodells (Osterwalder et al. 2005)

Die Ebene der Regeln zeigt Grenzen und klare Strukturen auf, nach denen das Geschäftsmodell letztlich umgesetzt werden soll. Regeln seien vor allem wichtig bei der Ausführung des Geschäftsmodells. Eine konsistente Einhaltung von den Basisebenen kann zwei unterschiedliche Unternehmen das gleiche Modell vorweisen lassen (Morris et al. 2005). Die drei Ebenen eines Geschäftsmodells haben eine nützliche Funktion für die Klassifizierung von Geschäftsmodellen. Zum einem haben sie allgemeinen Charakter durch die erste und teilweise durch die zweite Ebene. Fragestellungen lassen sich also allgemein auf fast jeden Markt anwenden und somit kann die Erstellung für jeden Unternehmer erfolgen. So auch in dem vorliegenden Beitrag, der den allgemeinen Einfluss von Smart Glasses für eine Klasse von Unternehmen (Hybride Weltschöpfer mit technischem Kundendienst) zeigt. Die zweite und dritte Ebene zur Erstellung individualisieren im Endeffekt das Geschäftsmodell. Der Einfluss von Strategie auf Geschäftsmodelle wird vor allem mit der Regelebene deutlich. Tabelle 1 verdeutlicht als Zusammenfassung die Klassifikationskriterien der neun Teilblöcke des Geschäftsmodells. Die zweite und dritte Ebene werden im vorliegenden Beitrag nicht weiter betrachtet, da sie zur Spezifikation eines individuellen Geschäftsmodells dienen.

Tabelle 1. Klassifikationskriterien der Basisebene eines Geschäftsmodells

Dimensionen	Basisebene	Ausprägungen
1. Nutzen-/ Wertangebot (value proposition)	Art des Angebots	Hauptsächlich Dienstleistung, Hauptsächlich Produkt, Product-Service System (Hybride Wertschöpfung)
	Individualisierung des Angebots	standardisiert, geringfügig individualisiert, sehr individualisiert, standardisierte Individualisierung (Customizing)
	Angebotsbreite	Weit, mittel, schmal
	Angebotstiefe	Tief, mittel, oberflächlich
2. Zielkunden (target customers)	Geschäftsebene	B2B, B2C oder Kombination aus beidem
	Lokalisierung	Lokal, regional, national, international
	Wirtschaftssektorebene	Primärsektor, Sekundärsektor, Tertiärsektor, Quartärsektor, Quintärsektor, Staat, Institution, Endkunde
	Markt	Gesamtmarkt, Multiple Marktsegmente, Marktnische
	Verhaltensweise	Relational, transaktional
3. Kundenbeziehung (customer relationship)	Art der Beziehung	Persönliche Unterstützung, persönlicher Kontakt, Selbstbedienung, automatische Abläufe, Communities, Mitbeteiligung/Mitgestaltung
4. Vertriebskanäle (distribution channels)	Kanaltyp	Eigener Kanal, Partner
		Direkt, indirekt
		Verkaufspersonal, Internetverkäufe, eigene Geschäfte, Partnergeschäfte, Großhändler
		Phasen: Wahrnehmung – Einschätzung – Kauf – Zustellung – After-Sales
5. Wertkonfiguration (value configuration)	Herausstellung der Kernaktivitäten	Produktion, problemlösend, Plattform/Netzwerk
	Herausstellung Kernressourcen	Physikalisch, intellektuell, menschlich, finanziell
6. Kernkompetenzen (core competences)	Mögliche Bereiche	Produktion, Echtzeitsysteme, Verkauf, Marketing, Forschung, Kreative/Innovative Fähigkeiten, Technologie, Forschung und Entwicklung, Informationsmanagement, Informationsmining, Informationspackaging, finanzielle Transaktionen, Arbitragen, Management, Netzwerk und Ressourcen Nutzung/Organisation
7. Partnernetzwerk (partner network)	Bestehen Netzwerke?	Ja, nein
	Welche Art von Netzwerk?	Vereinigung, Kooperation, Zulieferer
8. Erlösmodell (revenue stream)	Art des Modells	Anlagenverkauf, Nutzungsgebühr, Abonnement, Verleihung/Vermietung/Leasing, Lizenzierung, Provisionsgebend, Werbeeinnahmen
	Art des Preismechanismus	Festpreis, Listenpreis, Produktmerkmalabhängig, Kundenabhängige Preise, Mengenabhängige Preise, Dynamische Preise, Verhandlungen, Renditenmanagement, Echtzeitmärkte, Auktionen
9. Kostenstruktur (cost structure)	Geschäftsmodell tendiert eher	Nutzengesteuert, Kostengesteuert
	Kosten reduzieren durch	Fixe/Variable Kosten, Skaleneffekte, Verbundeffekte

3 Einfluss von Datenbrillen auf die Klassifikationskriterien eines Geschäftsmodells

Im Folgenden sollen die einzelnen Klassifikationskriterien eines Geschäftsmodells aufgegriffen und die Auswirkung von Smart Glasses diskutiert werden. Dies erfolgt am Beispiel eines hybriden Wertschöpfers, der neben dem klassischen Vertrieb von Produkten zusätzlich Dienstleistungen anbietet. Diese Struktur bzw. diese Geschäftsmodelle liegen im Beispielfall bereits vor. Für eine detaillierte Darstellung von Geschäftsmodellen und Kooperationsformen hybrider Wertschöpfer wird auf Schlicker et al. (2010) verwiesen. Es soll im Folgenden untersucht werden, wie Smart Glasses diese Geschäftsmodelle aus Sicht des Herstellers beeinflussen können bzw. welche Dimensionen wie betroffen sind.

3.1 Nutzen- und Wertangebot

Die *Art des Angebots* kann durch Smart Glasses auf sog. verschiedenen Evolutionsstufen beeinflusst werden. Zum einen kann das Nutzenangebot durch (1) eine stärker digitalisierte Dienstleistung (unterstützt durch die Smart Glasses) die klassische Dienstleistung verbessern. Hierbei wird die Dienstleistung an sich nicht verändert, es kann allerdings eine Steigerung der Qualität und/oder der Geschwindigkeit möglich werden (Nüttgens et al. 2014; Schirrmacher 2015).

(2) In der nächsten Evolutionsstufe können die Smart Glasses als Auslieferung zum Produkt zum externen Servicedienstleister/Händler bzw. zum Endkunden ein neues Wertangebot sein. Dabei wird zusätzlich zum Produkt ein Softwareprodukt zur Befähigung der Dienstleistung Teil des Wertangebots. Dabei kann durch die Smart Glasses entweder (a) eine Remote-Steuerung der Person an der Maschine durch einen Kundendienstmitarbeiter beim Hersteller oder (b) eine Unterstützung durch enthaltene Anleitungen losgelöst vom Hersteller erfolgen. Dies beeinflusst auch die Individualisierung des Angebots. Mit der Auslieferung der Datenbrillen können entweder Standard-Prozesse ausgeliefert werden (siehe b), oder dadurch, dass nur ausgewählte Prozesse vorher für den speziellen Kunden aufgenommen und ausgeliefert werden, eine individuelle Anleitung erfolgen. Die Remote-Steuerung (siehe a) führt eher zu stärkeren Individualisierung.

Weiterhin können Smart Glasses als ausgeliefertes Produkt die Angebotsbreite und Angebotstiefe in einem Unternehmen erweitern bzw. vertiefen. Zudem lassen sich auch Dienstleistungen mithilfe von Smart Glasses erweitern und in der Angebotsvielfalt vertiefen. Der Service kann einerseits durch die Datenbrille vertieft werden und andererseits ermöglicht die Datenbrille neue Services, wie z. B. das Lösen komplexer Probleme bei der Operation über Fernzugriff.

3.2 Zielkunden

Die *Geschäftsebene* selbst wird von dem Einsatz der Smart Glasses nicht direkt verändert. Es können weiterhin Business-to-Business, Business-to-Customer, oder eine Kombination aus beiden Modellen angesprochen werden (vgl. die Stufen der Art des Angebots). Allerdings ermöglicht der Einsatz von Smart Glasses eine stärkere Internationalisierung. Somit wird die *Lokalisierung* dahingehend beeinflusst, dass *erstens* das bestehende Angebot von Maschinen im Ausland schneller und qualitativ hochwertiger durch bestehende Techniker vor Ort gelöst werden kann, indem direkt mit dem Hersteller kommuniziert werden kann, sobald Probleme auftreten. *Zweitens* kann das Angebot dahingehend internationalisiert werden, dass auch Märkte angesprochen werden können, die bisher aufgrund eines Mangels von versierten Dienstleistern vor Ort nicht beliefert wurden. Durch eine zusätzliche Auslieferung der Anleitungen und eine Remote-Steuerung, wird eine Dienstleistung „exportierbar". Durch Zusatzfunktionen, wie z. B. Übersetzungshilfen, wird die internationale Auslieferung zudem unterstützt. Der *Wirtschaftssektor*, der *Markt* und die *Verhaltensweise* werden nur indirekt über die oben genannten Aspekte beeinflusst.

3.3 Kundenbeziehung

Der Einsatz von Smart Glasses kann in Bezug auf die *Art der Beziehung* mit Kunden den aktuellen Integrationsgrad stärken. Einerseits kann der klassische Herstellerservice durch Unterstützung der Smart Glasses eine persönliche Bereicherung erfahren. Andererseits kann durch eine stärkere Integration durch den Kunden erfolgen, bspw. durch Remote-Anleitung des Kunden während der Reparatur bis hin zum eigenständigen Self-Service und somit der Mitbeteiligung. Wenn der Kunde die generierten Inhalte an den Hersteller zurückspielt, indem er bspw. eigene Videos oder Schritt-für-Schritt-Anleitungen generiert, wird er aktiv in die Gestaltung dieser und zukünftiger Dienstleistungen einbezogen (vgl. Abb. 3). Dabei wird der Kunde selbst zum Mitgestalter der Dienstleister bzw. Value Co-Creator (Vargo et al. 2008; Zolnowski et al. 2011).

3.4 Vertriebskanäle

Die klassischen *Kanaltypen* für den Vertrieb der Dienstleistung (eigener Kanal vs. Partner; direkt vs. indirekt etc.) werden durch den Einsatz von Smart Glasses nicht beeinflusst. Auch die Phase bleibt „After-Sales". In Bezug auf die Dienstleistung kann die Smart Glasses im Falle einer Remote-Unterstützung allerdings selbst zum Kanal zur Vermittlung und Übertragung der Dienstleistung werden. Der tatsächliche Vertrieb im Sinne des Verkaufs bleibt dabei dennoch klassisch.

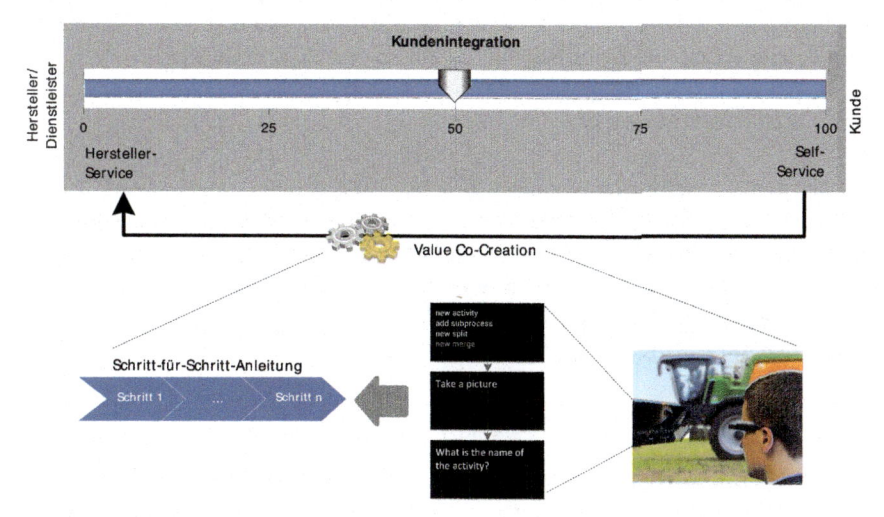

Abb. 3. Grad der Kundenintegration

3.5 Wertkonfiguration und Kernkompetenzen

Der Einsatz von Smart Glasses während der Erbringung der Dienstleistung kann ebenfalls Einfluss auf die erforderlichen *Kernaktivitäten* und *Kernressourcen* haben. Die Kernaktivitäten lassen sich laut Osterwalder und Pigneur (2010) in drei verschiedene Arten kategorisieren: Produktion, problemlösende Aktivitäten und Plattform- bzw. Netzwerk-Aktivitäten. Anfallende Aktivitäten zur Produktion sind das Designen, Erstellen und Liefern des Produktes, geleitet durch das Erstreben von Qualität, Quantität oder sogar beidem. Weiterhin können Aktivitäten problemlösend orientiert sein. Diese Aktivitäten einer Unternehmung geben Lösungsansätze zu individuellen Kundenproblemen. Geschäftsmodelle mit dieser Art von Kernaktivitäten sollten den Fokus auf Wissensmanagement und dauerhaftes Lernen setzen. Die letzte Kategorisierung ist die einer Plattform bzw. eines Netzwerkes. Geschäftsmodelle, die nach diesem Abschnitt von Aktivitäten kategorisiert sind, beinhalten Kernaktivitäten wie Plattformmanagement, Servicebereitstellung und Plattformpromotion.

In Bezug auf GLASSROOM werden neben Produkt- und Dienstleistungskenntnissen außerdem Wissen zur Anwendung und Verwaltung von Smart Glasses benötigt. Damit werden in Bezug auf die Kernaktivitäten neben Produktionsaktivitäten und problemlösenden Aktivitäten auch Plattform- und Netzwerkwissen erforderlich. Darüber hinaus werden zunehmend intellektuelle Kernressourcen benötigt. Zusätzlich zu den Kompetenzen des Kerngeschäfts sind Kompetenzen im Bereich Informationsmanagement erforderlich. Durch den Aufbau von entsprechenden Partnernetzwerken können diese Kenntnisse ggf. integriert werden. Je nachdem, welchen Stellenwert der Einsatz von Smart Glasses im Geschäftsmodell erhält (reine Unterstützung der Dienstleistung oder Auslieferung als erweitertes

Produkt), kann das Vorhalten der Kenntnisse zur strategischen Ressource zur Positionierung gegenüber Marktbegleitern (Morris et al. 2005) werden.

3.6 Partnernetzwerk

Je nachdem, welche Kernkompetenzen im Unternehmen vorgehalten werden, müssen für den Einsatz von Smart Glasses weitere Partner integriert werden. Darüber hinaus können der Dienstleister vor Ort (bspw. der Händler oder Dritte) bzw. die Kunden selbst zum Zulieferer werden, wenn diese Informationen über die Smart Glasses wie Prozessaufnahmen zurückspielen. Die *Art des Netzwerkes* verändert sich hin zu einer Kooperation.

3.7 Erlösmodell

Je nach Nutzenangebot (vgl. Abschnitt 3.1) kann eine zusätzliche *Art des Modells* wie Nutzungsgebühr, Abonnement, Verleihung/Vermietung/Leasing für das Smart-Glasses-Informationssystem und dessen Inhalte (Anleitungen und Videos) angeboten werden. Bei der Nutzungsgebühr bezahlt der Kunde nur die Nutzung. Je höher die Nutzung des Angebots ist, desto höher ist auch im Endeffekt die Gebühr. Beispiele dafür sind Tarifgebühren einer Telefongesellschaft mit einem Prepaid-Vertrag. Bei einem Abonnement wird eine Gebühr vom Kunden bezahlt, sodass er ein bestimmtes Angebot über eine festgelegte Zeit nutzen kann.

Verträge über Abonnements können vertraglich variieren und den Nutzungszeitraum verschieden festlegen. Bei Verleihung, Vermietung, oder Leasing gibt man dem Kunden für einen bestimmten Zeitraum die Möglichkeit der Nutzung eines Produkts bzw. Services. In Gegenleistung bezahlt der Kunde einen Nutzungsbeitrag. Bei dieser Art des Erlösmodells können Kunden ein Angebot nutzen, ohne den vollen Preis zu bezahlen, den sie bspw. beim Anlagenverkauf bezahlen müssten.

Rechtlich gesehen ist der Kunde bei der Nutzung kein Eigentümer, sondern nur Besitzer und ist deshalb auch eingeschränkt bei der Verwendung. Die Funktionen sind je nach Vertrag und Nutzungsgebühr erweiterbar oder eingeschränkt (Magretta 2002). Des Weiteren schlagen Osterwalder und Pigneur (2010) Lizenzierung als Erlösmodell vor. Die vom Kunden gezahlte Gebühr erlaubt es ihm, geschützte Eigentümerwerke zu nutzen.

Die genannten Erlösmodelle können vor allem dann zusätzlich erfolgen, wenn das Nutzenangebot die Remote- und Self-Service-Angebote (Typ 2) umfasst. Dabei können die Erlöse zum einem vom Händler bzw. Drittdienstleister oder direkt vom Kunden erzielt werden. Dabei können Preismechanismen bspw. kundenabhängig, aber auch dynamisch, je nach nachgefragten Anleitungen und Prozessen erfolgen.

3.8 Kostenmodell

Einfluss auf das Kostenmodell entsteht sowohl bei dem Nutzenangebot, klassische Dienstleistung durch Smart Glasses zu unterstützten (Typ 1), als auch bei Remote- und Self-Service (Typ 2). Nach Osterwalder und Pigneur (2010) können Geschäftsmodelle eher *nutzengesteuert* oder *kostengesteuert* sein. Viele Geschäftsmodelle befinden sich zwischen diesen beiden Strukturen, jedoch sind diese zwei Extrema Richtlinien für Unternehmen zum Aufbau ihres Geschäftsmodells. Ein eher nutzengesteuertes Unternehmen setzt mehr Wert auf das Angebot an sich. Der Fokus liegt hierbei eher weniger auf der Reduzierung der Kosten, sondern mehr darauf, dass das Angebot stimmig ist und sich am Kunden orientiert. Typischerweise sind diese Angebote personalisierte und kostspielige Angebote, die sich im Premiumsektor von Produktkategorisierungen wiederfinden lassen. Dieses betrifft auch die Produkte, die von dem vorliegenden Beispielhersteller vertrieben und gewartet werden. Daher ist das *Geschäftsmodell* hier eher nutzengesteuert.

Durch den Einsatz von Smart Glasses können allerdings auch *Kosten reduziert werden*, sowohl in Bezug auf die variablen Kosten während der Dienstleitungserbringung, indem Produktivitätssteigerungen erzielt werden (bei Typ 1), als auch in Bezug auf Anfahrtskosten, Technikerstunden etc. in Bezug auf Typ 2. Dazu fallen weitere Kosten für die Beschaffung und Wartung der Smart-Glasses-Informationssysteme sowie ggf. regelmäßigen Inhaltserstellung für diese an. Dadurch können wiederum Skaleneffekte erzielt werden.

4 Fazit und Ausblick

Im diesem Kapitel wurde diskutiert, inwiefern durch den Einsatz von Smart Glasses die Dimensionen eines Geschäftsmodells verändert werden können. Es existieren derzeit noch wenige Geschäftsmodelle mit Smart Glasses, jedoch ist das Potenzial des Nutzens vor allem im B2B-Umfeld groß. So können zum einen interne Geschäftsprozesse durch das Verwenden von Smart Glasses (ergonomisch und ökonomisch) verbessert werden (Henderson & Feiner 2009; Henderson & Feiner 2011). Durch handfreies Arbeiten können Durchlaufzeiten verkürzt oder auch externe Störfaktoren wie ein mobiles Endgerät bzw. Papier und Zettel beseitigt werden. Folglich kann effizienter gearbeitet werden. Zum anderen können Smart Glasses durch deren Auslieferung an Händler und Kunden ein neues Nutzenangebot schaffen. Dabei können neue Kundenbeziehungen wie Self-Service und Value Co-Creation entstehen. Bisher war das Erscheinen des Technikers vor Ort aufgrund komplexer Serviceobjekte und fehlender Expertise des Kunden, technische Services selbst auszuführen, erforderlich. Durch die Unterstützung von Smart Glasses, bspw. angeleitet per Fernwartung während der Tätigkeit, wird dem Kunden erstmals ermöglicht, einzelne Services selbst auszuführen.

Zur Anbindung dieser Dienstleistungen wird aktuell die Entwicklung sog. Serviceplattformen diskutiert, die zur kundeninduzierten Servicekonfiguration als

Treiber der Dienstleistungsflexibilisierung dienen können (Thomas et al. 2017). Dadurch entstehen weitere Geschäftsmodelle für Plattformbetreiber und Plattformnutzer gleichermaßen. In zukünftiger Arbeit sind einzelne Dimensionen, wie die Kooperationsformen sowohl zu Kunden als auch Partnern, näher zu untersuchen und empirisch zu belegen.

Der Einsatz von Smart Glasses wird darüber hinaus in weiteren Domänen wie der Logistik untersucht (Niemöller et al. 2017b). Auch hier wird der Mehrwert in Bezug auf erweiterte Geschäftsmodelle vor allem bei den sog. Value-Added-Services (der Logistiker erbringt Zusatzleistungen wie die Qualitätsprüfung für die Bekleidungsindustrie oder die Retouren-Abwicklung für Online-Händler) und bei der Integration des Kunden in diese Logistikprozesse gesehen. Mithilfe einer Smart Glasses kann der Kunde direkt in die Prozesse, bspw. im Retouren-Fall, mit einbezogen werden. Somit können bestehende Dienstleistungen erweitert und neue Dienstleistungen angeboten werden.

5 Literatur

Amit R, Zott C (2001) Value creation in e-business. Strateg Manag J 22:493–520

Brandl P, Michalczuk R, Stelzer P et al. (2014) Assist 4.0 – Datenbrillen-Assistenzsysteme im Praxiseinsatz. In: Mensch & Computer 2014. De Gruyter, München, 259–264

Chesbrough H, Rosenbloom RS (2002) The role of the business model in capturing value from innovation: evidence from Xerox Corporation's technology spin-off companies. Ind Corp Chang

Henderson S, Feiner S (2009) Evaluating the benefits of augmented reality for task localization in maintenance of an armored personnel carrier turret. In: 8th IEEE International Symposium on Mixed and Augmented Reality (ISMAR 2009). Washington DC, USA, 135–144

Henderson S, Feiner S (2011) Exploring the benefits of augmented reality documentation for maintenance and repair. Vis Comput Graph IEEE Trans 17:1355–1368

Lindeque BGP, Ponce B a., Menendez ME et al. (2014) Emerging Technology in Surgical Education: Combining Real-Time Augmented Reality and Wearable Computing Devices. Orthopedics 37:751–757

Magretta J (2002) Why Business Models Matter. Harv Bus Rev. 86–92

Metzger D, Niemöller C, Wingert B et al. (2017) How Machines are Serviced – Design of a Virtual Reality-based Training System for Technical Customer Services. In: Leimeister JM, Brenner W (Hrsg) 13. Internationale Tagung Wirtschaftsinformatik (WI 2017). AISeL, St. Gallen, Schweiz

Morris M, Schindehutte M, Allen J (2005) The entrepreneur's business model: Toward a unified perspective. J Bus Res 58:726–735

Niemöller C, Metzger D, Thomas O (2017a) Design and Evaluation of a Smart-Glasses-based Service Support System. In: Leimeister JM, Brenner W (Hrsg) 13. Internationale Tagung Wirtschaftsinformatik (WI 2017). AISeL, St. Gallen, Schweiz, 106–120

Niemöller C, Zobel B, Berkemeier L, et al. (2017b) Sind Smart Glasses die Zukunft der Digitalisierung von Arbeitsprozessen? Explorative Fallstudien zukünftiger Einsatzszenarien in der Logistik. In: Leimeister JM, Brenner W (Hrsg) 13. Internationale Tagung Wirtschaftsinformatik (WI 2017). AISeL, St. Gallen, Schweiz, 410–424

Nüttgens M, Thomas O, Fellmann M (Hrsg) (2014) Dienstleistungsproduktivität: Mit mobilen Assistenzsystemen zum Unternehmenserfolg. Springer Gabler, Wiesbaden

Osterwalder A, Pigneur Y (2010) Business model generation: A handbook for visionaries, game changers, and challengers. 281

Osterwalder A, Pigneur Y, Tucci CL (2005) Clarifying Business Models: Origins, Present, and Future of the Concept. Commun Assoc Inf Syst 16:1–25

Schirrmacher D (2015) DHL will die Produktivität mit Augmented Reality steigern

Schlicker M, Thomas O, Johann F (2010) Geschäftsmodelle hybrider Wertschöpfung im Maschinen- und Anlagenbau mit PIPE Michael. In: Thomas O, Loos P, Nüttgens M (Hrsg) Hybride Wertschöpfung. Springer, Berlin

Thomas O, Kammler F, Özcan D, Fellmann M (2017) Plattformstrategien als Treiber der Dienstleistungsflexibilisierung im Maschinen- und Anlagenbau. In: Bruhn M, Hadwich K (Hrsg) Dienstleistungen 4.0. Forum Dienstleistungsmanagement. Springer Gabler, Wiesbaden

Vargo SL, Maglio PP, Akaka MA (2008) On value and value co-creation: A service systems and service logic perspective. Eur Manag J 26:145–152

Zolnowski A, Semmann M, Böhmann T (2011) Introducing a Co-Creation Perspective to Service Business Models. In: Enterprise Modelling and Information Systems Architectures (EMISA). 243–248

Zott C, Amit R, Massa L (2011) The Business Model: Recent Developments and Future Research. J Manage 37:1019–1042

Produktivitätsmessung und -bewertung komplexer IT-gestützter Dienstleistungen

Jennifer Braesch, Christina Niemöller und Oliver Thomas

Im Vergleich zur Sachgüterindustrie, die in der Lage ist, mittels Methoden die Inputs sowie Outputs der Produktion zu messen, ist die Ermittlung von Produktivitätsgrößen in der Dienstleistungsbranche angesichts konstitutiver Merkmale wie Immaterialität und Integrativität komplexer. Vor diesem Hintergrund werden zur Produktivitätsmessung von Dienstleistungen überwiegend quantifizierbare Ersatzmaße verwendet. In diesem Beitrag werden die Problemstellung der Produktivitätsmessung von Dienstleistungen analysiert und Messkonzepte diskutiert. Am Beispiel des technischen Kundendienstes werden die relevanten Schritte eines Geschäftsprozesses untersucht und Ersatzgrößen für diesen exemplarisch abgeleitet. Als Ergebnis der Kennzahlenerhebung wird ein spezifisches Kennzahlenmodell mit Ausprägungen des Maschinen- und Anlagenbaus entworfen. Anschließend wird mit Hilfe des spezifischen Modells ein allgemeines Kennzahlenmodell zur Produktivitätsmessung komplexer IT-gestützter Dienstleistungen abgeleitet.

1 Einleitung

Dienstleistungen gewinnen in der Industrie sowie im verarbeitenden Gewerbe an Bedeutung (Engelhardt et al. 1992). Die Produktivität der Leistungserstellung hat erhebliche Auswirkungen auf die Rentabilität der Kommerzialisierung von Dienstleistungen. Dabei sieht sich das Unternehmen, das eine Dienstleistung entweder als originäre oder als produktbegleitende Leistung anbietet, dem Problem gegenüber gestellt, die Produktivität dieser Dienstleistung geeignet messen bzw. darstellen zu können (Blinn et al. 2010). Dienstleistungen sind im Gegensatz zu Sachgütern durch konstitutive Merkmale, wie Integrativität, Uno-actu-Prinzip sowie Immaterialität, schwer abzubilden (Jones 1988; Lasshof 2006). Des Weiteren stellen Dienstleistungen eine wichtige Beziehung zwischen einem Unternehmen und seinen Kunden dar. Aufgrund des starken Einflusses der Kunden auf die Leistungserstellung des Dienstleisters müssen externe Faktoren bei der Messung der Dienstleistungsproduktivität berücksichtigt werden (Hilke 1989; Lasshof 2006).

Darüber hinaus wird ein geeignetes Informationssystem benötigt, das Informationen über die Leistung des Dienstleisters zur Produktivitätsmessung sammelt und diese dann zur weiteren Verwendung aufbereitet (Blinn et al. 2010). Diese Daten dienen nicht ausschließlich der Messung der Produktivität des Leistungserstellers, bspw. dem Techniker, sondern können als Wissen an sämtliche Mitarbeiter des tätigen Unternehmens weitergeleitet werden (Thomas et al. 2014a). Des Weiteren kann dieses Wissen als Entscheidungsgrundlage für das Management angewendet werden. Hierfür werden geeignete Kenngrößen zur Messung und Steuerung der Produktivität von Dienstleistungen benötigt. Die Extrahierung relevanter Informationen und die daraus generierte Kompetenz stellen einen erheblichen Wettbewerbsvorteil für Unternehmen dar (Blinn et al. 2010).

In diesem Kapitel wird ein Kennzahlenmodell zur Bestimmung der Produktivität von komplexen IT-gestützten Dienstleistungen am Beispiel des technischen Kundendienstes (TKD) entwickelt. Dazu werden in Abschnitt 2 zunächst Produktivitätsmodelle für Dienstleistungen vorgestellt, Messkonzepte diskutiert und der State-of-the-Art von mobilen Assistenzsystemen und Produktivitätsmessungen vorgestellt. In Abschnitt 3 wird das Vorgehensmodell zur Entwicklung eines Kennzahlenmodells für komplexe IT-gestützte Dienstleistungen dargestellt, in Abschnitt 4 erfolgt die Konstruktion des Modells. Abschließend werden in Abschnitt 5 das Modell diskutiert und ein Fazit gezogen.

2 Produktivitätsmodelle für Dienstleistungen

2.1 Produktivitätsbegriff

Bezüglich einer generischen Abgrenzung des Produktivitätsbegriffs bestehen in der Wissenschaft Kontroversen (Bruhn & Hadwich 2011). Primär beschreibt die *Produktivität*, wie in Abb. 1 dargestellt, das quantitative Verhältnis zwischen dem Input und dem unter Einsatz eines Transformationsprozesses entstandenen Outputs (Lasshof 2006; Bruhn & Hadwich 2011). Die Inputs werden bspw. durch Material, Leistung der Arbeitskräfte oder Maschinen definiert. Demgegenüber beschreiben Mengen, wie Anzahl oder Meter, die Größe Output (Corsten & Gössinger 2007, 139).

Die Abgrenzung in Abb. 1 schließt die Bedingung, dass sich die Mengeneinheiten bzw. Dimensionen von Zähler und Nenner entsprechen müssen, ein. Allerdings ist diese Notwendigkeit in der betriebswirtschaftlichen Praxis nicht immer gegeben. Aus diesem Grund werden Teilproduktivitäten gebildet. Demzufolge kann zwischen der Gesamtproduktivität, die sich aus der Relation von Outputmengen und Inputmengen sämtlicher Einsatzfaktoren zusammensetzt sowie der Teilproduktivität, die das Verhältnis von Outputmengen und Inputmengen eines Einsatzfaktors bestimmt, unterschieden werden (Lasshof 2006; Corsten & Gössinger 2007). Das Verhältnis der Produktivität wird schlussendlich mittels geeigneter Kennzahlen abgebildet und ermöglicht die Beurteilung der Leistungsfähigkeit eines Unternehmens (Böttcher & Klingner 2010; Matijacic & Däuble 2014a).

```
        ┌──────┐      ┌─────────────────────┐      ┌──────┐
        │ Input│─────▶│Transformationsprozess│─────▶│Output│
        └──┬───┘      └─────────────────────┘      └──┬───┘
           │                                          │
           │              Produktivität               │
           └─────────────▶  Output       ◀────────────┘
                            Input
```

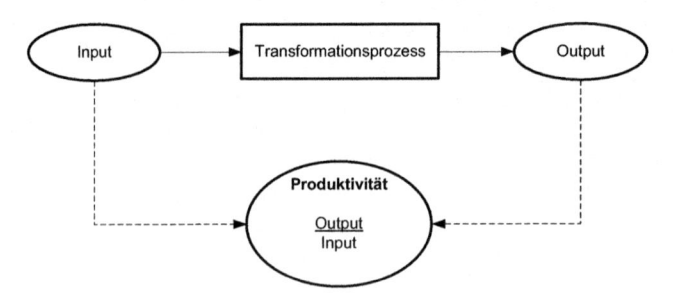

Abb. 1. Schematische Darstellung der Produktivitätsdefinition (Lasshof 2006)

2.2 Konzepte zur Messung von Dienstleistungsproduktivität

Auf Basis einer systematischen Literaturrecherche ergaben sich insg. 27 relevante Quellen. Dabei unterteilen sich diese Ausarbeitungen nach ausgiebiger Analyse in *theoretische, modellbasierte, mathematische* sowie *empirische* Arbeiten. Die *theoretischen* Messkonzepte von Corsten (1994) sowie von Grönroos und Ojasalo (2004) haben, da sie verschiedene dienstleistungsspezifische Aspekte berücksichtigen, in der Literatur größere Beachtung erlangt (Backhaus et al. 2011). Darüber hinaus wird in wissenschaftlichen Arbeiten im Kontext der Produktivitätsmessung von Dienstleistungen vielfach auf zwei weitere Theorien, zum einen von Parasuraman (2002) und zum anderen von Johnston und Jones (2004), verwiesen.

Becker et al. (2014) werten, abgesehen der Theorien von Corsten (1994), Grönroos und Ojasalo (2004) sowie Parasuraman (2002), das Modell von Vuorinen et al. (1998) als vollwertiges Konzept zur Produktivitätsmessung von Dienstleistungen. Obgleich die Autoren die Theorie von Johnston und Jones (2004) in ihren Überlegungen nicht mit einbeziehen, wird dieses Modell, angesichts umfangreicher Verweise, für eine vollumfängliche Darstellung bedeutender Produktivitätsmesskonzepte in der Dienstleistungstheorie eingehender betrachtet. Tabelle 1 bildet die fünf Konzepte ab, die im Rahmen dieses Beitrags als Grundlage zur Produktivitätsmessung von Dienstleistungen Beachtung finden.

Tabelle 1. Übersicht und Schwerpunkte ausgewählter Messkonzepte

Quelle	*Schwerpunkt*
Corsten 1994	Mehrstufige Produktivitätsmessung durch Einführung der Vorkombinations- und Endkombinationsphase
Vuorinen et al. 1998	Differenzierung der Dienstleistungsinputs und -outputs in quantitativer sowie qualitativer Sichtweise
Parasuraman 2002	Zusammensetzung der Dienstleistungsproduktivität aus zwei Perspektiven (Dienstleister- und Kundenperspektive)
Johnston & Jones 2004	Zusammensetzung der Dienstleistungsproduktivität aus zwei Perspektiven (Dienstleister- und Kundenperspektive)
Grönroos & Ojasalo 2004	Interne, externe sowie Kapazitätseffizienz bilden die Produktivitätsfunktion für Dienstleistungen

2.2.1 Das Konzept von Corsten

Das Konzept von Corsten (1994) zieht bilaterale, personenbezogene Leistungen in den Mittelpunkt der Betrachtung und bildet eine mehrstufige Produktivitätsanalyse ab. Maßgeblich für diese Dienstleistungen betont Corsten die Relevanz zweier grundsätzlicher Gesichtspunkte, die durch den externen Faktor ihre Ursache finden (Corsten 1994). Zum einen führt der externe Faktor zu einer mehrstufigen Betrachtungsweise der Produktivitätsmessung. Diese Mehrstufigkeit bezieht Corsten mittels Integration zweier Produktivitäten, die der Vor- und der Endkombination, in seine Überlegung mit ein, wobei die Produktivität der Vorkombination als Teilinput auf das Ergebnis der Endkombination Einfluss nimmt. Zum anderen beeinflusst der externe Faktor, je nach Ausmaß der Externalisierung, den Leistungsprozess und somit die Produktivität der Endkombination, sodass diese Produktivität nicht länger durch den Dienstleistungsgeber autark gesteuert werden kann (Corsten 1994). Abb. 2 stellt die stufenweise Produktivitätsbestimmung dar. Hierbei greift Corsten die Illustration des Transformationsprozesses der Dienstleistungserstellung (vgl. Abb. 1) auf und erweitert dieses Modell vor dem Hintergrund der zuvor thematisierten Charakteristika von Dienstleistungen um die Phasen Vor- und Endkombination (Corsten & Gössinger 2007). Für eine detaillierte Erläuterung des Messkonzepts sei auf Corsten (1994; 2001) sowie Corsten und Gössinger (2007) verwiesen.

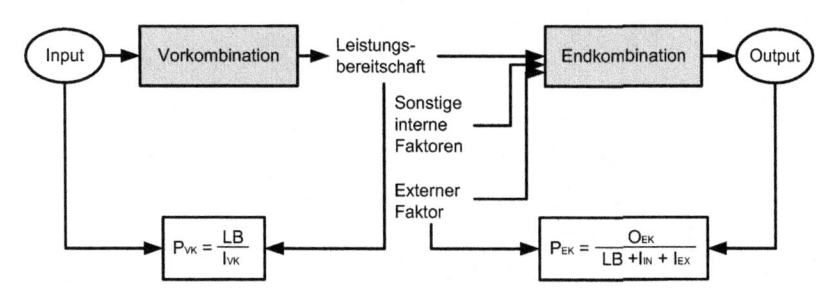

$$P_{VK} = \frac{LB}{I_{VK}} \qquad P_{EK} = \frac{O_{EK}}{LB + I_{IN} + I_{EX}}$$

Abb. 2. Das Messkonzept von Corsten (2001, 156)

2.2.2 Das Konzept von Vuorinen et al.

Vuorinen et al. (1998) verwenden für die wirtschaftliche Auswertung der Dienstleistungserbringung die Basis herkömmlicher Produktivitätsmesskonzepte und erweitern diese Betrachtungsweise, indem sie die Dimension „Qualität" in die Produktivitätsanalyse der Dienstleistungserbringung mit einschließen (Vuorinen et al. 1998). Vor diesem Hintergrund definieren Vuorinen et al. (1998) die Dienstleistungsproduktivität als die Fähigkeit eines Dienstleistungsunternehmens, seinen Input derart einzusetzen, dass die Qualität der Dienstleistung den Erwartungen der Kunden entspricht (Vuorinen et al. 1998). Dabei dürfen die Dienstleistungsgrößen Quantität und Qualität nicht isoliert betrachtet werden. Aufgrund der Wechselbeziehung dieser beiden Größen ist die Trennung der Einwirkung des Dienstleistungsprozesses herkömmlicher Produktivität von der Beeinflussung auf die Servicequalität unmöglich (Vuorinen et al. 1998). Für die Bereitstellung einer Gesamtproduktivität (total productivity) für Dienstleistungsunternehmen sind folglich die Quantitäts- sowie Qualitätsgrößen gemeinsam zu berücksichtigen. Diese Gesamtproduktivität wird gemäß Vuorinen et al. (1998) vereinfacht als Dienstleistungsproduktivität bezeichnet und durch nachfolgende Gleichung beschrieben:

$$Dienstleistungsproduktivität = \frac{Quantität\ des\ Outputs\ und\ Qualität\ des\ Outputs}{Quantität\ des\ Inputs\ und\ Qualität\ des\ Inputs}.$$

Diese Relation scheint die Schlüsselerfolgsfaktoren von Dienstleistungsunternehmen zu erfassen. Vuorinen et al. (1998) erweitern jene bedeutende Relation um eine detailliertere Analyse der Faktoren innerhalb der Formel und betrachten, wie in Abb. 3 ersichtlich, den quantitativen sowie den qualitativen Aspekt eingehender (Vuorinen et al. 1998). Für eine detaillierte Erläuterung des Messkonzepts wird auf Vuorinen et al. (1998) verwiesen.

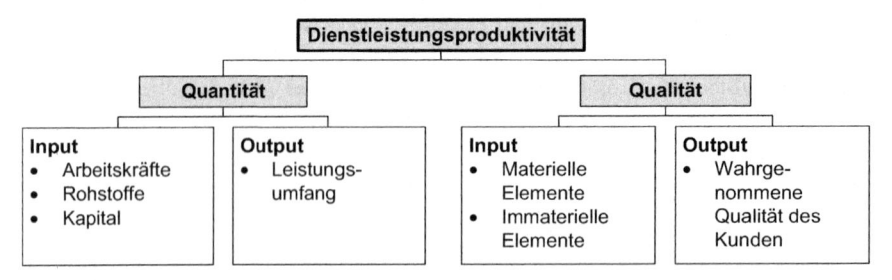

Abb. 3. Das Messkonzept von Vuorinen et al. (1998)

2.2.3 Das Konzept von Parasuraman

Das Konzept von Parasuraman (2002) betrachtet die Dienstleistungsproduktivität zum einen aus der Kundenperspektive und zum anderen aus der Perspektive des Unternehmens. Hierbei liegt die zentrale Aufgabe der Servicequalität in der Verknüpfung dieser beiden Perspektiven (Parasuraman 2002). Aus Sicht des Dienstleistungsanbieters werden Inputs (u. a. Arbeitskräfte, Ausrüstung und Technologie) in Outputs (u. a. Umsatz, Absatz und Marktanteile) umgewandelt. Hinsichtlich der Kundenperspektive werden innerhalb eines Transformationsprozesses Inputs, bspw. in Form von Zeit, Leistung, Emotionen und Energie, in Outputs, wie Dienstleistungserstellung und Zufriedenheit, überführt (vgl. Abb. 4). Für eine detaillierte Erläuterung des Messmodells wird auf Parasuraman (2002) verwiesen.

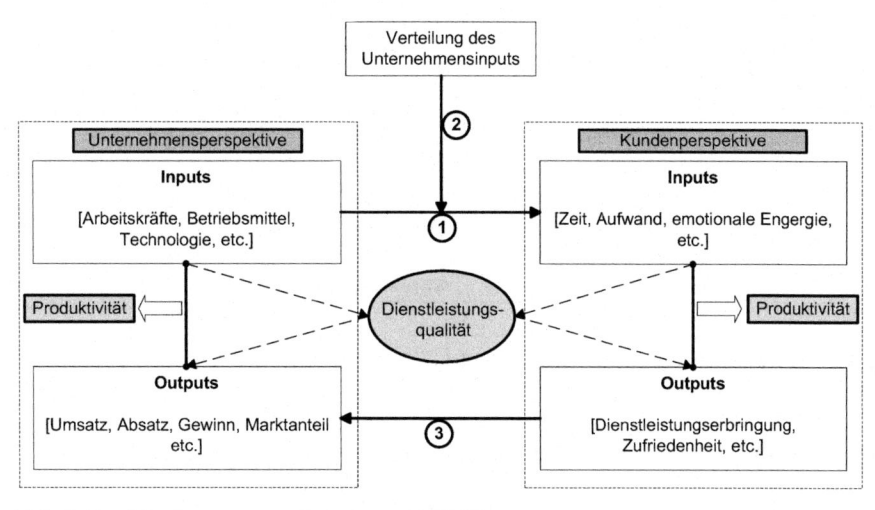

Abb. 4. Das Messkonzept von Parasuraman (2002)

2.2.4 Das Konzept von Johnston und Jones

Johnston und Jones (2004) stützen ihre These auf das Konzept der Kundenproduktivität von Martin et al. (2001) und betrachten die Produktivität aufgrund des starken Einflusses des Kunden als ein Konstrukt, das sich aus der Kundenproduktivität einerseits und der Anbieterproduktivität anderseits zusammensetzt (Johnston & Jones 2004).

Die Anbieterproduktivität besteht aus der Relation des Outputs seitens des Anbieters zu dessen Inputs, wie bspw. Materialien, Betriebseinrichtungen, Kunden, Personal sowie weitere Beiträge, über eine gewisse Zeitspanne (Johnston & Jones 2004). Die nachfolgende Gleichung präsentiert die Produktivität des Anbieters:

$$Anbieterproduktivität = f^n \frac{verwendete\ Mittel, Kunden, Erträge, \dots}{Materialien, Kunden, Personal, Kosten, \dots}$$

Die Kundenproduktivität wiederum beschreibt das Verhältnis zwischen den Inputs des Kunden, wie z.B. die Zeit, der Aufwand sowie die Kosten, und den Kundenoutputs. Der Output setzt sich bspw. aus den Erfahrungen, den Ergebnissen sowie dem Nutzen zusammen (Johnston & Jones 2004). Somit setzt sich die Kundenproduktivität wie folgt zusammen:

$$Kundenproduktivität = f^n \frac{Erfahrungen, Erträge, Nutzen, \dots}{Zeit, Aufwand, Kosten, \dots}$$

Während vorherige Publikationen, wie Martin et al. (2001), ihr Hauptaugenmerk auf die Bildung eines produktiveren Kunden legten, fokussieren sich Johnston und Jones (2004) auf das Verständnis der Beziehung zwischen der Anbieter- sowie Kundenproduktivität. Diese Wechselbeziehung ist in Abb. 5 durch die Überlappung der Dienstleister- sowie der Kundensicht dargestellt.

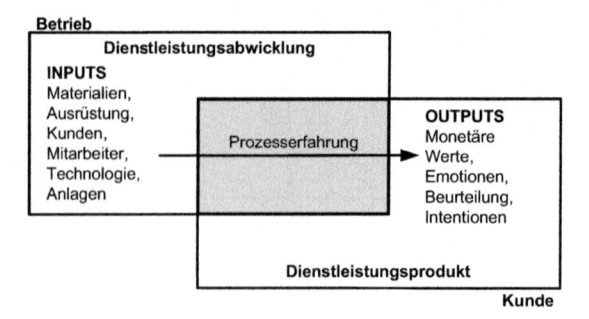

Abb. 5. Das Messkonzept von Johnston und Jones (2004)

Laut Johnston und Jones (2004) berücksichtigt die Kundenproduktivität zudem die Zufriedenheit als eine autarke Outputgröße (Johnston & Jones 2004).

2.2.5 Das Konzept von Grönroos und Ojasalo

Gemäß Grönroos und Ojasalo (2004) hängt die Produktivität von Arbeitsabläufen davon ab, wie effektiv eingesetzte Ressourcen während eines Transformationsprozesses in wirtschaftliche Ergebnisse für Dienstleistungsanbieter und in Nutzen für seine Kunden umgewandelt werden. Dabei besteht das Problem effektiver Dienstleistungen in der fehlenden Abgrenzung von Produktivität und dessen wahrgenommenen Qualität (Grönroos & Ojasalo 2004). Laut Grönroos und Ojasalo (2004) stellt die Dienstleistungsproduktivität hinsichtlich ihrer Version eines Modells die nachfolgende Funktion dar:

$$Produktivität = f\ (interne\ Effizienz, externe\ Effizienz, Kapazitätseffizienz)$$

Dabei beschreibt die interne Effizienz, wie effektiv innerhalb eines Dienstleistungsprozesses Inputs in Outputs umgewandelt werden. Die externe Effizienz bzw. Effektivität umfasst wiederum die Frage, welchen wahrgenommenen Qualitätsgrad der Dienstleistungsprozess sowie dessen Output erreichen. Des Weiteren erfasst die Kapazitätseffizienz, wie wirkungsvoll die Kapazitäten des Dienstleistungsprozesses genutzt werden (Grönroos & Ojasalo 2004). Der Zusammenhang der drei Elemente ist in Abb. 6 dargestellt. Für eine detaillierte Erläuterung wird auf Grönroos und Ojasalo (2004) verwiesen.

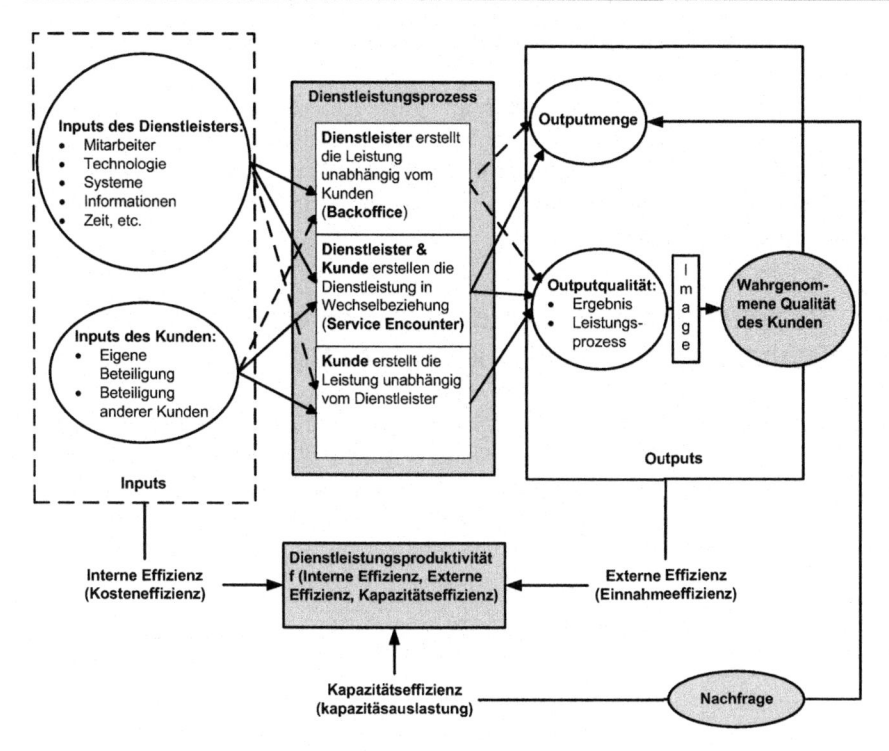

Abb. 6. Das Messkonzept von Grönroos und Ojasalo (2004)

2.3 State-of-the-Art der Produktivitätsmessung mobiler Assistenzsysteme

Ziel dieser systematischen Recherche bestand darin, Vorgehen respektive Konzepte zur Produktivitätsmessung komplexer Dienstleistungen, die durch mobile Assistenzsysteme Unterstützung finden, in der Literatur zu identifizieren. Allerdings ergab die systematische Recherche für die Bearbeitung der Problemstellung dieses Beitrags keine relevanten Ausarbeitungen.

Nachdem die ursprüngliche Recherche keine Ergebnisse hervorgebracht hat, wurden weitere Suchvorgänge eingeleitet. Hierzu wurde das Suchfeld, das ursprünglich ausschließlich anerkannte Fachjournale umfasste, auf sämtliche veröffentlichte Arbeiten, welche auch Bücher beinhalten, erweitert. Diese Suchausweitung lieferte den Ansatz von Matijacic und Däuble (2014b). Dabei beschreiben Matijacic und Däuble (2014b) ein neuartiges Vorgehen zur Produktivitätsmessung von Dienstleistungen des technischen Kundendienstes. Matijacic und Däuble (2014b) leiten im Zuge dessen Ziele für Dienste hinsichtlich der Branche Maschinen- und Anlagenbau her und suchen mit Bezug auf die gesetzten Zielesetzungen anhand eines Referenzprozesses relevante Indikatoren zur Kennzahlenbildung. In

Anbetracht des Umfangs dieses Beitrags wurde auf eine weitere umfangreiche Recherche verzichtet.

Im Anschluss soll, unter Berücksichtigung der Anforderungen hinsichtlich der theoretischen Messkonzepte sowie der Vorgehensweise zur Bestimmung spezifischer Kennzahlen für die durch mobile Assistenzsysteme unterstützte Dienstleistungen, ein Kennzahlenmodell zur Produktivitätsmessung komplexer IT-gestützter Dienstleistungen entwickelt werden.

3 Vorgehensmodell zur Konstruktion eines Kennzahlenmodells für komplexe Dienstleistungen

In diesem Abschnitt soll das diesem Beitrag zu Grunde liegende Vorgehensmodell (vgl. Abb. 7) vorgestellt sowie eingehender erläutert werden. Dieses Modell ist angelehnt an die Schritte von Becker et al. (2009), die analog ihre Entwicklung eines Reifegradmodells für das IT-Management durchführen, wobei sich ebenfalls Messmodelle, in diesem Fall in Form von Reifegraden, ergeben.

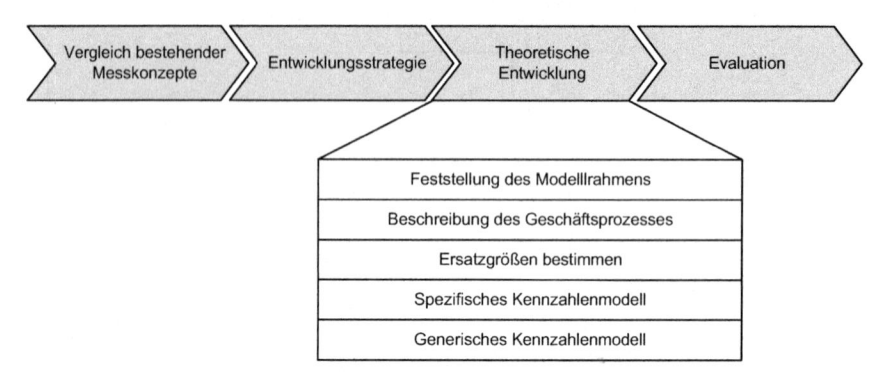

Abb. 7. Vorgehensmodell zur Entwicklung eines Kennzahlenmodells

Zunächst soll innerhalb der *Problemdefinition* eine prägnante Darbietung der Fragestellung gegeben werden (Becker et al. 2009). Des Weiteren sollen die Erkenntnisse, die sich im Zuge der systematischen Recherchen ergeben haben, in die Entwicklung des Kennzahlenmodells einfließen. Hierzu sollen die theoretischen Messkonzepte der Dienstleistungsproduktivität miteinander verglichen sowie wesentliche Anforderungen für die Erstellung eines Modells zur Produktivitätsmessung von Dienstleistungen gewonnen werden (Becker et al. 2009). Daraufhin wird die Entwicklungsstrategie des Kennzahlenmodells prägnant erörtert. Im Zuge der *theoretischen Entwicklung* soll mit Bezug auf die zusammengestellten Erfordernisse der Produktivitätsmessung zunächst ein Modellrahmen festgelegt werden (Becker et al. 2009). Weiterhin sollen, anhand eines beispielhaften Geschäftsprozesses der Branche Maschinen- und Anlagenbau, Informationen zur Bildung von Ersatzgrößen hergeleitet werden. Hierzu wird zunächst mithilfe von Referenzprozessen ein Geschäftsprozessmodell aufgestellt (Thomas 2006, 82 ff; Becker et al. 2010). In einem weiteren Schritt sollen mittels festgelegter Messpunkte bestimmbare Inputs, wie eingesetzte bzw. notwendige Ressourcen, die in die Leistungserstellung fließen sowie die daraus resultierenden Outputs erhoben werden (Mutscheller 1996). Darüber hinaus sollen die Möglichkeiten der Datenerfassung, die insb. durch die Anwendung mobiler Endgeräte, wie dem Smartphone oder dem Smart Glasses, zusammengetragen sowie die eventuell daraus resultierenden Daten bestimmt werden. Diese Daten sind, falls erforderlich, anschließend zu quantifizieren (Mutscheller 1996). Auf Basis der quantifizierten Daten werden Kennzahlen mit Ausprägungen des Maschinen- und Anlagenbaus gebildet. Diese Kennzahlen sollen abschließend in einem Modell dargestellt werden. Für die Abbildung eines generischen Kennzahlenmodells zur Produktivitätsmessung komplexer, IT-gestützter Dienstleistungen sind die bereits ermittelten Kennzahlen zu verallgemeinern und ebenfalls in einem Modell zusammenzutragen. Das Ergebnis der *theoretischen Entwicklung* soll schlussendlich ein generisches Kennzahlenmodell zur Produktivitätsmessung komplexer, IT-gestützter Dienstleistungen abbilden.

Abschließend soll innerhalb der *Evaluation* eine Diskussion auf Basis von Interviews erarbeitet werden, die eine praktische Einschätzung sowie eventuelle Anpassungen des in diesem Beitrag entwickelnden Kennzahlenmodells umfasst.

4 Konstruktion eines Kennzahlenmodells für komplexe Dienstleistungen

4.1 Problemdefinition der Produktivitätsmessung von Dienstleistungen

Ziel dieser Ausarbeitung liegt in der Entwicklung eines Kennzahlenmodells zur Produktivitätsmessung komplexer Dienstleistungen, die in ihrer Tätigkeit Unterstützung durch mobile Assistenzsysteme finden.

Bevor die Produktivitätsmessung von Dienstleistungen vorgenommen werden kann, sind zunächst die Fragen, was gemessen werden soll, inwiefern die Durchführung dieser Messung möglich ist, welche Verfahren für diese Messung erforderlich sind und letztendlich, in welchem Umfang diese Messung eine tatsächliche Unterstützung für das Produktivitätsmanagement von Dienstleistungen darstellt, zu beantworten. Darüber hinaus besteht die bedeutendere Problemstellung, inwieweit die Dienstleistungsproduktivität überhaupt ein tragbares Konzept bildet (Gummesson 1998).

Im Gegensatz zur Sachgüterindustrie, die in der Lage ist, mittels simpler Methoden die Inputs sowie Outputs der Produktion zu messen, zeigt sich die Ermittlung dieser Größen in der Dienstleistungsbranche angesichts der konstitutiven Merkmale *Immaterialität* und *Integrativität* als schwieriges Unterfangen (Lasshof 2006).

Dabei ist mit Hilfe von Mess-, Wiege- oder Zählmethoden die Quantifizierung der Inputs sowie Outputs immaterieller Dienstleistungen, wie Unternehmens- oder Versicherungsberatungen, in keiner Weise oder ausschließlich bedingt realisierbar (Lasshof 2006). Zudem erschwert der externe Faktor die quantitative Bestimmung des Outputs. Insbesondere für Dienstleistungen mit kundenspezifischen Leistungskomponenten gestaltet sich die Quantifizierung des Leistungsoutputs als aufwändig, die zusätzlich durch die immaterielle Beschaffenheit von Dienstleistungen oftmals verkompliziert werden (Corsten 1994; Vuorinen et al. 1998). Vor diesem Hintergrund werden zur Produktivitätsmessung von Dienstleistungen überwiegend quantifizierbare Ersatzmaße verwendet. Diese Größen werden zumeist mithilfe der Menge erzeugter Dienstleistungen oder abgeschlossener Aufträge festgelegt. Zum Beispiel lassen sich anhand dieser Ersatzgrößen, wie „Anzahl der Wartungsaufträge" oder „Anzahl beratschlagter Betriebe", die Leistungsfähigkeiten des Servicetechnikers sowie des Unternehmensberaters bestimmen (Lasshof 2006). Hierbei sollen zur Quantifizierung relevanter Informationen innerhalb der Entwicklung eines Kennzahlenmodells Ersatzgrößen eingesetzt werden.

4.2 Analyse bestehender Messmodelle zur Produktivitätsmessung von Dienstleistungen

In Abschnitt 2.2 sind fünf wesentliche Messkonzepte vorgestellt worden, auf die in der Literatur im Kontext der Messung von Dienstleistungsproduktivität zum Teil vielfach verwiesen wird. Zudem stellen die abgebildeten Modelle gemäß Becker et al. (2014, 341–342) größtenteils vollwertige Konzepte zur Produktivitätsmessung von Dienstleistungen dar.

Vor dem Hintergrund der Entwicklung eines Kennzahlenmodells zur Produktivitätsmessung komplexer IT-gestützter Dienstleistungen, sollen die vorgestellten Konzepte im weiteren Verlauf miteinander verglichen werden. Ziel dieses Vergleiches liegt in der Erarbeitung wesentlicher Merkmale, die zur Erstellung adäquater Produktivitätsmessmodelle grundlegend erforderlich sind.

Corsten (1994) präsentiert in seinem Konzept, im Gegensatz zu den restlichen Autoren, eine mehrstufige Produktivitätsbetrachtung von Dienstleistungen. Hierbei werden zwei Produktivitäten, die der Vorkombination und die der Endkombination unterschieden. Dabei unterteilt Corsten (1994) den Input der Endkombination in die drei Teilinputs Leistungsbereitschaft, weitere interne Faktoren sowie externe Faktoren. Mit Hilfe diesen Inputs betrachtet Corsten (1994) die jeweilige Einflussnahme des Dienstleisters sowie des Kunden auf die Endkombination. Die Leistungsbereitschaft sowie der interne Faktor werden ausschließlich von der Unternehmensperspektive geleistet. Der externe Faktor hingegen beschreibt den Beitrag des Kunden.

Grönroos und Ojasalo (2004) integrieren ebenfalls die Beeinflussung des Leistungsprozesses durch die Kunden- sowie Anbieterinputs. Dabei unterscheiden Grönroos und Ojasalo (2004) jedoch drei Leistungselemente, die entweder einer direkten Einflussnahme ausschließlich durch den Kunden bzw. durch den Anbieter ausgesetzt sind oder im Falle des Service-Encounters sowohl durch den Nachfrager als auch durch den Dienstleister direkt beeinflusst werden.

Corsten (1994) nimmt in seinem Modell keine weitere Unterteilung des Outputs vor. Demgegenüber betrachten Vuorinen et al. (1998) die Einflüsse des Outputs eingehender, indem sie in ihrem Konzept implizieren, dass sowohl quantitative als auch qualitative Sichtweisen der Inputs sowie Outputs zu bestimmen sind. Innerhalb der qualitativen Betrachtung führen darüber hinaus alleinig Vuorinen et al. (1998) materielle sowie immaterielle Werte als Leistungsinputs ein. Grönroos und Ojasalo (2004) unterteilen den Output im gleichen Sinne und untersuchen den Dienstleistungsoutput zum einen aus der quantitativen und zum anderen aus der qualitativen Betrachtungsweise.

Parasuraman (2002) unterscheidet im Gegensatz zu Corsten (1994) zwischen einer Kunden- und einer Unternehmensperspektive und bildet als Folge dessen zwei Dienstleistungsproduktivitäten ab. Hierbei wird die Dienstleistungsqualität von den Inputs der Kunden- sowie von der Unternehmensperspektive gleichermaßen beeinflusst. In diesem Zusammenhang nimmt die Qualität wiederum Einfluss auf die Outputs beider Perspektiven. Im Unterschied zu dieser integrierten Betrachtung der Dienstleistungsgüte beschreiben Vuorinen et al. (1998), dass die Qualität eine vom Kunden wahrgenommene Größe darstellt und in Anbetracht dessen den qualitativen Output der Dienstleistungsproduktivität bestimmen. Zwar beleuchten Johnston und Jones (2004) ebenfalls zwei Produktivitäten, aus der Kunden- sowie Anbieterperspektive, allerdings wird im Zuge dieses Konzepts die Kundenzufriedenheit als eine Outputgröße betrachtet, sodass die Dienstleistungsqualität keine differenziertere Betrachtung erfährt. Grönroos und Ojasalo (2004) wiederum separieren den qualitativen Output von der wahrgenommenen Dienstleistungsqualität durch den Kunden und führen folglich einen zusätzlichen Outputfaktor der Dienstleistungsproduktivität ein (Backhaus et al. 2011).

Grönroos und Ojasalo (2004) bilden zudem die Kundennachfrage als gesonderten Faktor ab, der entsprechend der Kapazitätsauslastung die Dienstleistungsproduktivität direkt sowie durch die Einflussnahme auf die Outputmenge indirekt beeinflusst. Eine derartige Auslastungseffizienz realisiert Corsten (1994) mittels der Bildung eines Nutzgrades. Dieser Grad erfasst das Verhältnis zwischen der vom Dienstleister angebotenen Leistungsbereitschaft und das Ausmaß der Beanspruchung dieser Bereitschaft durch den Kunden. Allerdings erachtet Corsten (1994) die Nachfrage ausschließlich als Einflussfaktor der Produktivität der Vorkombination und lässt folglich die Betrachtung des Nachfrageeinflusses auf den Leistungsprozess bzw. -outputs außer Acht. Parasuraman (2002) beschreibt ferner, inwieweit die Höhe des eingesetzten Anbieterinputs Einfluss auf den Kundeninput nehmen kann. Unter anderem bildet Parasuraman (2002), analog zu Grönroos und Ojasalo (2004), die Auswirkung des Kundenoutputs, wie der Grad der Erfüllung der Kundenerwartungen, auf den Unternehmensoutput, wie bspw. die Absatzmenge, ab.

Für die Entwicklung eines Modells zur Produktivitätsmessung von Dienstleistungen sind, in Anbetracht der zuvor untersuchten Konzepte, vier wesentliche Anforderungen zu berücksichtigen:

- Zunächst ist, angesichts des starken Einflusses des externen Faktors, neben der Anbieterperspektive die Sichtweise des Kunden in die Überlegungen eines Messmodells zu integrieren.
- Vor diesem Hintergrund ist darüber hinaus die Qualität einer Dienstleistung aus der Sicht des Kunden respektive die wahrgenommene Dienstleistungsqualität durch den Kunden zu bewerten.
- Außerdem sind die Inputs sowie Outputs des Leistungsprozesses sowohl aus der quantitativen als auch aus der qualitativen Betrachtungsweise zu untersuchen.
- Da die Nachfrage ein wesentlicher Faktor der Dienstleistungsproduktivität bildet, ist dieser ebenfalls einzubeziehen.

4.3 Entwicklungsstrategie

Wie die theoretischen Konzepte von Corsten (1994), Grönroos und Ojasalo (2004), Parasuraman (2002) sowie Johnston und Jones (2002) und der Produktivitätsmessungsansatz gemäß Matijacic und Däuble (2014b) verdeutlichen, stellt der Leistungsprozess die Grundlage zur Ermittlung der Dienstleistungsproduktivität dar. Für die Ermittlung der Produktivität sind die Inputs, die in den Leistungsprozess einfließen sowie die Outputs, die das Ergebnis der Dienstleistung darstellen, zu ermitteln. Im Kontext der Produktivitätsbestimmung betont Corsten (1994), dass der Leistungsprozess für eine detailliertere Analyse der Inputs sowie Outputs in weitere Teilprozesse zu unterteilen ist. Hierzu soll in den anschließenden Abschnitten zunächst mit Hilfe eines Referenz-Geschäftsprozesses zur Analyse wichtiger Einflussfaktoren sowie Erarbeitung relevanter Ersatzgrößen zur Messung der Dienstleistungsproduktivität aufgestellt werden. Für die Analyse soll ein Beispiel aus dem TKD der Branche Maschinen- und Anlagenbau folgen. Die Wahl dieses Beispiels lässt sich zum einen durch den praxisnahen Ansatz von Matijacic und Däuble (2014b) begründen. Zum anderen umfasst der TKD aufgrund der Kombination aus einer Vielfalt an Aufgaben sowie der immer aufwendiger konstruierten Maschinen eine komplexe Dienstleistungserbringung (Däuble et al. 2015) und stellt damit eine geeignete Grundlage zur Ermittlung von Ersatzgrößen zur Produktivitätsmessung komplexer Dienstleistungen dar.

4.4 Theoretische Entwicklung eines Kennzahlenmodells zur Produktivitätsmessung komplexer IT-gestützter Dienstleistungen

4.4.1 Festlegung des Modellrahmens

Eine wichtige Anforderung ergibt sich aus den konstitutiven Merkmalen von Dienstleistungen. Kunden stellen aufgrund ihres starken Einflusses auf die Leistungserstellung einen wichtigen Faktor zur Ermittlung der Dienstleistungsproduktivität dar (Hilke 1989; Lasshof 2006). Aus diesem Grund sind Produktivitätsbetrachtungen sowohl aus der Sicht des Unternehmens als auch aus der Kundensicht zu betrachten (Parasuraman 2002).

Des Weiteren sind Dienstleistungen den Wettbewerbsdimensionen Zeit, Kosten und Qualität ausgesetzt. Mit Hilfe diesen Dimensionen soll die Bewertung der Leistung des Anbieters bzw. im Falle des Beispiels des Servicetechnikers ermöglicht werden.

4.4.2 Beschreibung des zu Grunde liegenden Geschäftsprozesses

Im Kontext dieser Untersuchung sollen Geschäftsprozesse im weitesten Sinne einen zusammengehörenden Ablauf von Aktivitäten innerhalb eines Unternehmens, der zur Erstellung einer Dienstleistung nützt, definieren (Thomas 2009, 21). Folglich beschreiben Geschäftsprozessmodelle spezifische Modelle, dessen Modellgegenstand bestimmte Geschäftsprozesse bilden. Für die zweckgerichtete Modellierung dieser Geschäftsprozesse sind entsprechende Modellierungssprachen, wie bspw. die Ereignisgesteuerte Prozesskette (EPK), die Unified Modeling Language (UML) oder die Business Process Model & Notation (BPMN), festzulegen (Thomas 2009, 24 ff).

Die Literatur thematisiert zwar im Kontext der Untersuchung des Dienstleistungserstellungsprozesses das *Blueprinting*, das sich zur Abbildung der Interaktion zwischen Kunden und Dienstleister eignen soll (Corsten 1994; Güthoff 1995). Allerdings soll im Rahmen dieser Untersuchung zu der Wechselbeziehung zwischen Kunden und Dienstleister die Interaktion zwischen dem mobilen Assistenzsystem und dem Anwender, bspw. dem Servicetechniker, eingehender beleuchtet werden. Die Modellierungssprache BPMN ermöglicht die Darstellung der Informationsflüsse sowohl des Dienstleisters und des Kunden als auch des mobilen Assistenzsystems. Vor diesem Hintergrund ist für den nachfolgenden Geschäftsprozess die Sprache BPMN gewählt worden. Die Wertschöpfungskette in Anlehnung an Matijacic et al. (2014, 2037) in Abb. 8 bietet die Basis für den zu Grunde liegenden Geschäftsprozess in Abb. 9.

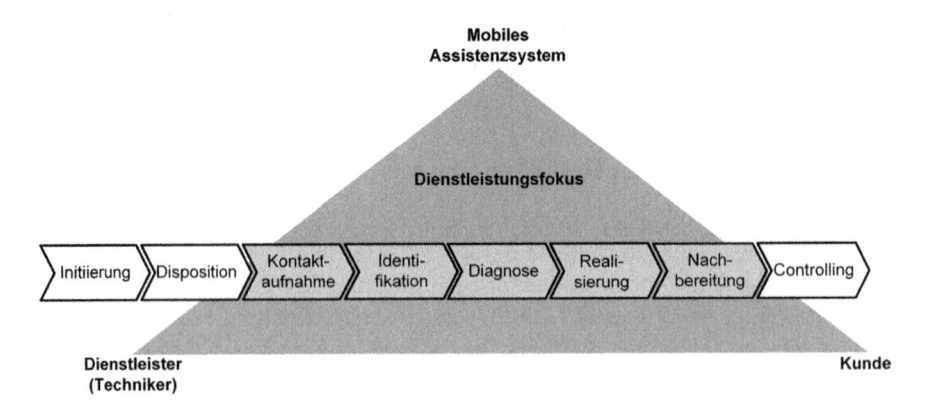

Abb. 8. Leistungsprozess im technischen Kundendienst (Matijacic et al. 2014)

Dabei orientiert sich das Geschäftsprozessmodell an den Ablauf der Wertschöpfungsprozesse der Dienstleistungserstellung des technischen Kundendienstes. Darüber hinaus dient der Referenzprozess von Becker und Neumann (2006) zur Ableitung eines validen Geschäftsprozesses für den TKD (Becker & Neumann 2006). Um den Einsatz mobiler Assistenzsysteme in den Geschäftsprozess zu integrieren, soll u. a. der Referenzprozess von Matijacic und Däuble (2014b) als Orientierung dienen.

Der Geschäftsprozess in Abb. 9 lehnt sich zwar an die zuvor beschriebenen Referenzprozesse an, wurde allerdings in Anbetracht der zugrundeliegenden Problemstellung dieses Beitrags, siehe hierzu Abschnitt 4.1, zweckgerichtet modifiziert sowie auf die relevanten Prozessschritte reduziert. Im Folgenden sollen die wesentlichen Bestandteile dieses Modells kurz erläutert und relevante Kennzahlen beschrieben werden.

In dem Geschäftsprozessmodell sind drei Pools abgebildet, die den Kunden, den TKD und das mobile Assistenzsystem repräsentieren. Der TKD wiederum unterteilt sich in die Lanes bzw. Abteilungen Innendienst, der Disposition oder dem Teleservice, und Außendienst, der Arbeitseinsatz beim Kunden durch den Servicetechniker (Thomas et al. 2014b). Angesichts der Tatsache, dass der externe Faktor „Kunde" direkten Einfluss auf den Leistungserstellungsprozess nimmt, stellen die Tätigkeiten des Kunden eine wichtige Rolle für die Untersuchung des Dienstleistungsprozesses dar (Hilke 1989; Grönroos & Ojasalo 2004). Da das mobile Assistenzsystem den Leistungsprozess des TKD ausschließlich mittels Bereitstellung sowie Aufnahme relevanter Daten unterstützt, ist dieser Pool zwecks der Übersichtlichkeit zusammengeklappt abgebildet. Des Weiteren sind für die im Anschluss folgende Analyse relevante Aspekte des Geschäftsprozesses mit Nummern versehen. Darüber hinaus sind die Aktivitäten des Leistungsprozesses den Phasen *Vorbereitung*, *Durchführung* sowie *Nachbereitung* untergeordnet.

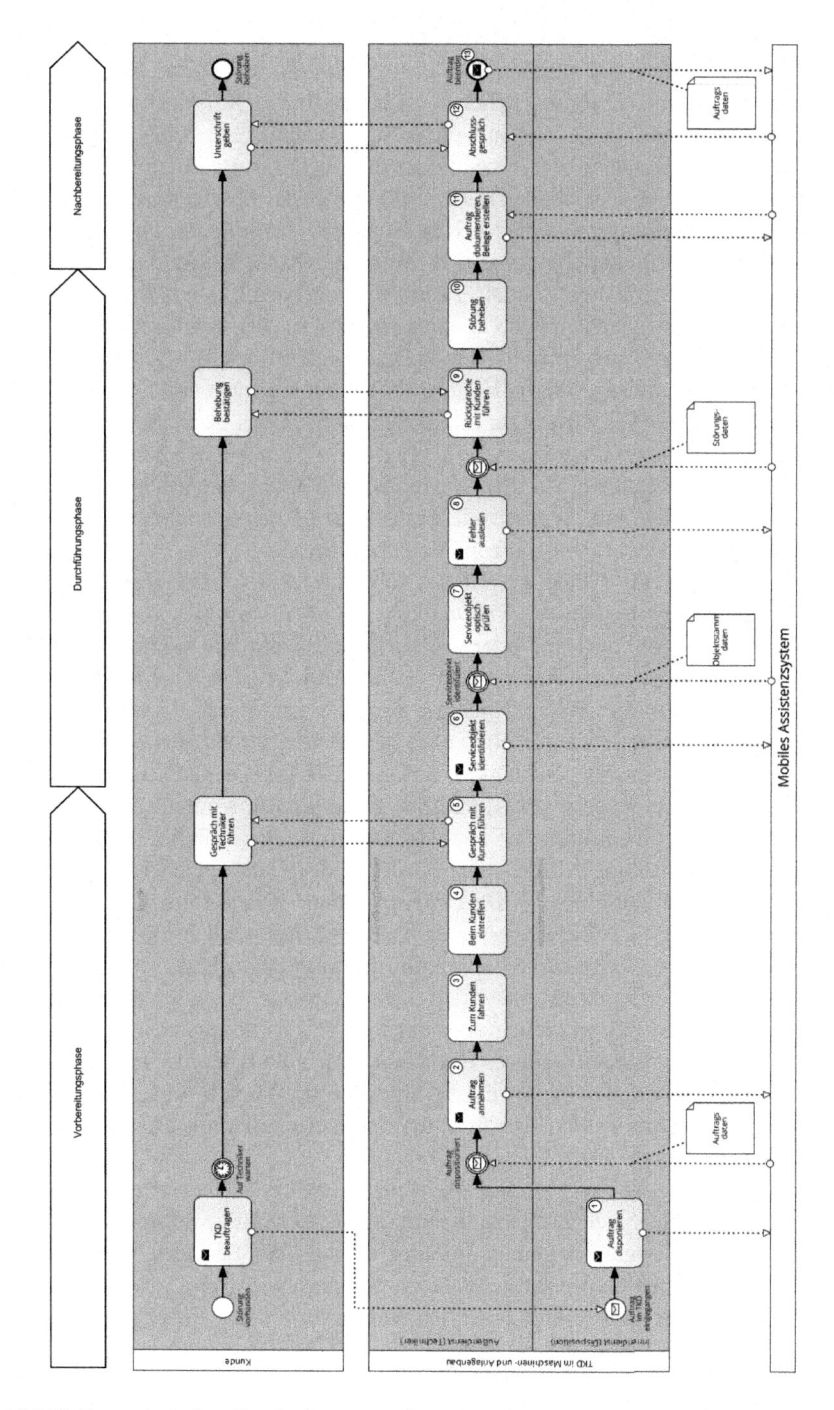

Abb. 9. Exemplarischer Geschäftsprozess einer Störungsbehebung

Das vorliegende Prozessmodell, vgl. Abb. 9, startet mit dem Bedarf der Störungsbehebung seitens des Kunden. Vor diesem Hintergrund übermittelt der Kunde, mit der Absicht die Störung beheben zu lassen, dem TKD einen Auftrag und wartet infolgedessen auf die Ankunft eines Servicetechnikers. Nach Eingang des Kundenauftrages disponiert der Innendienst des TKD die Bearbeitung des Kundenauftrages dem Servicetechniker. Daraufhin erhält der Servicetechniker mittels des mobilen Assistenzsystems diesen Kundenauftrag zugewiesen. Dieser Auftrag könnte sämtliche Informationen, wie z. B. Name des Kunden, Adresse und Grund der Beauftragung beinhalten. Für die Ermittlung relevanter Daten zur Herleitung von Produktivitätskennzahlen wird in diesem Prozess weiterhin impliziert, dass der Servicetechniker bspw. mithilfe eines Buttons dem mobilen System die Annahme des Kundenauftrages signalisiert. In Folge der Auftragsbestätigung tritt der Servicetechniker die Fahrt zum zugewiesenen Kunden an. Nach dem Eintreffen des Technikers beim Kunden wird ein prägnantes Kundengespräch eingeleitet. Dieses Gespräch soll zum einen den Kunden auf die bevorstehende Störungsbehebung vorbereiten und zum anderen die bestehenden Anomalien bzw. Schwierigkeiten mit dem Servicegegenstand zum Vorschein bringen.

Nach Abschluss des Kundengespräches folgt die Identifikation des Dienstleistungsobjektes. Dabei besteht die Möglichkeit, dass der Techniker das Dienstleistungsobjekt entweder von Hand oder mit Hilfe eines Scanners identifiziert. Hierbei vermag das mobile Assistenzsystem, nach Anfrage, den Techniker bei der Überprüfung des zu wartenden Objektes mittels Übermittlung wesentlicher Basisinformationen zu unterstützen. In Folge der Identifizierung des zu wartenden Objektes, erfasst der Servicetechniker den Zustand des Dienstleistungsobjektes zunächst durch eine optische und daraufhin durch eine funktionale Prüfung. Bei der Funktionsprüfung ermittelt der Techniker, mithilfe des mobilen Assistenzsystems, bestehende Störungen durch das Auslesen des Datenspeichers des gegenwärtigen Dienstleistungsobjektes. Da der Kunde den TKD aufgrund einer vorliegenden Störung des Servicegegenstandes beauftragt hat, wird in diesem Prozess unterstellt, dass der Techniker die Funktionsprüfung solange durchführt, bis er zumindest eine Störung feststellt. Nach Identifizierung der Störung erhält der Techniker sämtliche Informationen über das mobile Assistenzsystem. Zudem leitet der Servicetechniker ein weiteres Kundengespräch ein. Unterdessen präsentiert der Techniker dem Kunden das ermittelte Störungsbild. Nach Bestätigung der Störungsbehebung seitens des Kunden führt der Servicetechniker die Behebung sämtlicher Störungen durch.

Unter Zuhilfenahme des mobilen Assistenzsystems erfolgen nach Vollendung der Behebungsmaßnahmen die Dokumentation des Leistungsprozesses sowie die Erstellung der Auftragsabrechnung. Im Idealfall hält der Servicetechniker während der Dokumentation wesentliche Informationen, wie bspw. die eingesetzte Menge an Rohstoffen sowie die Dauer der Störungsbehebung, fest. Darauffolgend führt der Servicetechniker mit dem Kunden ein Abschlussgespräch durch, indes der Techniker die Unterschrift des Kunden einholt. Hierbei unterstützt das mobile Assistenzsystem den Techniker mit Informationen bezüglich unterschriftenberechtigten Personen. Zum Abschluss übermittelt der Techniker sämtliche Auftragsdaten an den Innendienst.

4.4.3 Datenerhebung für die Bestimmung der Ersatzgrößen

Zur Messung der Produktivität der Leistungsfähigkeit des Dienstleisters, im Falle des gewählten Beispiels des Servicetechnikers, sind Ersatzgrößen für Inputs sowie Outputs zu ermitteln. Hierbei vermögen bspw. *Zeit*, als Bemessungsgrundlage der erbrachten Leistung (Input) des Technikers, sowie *Menge*, als Maßstab sowohl für die eingesetzten Rohstoffe (Input) als auch für das Leistungsergebnis (Output), dienen (Corsten 1994; Lasshof 2006). Mittels mobiler Endgeräte können *Zeit*, *Menge* und *weitere Informationen* während der Durchführung der Tätigkeiten sowie im Anschluss dessen gemessen bzw. protokolliert werden (Rügge 2007).

In diesem Zusammenhang soll der zuvor beschriebene Geschäftsprozess, vgl. Abb. 9, eingehender analysiert werden. Hierbei werden zunächst die Teilprozesse detaillierter betrachtet, die eine Interaktion zwischen dem Techniker und dem mobilen Assistenzsystem aufweisen. Des Weiteren sollen zu Beginn der Untersuchung das Hauptaugenmerk auf die Bemessungsgrundlage *Zeit* gelegt werden. Dabei wird in dieser Analyse im Hinblick auf die *Zeiterfassung* impliziert, dass bei jedem Kontakt zwischen Servicetechniker und dem mobilen Endgerät, sei es Informationsanfrage oder sei es Datenübermittlung, das Assistenzsystem sog. *Zeitstempel* registriert. Zudem wird die Annahme, dass die Systemlaufzeit ausschließlich einige Sekunden umfasst, aufgestellt. Vor diesem Hintergrund werden die Laufzeiten der Assistenzsysteme außer Acht gelassen und das Versenden sowie der Eingang von Informationen bzw. Signalen als zeitgleich angesehen. Hierdurch sollen die möglichen Arbeitszeiten einzelner Aktivitäten hypothetisch aufgestellt werden (Becker & Neumann 2006).

Gemäß dem Modell in Abb. 9 beginnt der Leistungsprozess mit dem Eingang des Kundenauftrages. Dabei kann die Uhrzeit „Kundenauftrag im TKD eingegangen" als relevante Größe genutzt werden. Dieser Auftrag wird dem jeweiligen Servicetechniker mittels des Assistenzsystems übermittelt. Bei der Auftragsübermittlung kann die Uhrzeit, die bei Auftragseingang erfasst wurde, als Datenobjekt an den Kundenauftrag angehängt sowie die Uhrzeit „Auftrag disponieren" (1) registriert werden. Wenn der Servicetechniker diesen Auftrag annimmt, wird die „Uhrzeit Kundenauftrag annehmen" (2) erfasst. Während der Durchführungsphase werden durch die Interaktion zwischen dem Techniker und dem mobilen Assistenzsystem die *Zeitstempel* „Serviceobjekt identifizieren" (6) sowie „Fehler auslesen" (8) bestimmt. Bei Beginn der Dokumentationsausführung sowie bei Beendigung dessen vernimmt das mobile Assistenzsystem die jeweiligen Uhrzeiten (11). Als letzter Schritt erfolgt die Auftragsbeendigung, welche die Zeit „Auftrag beendet" (13) erfasst.

Diese *Zeitstempel* verhelfen in einem weiteren Schritt mögliche Kennzahlen abzuleiten. Beispielhafte Kennzahlen zu diesem Geschäftsprozess befinden sich in

Tabelle 2. Hierzu zählen neben Durchführungszeit, allgemeine Rüstzeiten, wie Annahmezeit.

Tabelle 2. Ersatzgrößen mit Ausprägung des TKD im Maschinen- und Anlagenbau

Mess-punkt	Prozess	Daten	Quantifizierung
3	Zum Kunden fahren	Uhrzeit Zum Kunden fahren, Uhrzeit Beim Kunden eintreffen	Anfahrtszeit
2	Auftrag annehmen	Uhrzeit Kundenauftrag disponieren, Uhrzeit Kundenauftrag annehmen	Annahmezeit
2, 3	Auftrag annehmen, Zum Kunden fahren, Beim Kunden eintreffen	Uhrzeit Kundenauftrag annehmen, Uhrzeit Beim Kunden eintreffen	Rüstzeit
2, 3, 4, 5	Auftrag annehmen, Zum Kunden fahren, Beim Kunden eintreffen, Einführungsgespräch führen	Uhrzeit Kundenauftrag annehmen, Uhrzeit Beim Kunden eintreffen, Einführungsgesprächszeit	Vorbereitungsphase
7, 8	Serviceobjekt optisch prüfen, Fehlerspeicher auslesen	Uhrzeit Serviceobjekt identifizieren, Uhrzeit Fehler auslesen	Diagnosezeit
6, 7, 8, 9, 10	Serviceobjekt identifizieren, Serviceobjekt optisch prüfen, Fehlerspeicher auslesen, Rücksprache mit Kunden führen, Störung beheben	Uhrzeit Serviceobjekt identifizieren, Uhrzeit Beginn Dokumentation	Durchführungszeit
11, 12	Dokumentation, Belegerstellung, Abschlussgespräch	Uhrzeit Beginn Dokumentation, Uhrzeit Auftrag beendet	Nachbereitungszeit
4	Beim Kunden eintreffen	Uhrzeit Auftrag eingegangen im TKD, Uhrzeit Beim Kunden eintreffen	Wartezeit Kunde
8	Fehlerspeicher auslesen		Anzahl Störungen
10	Störung beheben	Dokumentation	Behebungszeit, Menge Rohstoffe, Anzahl behobener Störungen
13	Auftrag beendet		Kosten, Umsatz, Erlös, Auftragszeit, Kundenzufriedenheit

Becker und Neumann (2006, 643) zählen Wegezeiten als weitere denkbare Kennzahl auf. Mobile Endgeräte ermöglichen darüber hinaus mittels des GPS Ort, Uhrzeit sowie dessen eigene Fortbewegung zu erfassen. Auf diese Weise können die jeweiligen Uhrzeiten der Teilprozesse „Zum Kunden fahren" (3) sowie „Beim Kunden eintreffen" (4) vernommen werden. Des Weiteren vermag das mobile Assistenzsystem die Positionen beider Aktivitäten zu vernehmen. Darauf aufbauend lassen sich einerseits die Dauer, die der Servicetechniker für die Anfahrt zum Kunden benötigt und anderseits die zurückgelegten Kilometer vom Ausgangspunkt bis hin zum Eintreffen beim Kunden, bestimmen. Zwar besitzt der Servicetechniker eventuell keinen Einfluss auf die Länge der Anfahrtszeit, jedoch helfen diese Größen, die Prozesse des Technikers nachzuvollziehen sowie die Verhältnisse einzelner Schritte zu bestimmen.

In einem weiteren Schritt sind die übrigen Informationen, die innerhalb des Leistungsprozesses unter Einsatz des mobilen Assistenzsystems erfasst werden, zu beschreiben. Hierzu zählen z.B. die *Menge* der beim Servicetechniker eingegangenen Kundenaufträge sowie die *Quantität* der ausgelesenen Fehler, die während der Aktivitäten „Auftrag annehmen" (2) und „Fehler auslesen" (8) mittels des mobilen Systems erhoben werden können. Eine wesentliche Schnittstelle der Datenerfassung bildet im Falle des abgebildeten Leistungsprozesses die Dokumentation des Technikers. Währenddessen werden bedeutende Informationen, wie bspw. die *Menge* eingesetzter Rohstoffe für die Behebung der Störungen, die *Anzahl* behobener Störungen sowie die *Arbeitszeit* der Störungsbehebung erfasst. Im Idealfall werden diese relevanten Informationen bereits während der Prozesse durch das mobile Assistenzsystem erfasst.

Hierbei können weitere relevante Kennziffern zur Bewertung einer Dienstleistung anfallende *Kosten*, wie bspw. Personal- und Rohstoffkosten darstellen (Bruhn & Hadwich 2011). Für die Beurteilung des Auftrags können sowohl Kosten als auch Erlöse ermittelt werden (Becker und Neumann 2006, 643).

Für die Bewertung der Servicequalität ist neben den Gesprächszeiten zwischen Kunden und Servicetechniker die Kundenzufriedenheit zu berücksichtigen.

4.5 Spezifisches Kennzahlenmodell mit Ausprägungen des Maschinen- und Anlagenbaus

In Abb. 10 sind die zuvor erarbeiteten Kennzahlen in einem spezifischen Modell den Phasen *Vorbereitung*, *Durchführung* sowie *Nachbereitung* zugeordnet. Die *Vorbereitungsphase* umfasst den Wertschöpfungsprozess Kontaktaufnahme. Die Prozesse Identifikation, Diagnose sowie Realisierung ordnen sich wiederum der *Durchführungsphase* unter. Die letzte Phase trägt den Namen des Wertschöpfungsprozesses *Nachbereitung*. Des Weiteren sind den Phasen jeweilige Zielsetzungen zugewiesen. Diese Ziele betrachten sowohl die Unternehmens- als auch die Kundenperspektive und werden im Folgenden weiter erläutert.

Das Ziel der Vorbereitungsphase liegt in der Verbesserung der Zeiten einzelner Prozessschritte. Hierzu zählt z.B. das Verringern der Anfahrtszeit zum Kunden. Außerdem ist die Steigerung der Qualitätswahrnehmung des Nachfragers als weitere Zielsetzung zu sehen. Dies kann in der ersten Phase bspw. durch eine höhere Interaktionszeit oder geringere Wartezeit auf das Eintreffen des Technikers seitens des Kunden umgesetzt werden. Zur Verbesserung der Durchführungszeit können exemplarisch die Diagnosezeit sowie Behebungszeit verringert werden. Einen weiteren Faktor bildet die Höhe eingesetzter Rohstoffe. Dabei könnte ein Ziel darin bestehen, den Materialeinsatz angemessen zu verringern bzw. einen unnötigen Ausschuss zu verhindern. Im Rahmen der Nachbereitungsphase könnten ebenfalls Zeitoptimierungen im Vordergrund stehen. Das Reduzieren der Dokumentationszeit wäre in diesem Zusammenhang eine Option.

Angesichts der Tatsache, dass die wahrgenommene Qualität des Kunden starken Einfluss auf die Dienstleistungsproduktivität nimmt, sind weiterhin Faktoren, die den Kunden betreffen, ausgiebiger zu betrachten. Generell liegt der Fokus der Leistungssteigerung auf die Verlagerung der gesamten Auftragszeiten zu produktiven Bereichen, wie z.B. dem Kundenkontakt oder der Durchführungszeit.

Des Weiteren bildet das Kennzahlenmodell in Abb. 10 unterschiedliche Kuchendiagramme ab. Diese Diagramme werden zum einen aus der Perspektive des Unternehmens, in diesem Fall dem Techniker, und zum anderen aus Sicht des Kunden dargestellt. Zudem sind die Kennzahlendiagramme den Dimensionen *Zeit*, *Kosten* und *Qualität* zugeordnet.

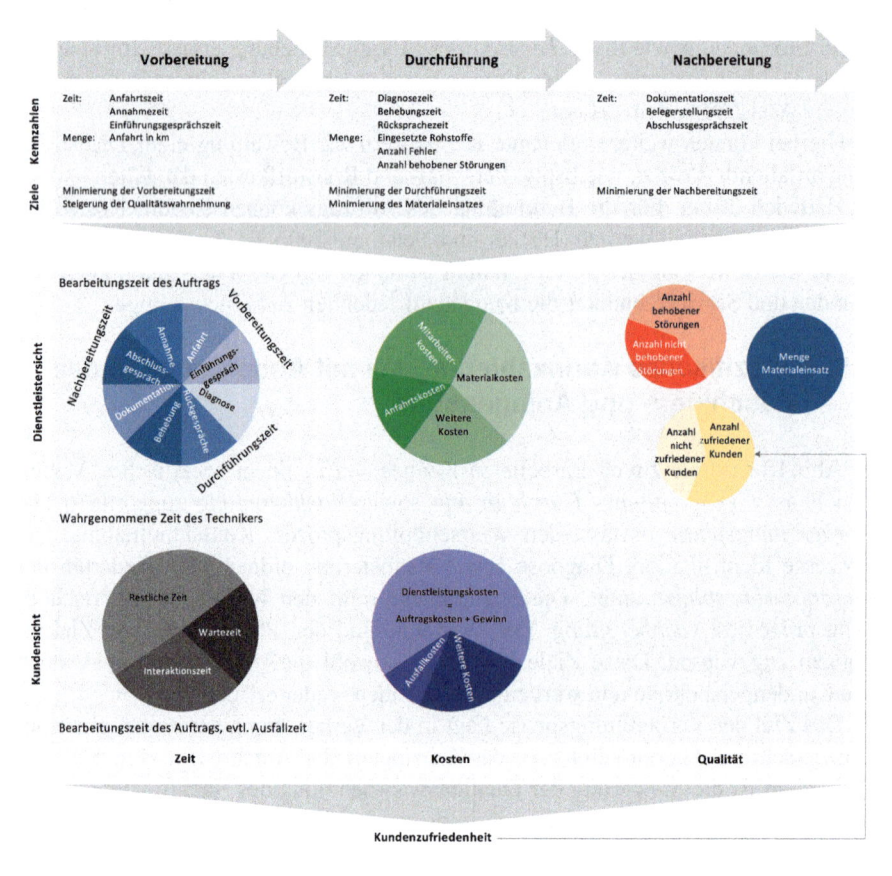

Abb. 10. Spezifisches Kennzahlenmodell mit Ausprägungen des Maschinen- und Anlagenbaus

Das erste Kreisdiagramm stellt die gesamte Bearbeitungszeit des Kundenauftrages aus Sicht des Unternehmens dar. Diese Gesamtzeit teilt sich erneut in *Vorbereitungs-*, *Durchführungs-* sowie *Nachbereitungszeit* auf. Zu der *Vorbereitungszeit* gehören neben Annahmezeit, die Anfahrts- sowie die Einführungsgesprächszeit. Die Durchführung fasst wiederum die Diagnose-, die Behebungs- und die Interaktionszeit des Rückgespräches zusammen. Zuletzt beschreibt die *Nachbereitung* die Zeiten der Dokumentation, der Belegerstellung sowie des Abschlussgespräches.

Aus der Perspektive des Kunden ist ein Tortendiagramm abgebildet, das ebenfalls die Bearbeitungszeit des Auftrages thematisiert. Allerdings ist die Auftragsbearbeitungszeit aus Sicht des Kunden zum einen aus der Zeit, die der Kunde auf das Eintreffen des Technikers wartet, sowie zum anderen aus der wahrgenommenen Arbeitszeit des Servicetechnikers durch den Kunden zusammengesetzt. Die Interaktionen zwischen Techniker und Kunde stellen einen Teil der wahrgenommenen Arbeitszeit des Servicetechnikers dar. Dieses Diagramm verdeutlicht ein grundlegendes Problem von Dienstleistungen. Angesichts der immateriellen Natur von Dienstleistungen wird dem Kunden die Bewertung der Dienstleistungsqualität zusätzlich erschwert. Dabei vernimmt der Nachfrager in der Regel die Zeit, in dessen der Servicetechniker vor Ort ist, als Bearbeitungszeit. Bei dieser Betrachtung wird allerdings ein Großteil der Vorbereitungsphase außer Acht gelassen. Des Weiteren können aufgrund von Störungen eventuelle Ausfallzeiten bspw. der Maschine des Kunden entstehen. Bei Ausfall kommt der Länge der Bearbeitungsdauer eine bedeutendere Beachtung zu. Auf diesen Punkt wird im weiteren Verlauf detaillierter eingegangen.

Die Wettbewerbsdimension Kosten bildet zwei Kuchendiagramme ab. Das Diagramm aus der Betrachtungsweise des Unternehmens bzw. des Technikers beschreibt die gesamten Kosten eines Auftrages. Diese Gesamtkosten umfassen die Mitarbeiter-, die Material-, die Anfahrtskosten sowie weitere Kosten. Unter weiteren Aufwand fallen z. B. die Overhead-Kosten, die in dem Geschäftsprozess aufgrund der Leistungsbetrachtung, in Abb. 10, unberücksichtigt sind. Das Kostendiagramm aus der Sicht des Kunden beinhaltet neben den Kosten der Dienstleistungserbringung, weitere anfallende Aufwände, wie bspw. entstandene Kosten in Bezug auf die Ausfallzeit. Die Dienstleistungskosten setzen sich wiederum aus den Kosten des Kundenauftrages und dem Unternehmensgewinn zusammen.

Des Weiteren ordnen sich beispielhafte Größen zur Bewertung der Dienstleistung der Dimension Qualität unter. Hierzu zählen beispielhaft die Relation behobener Störungen zu nicht behobener Störungen und das Verhältnis zufriedener Kunden und unzufriedener Kunden. Zusammenfassend ist in Abb. 10 der Einfluss von Zeit, Kosten und Qualität auf die Kundenzufriedenheit aufgeführt.

Die dargestellten Zeitdiagramme der Kunden- und Unternehmensperspektive sind durch einen wechselseitigen Wirkungspfeil (1) miteinander verbunden. Dabei kann der Zeitinput seitens des Servicetechnikers Einfluss auf die investierte Zeit des Kunden nehmen. Sollte z. B. mit der anfallenden Störung ein Ausfall der Maschine einhergehen, steigt die Relevanz der gesamten Bearbeitungszeit des Auftrages und die benötigte Zeit des Technikers, bspw. zur Behebung der Störung, verlängert die Ausfallzeit der Maschine. Der längerfristige Anlagenstillstand könnte dem Kunden wiederum Kosten verursachen, siehe Pfeil (2). In diesem Fall hätte eine umfangreichere Bearbeitungszeit negative Auswirkungen auf die Kundenzufriedenheit. Im Gegensatz dazu können z. B. ausgiebigere Gespräche, die der Kunde als kompetent oder informativ einstuft, trotz erhöhter Zeitinputs seitens des Nachfragers als positiv wahrgenommen werden. Die subjektive Wahrnehmung des Kunden stellt dabei eine schwer messbare Größe dar. Demgegenüber kann die Zeit des Servicetechnikers durch den Kunden beeinflusst werden. Wenn z. B. der Kunde den Techniker in ein längeres Gespräch verwickelt oder den Techniker aufgrund bspw. eines anderweitigen Termins auf sich warten lässt, wird die Arbeitszeit des Servicetechnikers negativ beeinflusst. Dies kann weiterhin die Mitarbeiterkosten erhöhen, siehe Pfeil (3). Dabei können die erhöhten Personalkosten entweder den Gewinn des Unternehmens schmälern oder die Dienstleistungskosten für den Kunden erhöhen, siehe Wirkungspfeil (4).

Schlussendlich können sich sämtliche Aktivitäten auf die Zufriedenheit des Kunden auswirken. Die Kundenzufriedenheit beeinflusst wiederum die Qualitätsbewertung der Leistungserbringung des Technikers. Hierbei besteht eine starke Wechselbeziehung zwischen der Kundenzufriedenheit und den anderen Dimensionen.

Obwohl das Kennzahlenmodell in Abb. 10 ausschließlich einen Ausschnitt möglicher Verhältnisse darstellt, werden bereits in diesem Schaubild die Vielfalt möglicher Wechselbeziehungen weniger Kennzahlen deutlich. Dies liegt einerseits in der vielfältigen Natur von Kennzahlen und andererseits in dem Ziel eine Grundlage für ein generisches Kennzahlenmodell zu schaffen begründet. Die zweckgerichtete Leistungsbetrachtung ermöglicht darüber hinaus das Ableiten weiterer Produktivitätskennzahlen.

4.6 Generisches Kennzahlenmodell

Die erarbeiteten Kennzahlen werden nun in einem generischen Modell eingebettet sowie verallgemeinert. Hierzu dienen als Grundlage die zuvor erstellten Rahmenbedingungen eines Modells zur Produktivitätsmessung von Dienstleistungen. Darüber hinaus wird das Modell um weitere Aspekte, wie bspw. die Faktoren der wahrgenommenen Komplexität, erweitert. Da der TKD zu den komplexen Dienstleistungen mit geringem Interaktionsgrad gehören (Baumgärtner und Bienzeisler 2006, 15–16), ist die Betrachtung um die Kundenperspektive zu erweitern (Johnston & Jones 2004).

Das generische Kennzahlenmodell in Abb. 11 stellt zum einen die Inputs, die in den Leistungsprozess münden, und zum anderen die Outputs, die sich aus der Dienstleistung ergeben, dar. Hierbei werden in diesem Modell die Phasen *Vorbereitung*, *Durchführung* sowie *Nachbereitung* aufgegriffen. Auf diese Weise soll ermöglicht werden, dass das generische Modell auf jegliche komplexe Dienstleistung adaptierbar ist. Des Weiteren werden die Inputs hinsichtlich der Dienstleister- sowie Kundenperspektive unterschieden. Im Rahmen der Geschäftsprozessanalyse ergeben sich diverse Kennzahlen, die den Zeitfaktor betreffen. Seitens des Dienstleisters sind die Zeiten relevant, die der Mitarbeiter je Prozess benötigt. Jene können, wie zuvor beschrieben, zu *Vorbereitungszeit, Durchführungszeit* sowie *Nachbereitungszeit* zusammengefasst werden. Hierbei kann weiterhin in Bezug auf Abschnitt 4.5 in produktive sowie unproduktive Zeiten unterschieden werden.

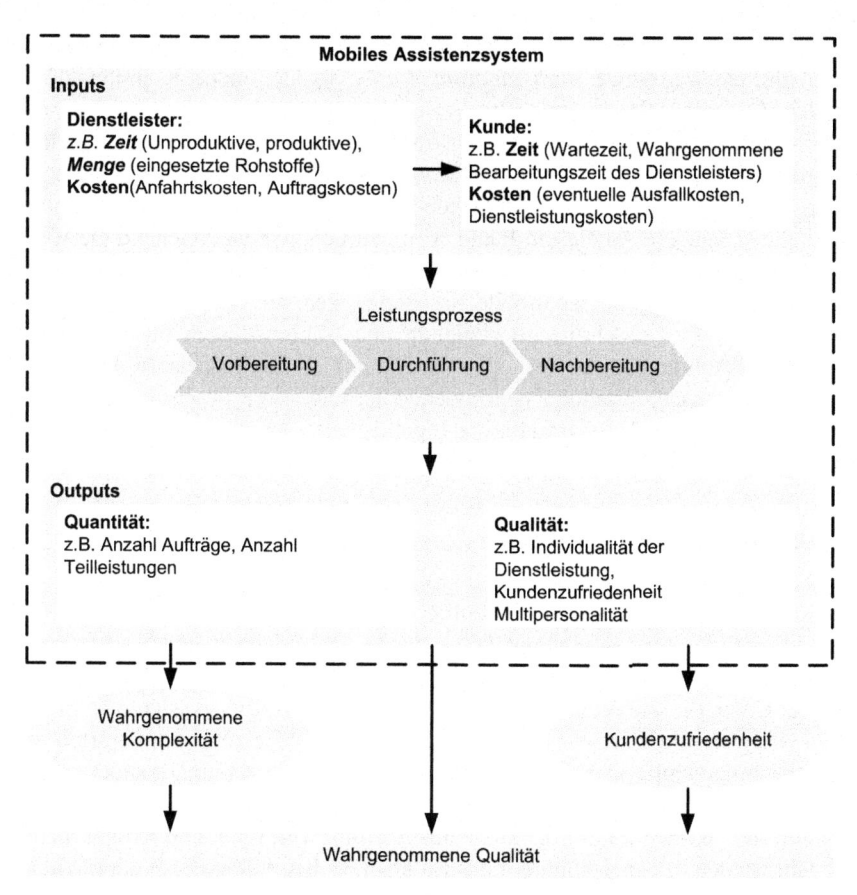

Abb. 11. Generisches Kennzahlenmodell zur Produktivitätsmessung von Dienstleistungen

Unter Zuhilfenahme des Assistenzsystems können zeitliche Faktoren, die aus der Sicht des Kunden von großer Bedeutung sind, indirekt ermittelt werden. Hierzu zählen bspw. die wahrgenommene Zeit der Auftragsbearbeitung durch den Dienstleister sowie die Wartezeit auf sein Eintreffen. Dabei vermag die Höhe der investierten Zeit (Inputs) des Dienstleisters bzw. im Falle des Beispiels des Servicetechnikers, den Inputeinsatz des Kunden zu beeinflussen. Wenn z.B. der Techniker in einer der Phasen eine längere Bearbeitungszeit benötigt, wirkt es sich auf die Zeit des Kunden aus. Für den Fall, dass bei dem Kunden ein Ausfall der Maschine vorliegt, nimmt die Dauer der gesamten Dienstleistung Einfluss auf die Kundenzufriedenheit. Ferner beeinflusst dies bspw. die Menge des Rohstoffeinsatzes.

Der Output wiederum unterteilt sich in eine quantitative und qualitative Betrachtungsweise. Als quantitative Größen können z.B. die Anzahl eingegangener Aufträge gemessen werden. Qualitative Maße werden bspw. durch die Kundenzufriedenheit bestimmt. Darüber hinaus beeinflussen die fünf Faktoren, *Anzahl der Teilleistungen, Multipersonalität, Heterogenität der Teilleistungen, Dauer der Leistungserstellung* sowie *Individualität* die wahrgenommene Komplexität des Kunden (Güthoff 1995).

Wie in Abb. 11 dargestellt werden sowohl wahrgenommene Komplexität als auch die Kundenzufriedenheit durch die Outputs des Leistungsprozesses beeinflusst. Diese Kennzahlen nehmen wiederum Einfluss auf die wahrgenommene Qualität des Kunden. An diesem Punkt wird deutlich, wie weitreichend die Wechselbeziehung der jeweiligen Kennzahlen sein können. Außerdem bildet das generische Kennzahlenmodell das mobile Assistenzsystem ab. Dies liegt zum einen in der Fähigkeit, Prozessschritte zu begleiten und währenddessen die Leistung zu messen und zum anderen in der unterstützenden Funktion respektive der proaktiven Informationsbereitstellung begründet. Allerdings wird durch das allgemeine Schaubild weiterhin deutlich, dass die Inputs sowie Outputs spezifisch in Bezug auf die Branche zu wählen sind (Corsten 1994).

5 Diskussion und Fazit

Das Ergebnis dieses Beitrags repräsentiert ein generisches Kennzahlenmodell zur Produktivitätsmessung komplexer IT-gestützter Dienstleistungen. Hierbei stellen mobile Assistenzsysteme eine technische Unterstützung der eigentlichen Tätigkeiten dar. Unter Einsatz mobiler Endgeräte vermögen Assistenzsysteme das Erfassen sowie Übermitteln relevanter Daten umzusetzen. Wie zu Beginn erörtert sind Dienstleistungen aufgrund dessen konstitutiven Merkmale Immaterialität und Integrativität schwer abzubilden (Lasshof 2006). Obgleich sich die Messung der Produktivität, aufbauend auf der Gegenüberstellung von Input und Output, bereits seit Jahrzehnten in der Sachgüterindustrie etabliert hat, bildet die Produktivität in dem Dienstleistungssegment ein Themenfeld ab, das gegenwärtig durch ausgiebige Forschungen geprägt ist (McLaughlin & Coffey 1990; Biege et al. 2013). Besonders vor dem Hintergrund der zuvor erwähnten konstitutiven Merkmale gestaltet sich die Bestimmung der Input- sowie Outputgrößen als schwieriges Unterfangen, wodurch folglich eine Übertragung der Produktivitäts-Messkonzepte aus der Produktionsindustrie auf das Dienstleistungssegment nicht ohne weiteres möglich ist (Bruhn & Hadwich 2011; Biege et al. 2013; Becker et al. 2014).

Bedingt durch die Tatsache, dass der Kunde stets ein Bestandteil der Dienstleistung bildet, ist dieser externe Faktor in den Überlegungen eines geeigneten Konzepts zur Produktivitätsmessung von Dienstleistungen zu integrieren. Da die Leistungsbereitschaft ein grundlegendes Erfordernis des Dienstleistungsabsatzes darstellt, ist darüber hinaus diese Bereitschaft ebenfalls in die Produktivitätskennzahl einzubeziehen (Biege et al. 2013).

Der Fokus dieses Beitrags bestand darin, neben einem Vorgehen zur Ermittlung von Kennzahlen, die unterstützende Funktion mobiler Assistenzsysteme hinsichtlich der Datenerfassung aufzuzeigen. Mobile Assistenzsysteme ermöglichen dabei, abgesehen von der Unterstützung des Anwenders bspw. mittels Informationsbereitstellung, bei gezieltem Einsatz während der Leistungserstellung die Erfassung wichtiger Ersatzgrößen. Auf Grundlage dieser Größen können in einem weiteren Schritt Kennzahlen generiert werden. Während der Entwicklung von Kennzahlen hat sich wiederum gezeigt, dass sich bereits im Falle eines spezifischen Geschäftsprozesses eine Vielzahl an Kennzahlen ergeben. Des Weiteren veranschaulicht das spezifische Kennzahlenmodell, inwieweit mobile Assistenzsysteme für die Messung von Dienstleistungsproduktivitäten einen Mehrwert schaffen können. Die Herangehensweise zur Ermittlung von Kennzahlen soll hierbei ein Anstoß für weitere Arbeiten geben. In diesem Zusammenhang ist zu beachten, dass neuere Technologien weitaus umfangreichere Möglichkeiten bieten. Diese Möglichkeiten sind weiterhin in Bezug auf Datenschutzrechtliche Aspekte zu untersuchen (Niemöller et al. 2017).

Während der Recherchen zeigte sich, dass gerade bei Dienstleistungen mit starkem Personenbezug die Kennzahl der Zufriedenheit und bei Dienstleistungen mit einem geringen Interaktionsgrad bestimmte Kennzahlen hinsichtlich der Dimension Zeit von Relevanz sind. Allerdings besteht an diesem Punkt weiterer Forschungsbedarf. Als nächster Schritt könnte eine Validierung in betriebswirtschaftlichen Unternehmen durchgeführt werden. Dabei können die mobilen Assistenzsysteme gezielt zur Produktivitätsmessung eingesetzt werden.

Zusätzlich ist zu prüfen, inwieweit die Zeitstempel in der Praxis ausgewertet werden können. Durch solche Stempel, die explizit Bezeichnungen zugewiesen bekommen, könnten eventuell auch Prozesse, die nicht einer Reihenfolge von Schritten folgen, gemessen werden. Durch das Zuweisen der Zeitstempel zu gewissen Kennzahlen müssen die Prozessschritte theoretisch nicht eingehalten werden. Allerdings wäre in diesem Fall wieder fraglich, ob dies hinsichtlich des Datenschutzes umsetzbar ist. Schlussendlich stellt die Produktivitätsmessung mithilfe mobiler Assistenzsysteme ein spannendes Themengebiet dar, das weiterer Forschung bedarf.

6 Literatur

Backhaus K, Bröker O, Wilken R (2011) Produktivitätsmessung von Dienstleistungen mit Hilfe von Varianten der DEA. In: Bruhn M, Hadwich K (Hrsg) Dienstleistungsproduktivität. Management, Prozessgestaltung, Kundenperspektive Band 1. Gabler Verlag/Springer Fachmedien, Wiesbaden, 225–245

Baumgärtner M, Bienzeisler B (2006) Dienstleistungsproduktivität. Konzeptionelle Grundlagen am Beispiel interaktiver Dienstleistungen. Fraunhofer IRB Verlag, Stuttgart

Becker J, Beverungen D, Blinn N, et al. (2010) Produktivitätsmanagement hybrider Leistungsbündel. Auf dem Weg zu einer Produktivitätsmanagementsystematik für effiziente Wertschöpfungspartnerschaften. In: Integration von Produkt & Dienstleistung – Hybride Wertschöpfung. Books on Demand GmbH, Norderstedt, 57–69

Becker J, Beverungen D, Knackstedt R, et al. (2014) On the ontological expressiveness of conceptual modeling grammars for service productivity management. Inf Syst E-bus Manag 12:337–365

Becker J, Knackstedt R, Pöppelbuß J (2009) Entwicklung von Reifegradmodellen für das IT-Management – Vorgehensmodell und praktische Anwendung. Wirtschaftsinformatik 51:249–260

Becker J, Neumann S (2006) Referenzmodelle für Workflow Applikationen in technischen Dienstleistungen. In: Bullinger H-J, Scheer A-W (Hrsg) Service Engineering: Entwicklung und Gestaltung innovativer Dienstleistungen. Springer, Berlin, Heidelberg, 623–647

Biege S, Lay G, Zanker C, Schmall T (2013) Challenges of measuring service productivity in innovative, knowledge-intensive business services. Serv Ind J 33:378–391

Blinn N, Fellmann M, Thomas O, Schlicker M (2010) Produktivitätssteigerung technischer Kundendienstleistungen durch intelligente mobile Assistenzsysteme. In: GI Jahrestagung (1). 681–686

Böttcher M, Klingner S (2010) Der Komponentenbegriff der Dienstleistungsdomäne. In: GI Jahrestagung (1). 63–70

Bruhn M, Hadwich K (2011) Dienstleistungsproduktivität – Einführung in die theoretischen und praktischen Problemstellungen (Band 2). In: Bruhn M, Hadwich K (Hrsg) Dienstleistungsproduktivität Innovationsentwicklung, Internationalität, Mitarbeiterperspektive. Gabler Verlag, Wiesbaden, 3–31

Corsten H (1994) Produktivitätsmanagement bilateraler personenbezogener Dienstleistungen. In: Corsten H, Hilke W (Hrsg) Dienstleistungsproduktion. Gabler, Wiesbaden, 43–77

Corsten H (2001) Dienstleistungsmanagement, 4th edn. Oldenbourg Wissenschaftsverlag GmbH, München

Corsten H, Gössinger R (2007) Dienstleistungsmanagement, 5th edn. Oldenburg Wissenschaftsverlag, München

Däuble G, Özcan D, Niemöller C, et al. (2015) Design of User-Oriented Mobile Service Support Systems – Analyzing the Eligibility of a Use Case Catalog to Guide System Development. In: Thomas O, Teuteberg F (Hrsg) 12. Internationale Tagung Wirtschaftsinformatik (WI 2015). AISeL, Osnabrück, 149–163

Engelhardt WH, Kleinaltenkamp M, Reckenfelderbäumer M (1992) Dienstleistungen als Absatzobjekt. Bochum

Grönroos C, Ojasalo K (2004) Service Productivity. Towards a conceptualization of the transformation of inputs into economic results in services. J Bus Res 57:414–423

Gummesson E (1998) Productivity, quality & relationship marketing in service operations. Int J Contemp Hosp Manag 10:4–15

Güthoff J (1995) Qualität komplexer Dienstleistungen. Gabler Verlag, Deutscher Universitäts-Verlag, Wiesbaden

Hilke W (1989) Grundprobleme und Entwicklungstendenzen des Dienstleistungs-Marketing. In: Jakob H, Adam D, Hansmann K-W, et al. (Hrsg) Dienstleistungs-

Marketing. Banken und Versicherungen – Freie Berufe – Handel und Transport – Nicht-erwerbswirtschaftlich orientierte Organisation. Betriebswirtschaftlicher Verlag Dr. Th. Gabler, Wiesbaden, 5–44

Johnston R, Jones P (2004) Service productivity. Towards understanding the relationship between operational & customer productivity. Int J Product Perform Manag 53:201–213

Jones P (1988) Quality, capacity & productivity in service industries. Int J Hosp Manag 7:104–112

Lasshof B (2006) Produktivität von Dienstleistungen: Mitwirkung und Einfluss des Kunden. Deutscher Universitäts-Verlag, Wiesbaden

Martin CR, Horne DA (2001) A perspective on client productivity in business-to-business consulting services. Int J Serv Ind Manag 12:137–157

Matijacic M, Däuble G (2014a) State-of-the-Art der Produktivitätsmessung und -gestaltung im Technischen Kundendienst. In: Nüttgens M, Thomas O, Fellmann M (Hrsg) Dienstleistungproduktivität. Mit mobilen Assistenzsystemen zum Unternehmenserfolg. Springer Fachmedien, Wiesbaden, 18–29

Matijacic M, Däuble G (2014b) EMOTEC-Produktivitätsmetriken. In: Nüttgens M, Thomas O, Fellmann M (Hrsg) Dienstleistungsproduktivität. Mit mobilen Assistenzsystemen zum Unternehmenserfolg. Springer Fachmedien, Wiesbaden, 48–66

Matijacic M, Däuble G, Fellmann M, et al. (2014) Informationsbedarfe und -bereitstellung in technischen Serviceprozessen: Eine Bestandaufnahme unterstützender IT-Systeme am Point of Service. In: Kundisch D, Stuhl L, Beckmann L (Hrsg) Proceedings Multikonferenz der Wirtschaftsinformatik (MKWI 2014). Paderborn, 2035–2047

McLaughlin CP, Coffey S (1990) Measuring Productivity in Services. Int J Serv Ind Manag 1:46–64

Metzger D, Niemöller C, Thomas O (2014) The Impact of Augmented Reality on the Technical Customer Service Value Chain. In: International Conference on Multimedia & Human Computer Interaction (MHCI 2014). Prague, Paper 62

Mutscheller AM (1996) Vorgehensmodell zur Entwicklung von Kennzahlen und Indikatoren für das Qualitätsmanagement. Universität St. Gallen

Niemöller C, Zobel B, Berkemeier L, et al. (2017) Sind Smart Glasses die Zukunft der Digitalisierung von Arbeitsprozessen? Explorative Fallstudien zukünftiger Einsatzszenarien in der Logistik. In: Leimeister JM, Brenner W (Hrsg) 13. Internationale Tagung Wirtschaftsinformatik (WI 2017). AISeL, St. Gallen, Schweiz, 410–424

Parasuraman A (2002) Service quality & productivity: a synergistic perspective. Manag Serv Qual 12:6–9

Rügge I (2007) Mobile Solutions. Einsatzpotenziale, Nutzungsprobleme und Lösungsansätze. Deutscher Universitäts-Verlag/GWV Fachverlage, Wiesbaden

Thomas O (2006) Management von Referenzmodellen: Entwurf und Realisierung eines Informationssystems zur Entwicklung und Anwendung von Referenzmodellen. Logos (Wirtschaftsinformatik – Theorie und Anwendung), Berlin

Thomas O (2009) Fuzzy Process Engineering: Integration von Unschärfe bei der modellbasierten Gestaltung prozessorientierter Informationssysteme. Gabler (neue betriebswirtschaftliche forschung; 368), Wiesbaden

Thomas O, Nüttgens M, Fellmann M, et al. (2014a) Empower Mobile Technical Customer Services (EMOTEC) – Produktivitätssteigerung durch intelligente mobile Assistenzsysteme im Technischen Kundendienst. In: Nüttgens M, Thomas O, Fellmann M (Hrsg) Dienstleistungsproduktivität. Springer Fachmedien, Wiesbaden, 2–17

Thomas O, Nüttgens M, Fellmann M, et al. (2014b) Empower Mobile Technical Customer Services (EMOTEC) – Produktivitätssteigerung durch intelligente mobile Assistenzsysteme im Technischen Kundendienst. In: Nüttgens M, Thomas O, Fellmann M (Hrsg) Dienstleistungsproduktivität: Mit mobilen Assistenzsystemen zum Unternehmenserfolg. Springer, Wiesbaden, 2–17

Vuorinen I, Järvinen R, Lehtinen U (1998) Content & measurement of productivity in the service sector. A conceptual analysis with an illustrative case from the insurance business. Int J Serv Ind Manag 9:377–396

Smart Glasses Applications – Branchenübertragbarkeit und Cross Innovation

Friedemann Kammler, Lisa Berkemeier, Novica Zarvić, Benedikt Zobel und Oliver Thomas

Die prototypischen Ergebnisse des Projekts GLASSROOM zeigen, dass auf Smart Glasses basierende Systeme im praktischen Anwendungsrahmen der Forschung eingesetzt werden können. Aus dieser Ausgangssituation stellt sich die Frage, wie die bisher generellen Ergebnisse und Lösungen erfolgreich im individuellen Branchenkontext eingesetzt werden können. Der vorliegende Beitrag vergleicht unterschiedliche Innovationsstrategien und deren situative Eignung für die Entwicklung von Smart-Glasses-basierten Systemen. Aufgezeigt wird dabei, dass die interorganisationale Kooperation, insb. innerhalb nicht-konkurrierender Branchen, zur schnelleren Erschließung innovativer Anwendungsszenarien und mittelbar zur Beherrschung von technologiebasierten Leistungssystemen führen kann.

1 Einleitung

Die kontinuierliche Entwicklung von Innovationen ist Wettbewerbsinstrument und Wachstumstreiber und sichert so den Fortbestand von Unternehmen. Gerade in produktorientierten Zweigen der Wirtschaft liegt dieses Prinzip dem unternehmerischen Denken und Handeln zugrunde und hat seit Mitte des 20. Jahrhunderts zu einer ökonomischen Durchdringung von Entwicklungs- und Konstruktionsverfahren geführt. Dabei wurden u. a. prominente Erklärungsansätze, wie die Modellierung von Produktlebenszyklen[1] oder das Portfolioanalyseverfahren der Boston Consulting Group (Henderson 1970) hervorgebracht. Gleichzeitig entstand ein hohes Interesse an der systematischen Erschließung von Innovationen, die ausgehend von Schumpeters Definition erforscht wurden (Schumpeter 1939). Demnach erfordern tatsächliche Innovationen die Veränderung von Ressourcen und Produktionsprozessen, während kontinuierliche Verbesserungsprozesse lediglich zu einer Evolution des Ausgangsproduktes führen.

---

[1] Ursprünglich von Vernon (1966) aus ökonomischen Beobachtungen entwickelt, dient das Produktlebenszyklusmodell mittlerweile auch der Planung von Innovations- und Entwicklungsschritten.

Der Wandel zu einem neuen Produkt kann in diesem Sinne durch neue Charakteristika eines Produktes, neue Herstellungsverfahren, der Erschließung neuer Absatzmärkte oder Ressourcenquellen sowie auch fundamentalen Einflüssen auf die Marktposition geprägt werden (Schumpeter 1987). Eine Verfeinerung dieser Definition wurde durch Christensen vorgenommen, der in seinen umfangreichen Forschungsarbeiten den Begriff der disruptiven Innovation[2] in Abgrenzung zu iterativen Innovationen prägte (1997). Besonders deutlich tritt die Bedeutung dieser Art von Innovationen im IT-Sektor hervor, der oftmals Lösungen in Bündeln mit Produkt- und Dienstleistungsanteil anbietet.

Vor dem Hintergrund dieser Systematisierung entwickelte sich das Interesse, auch die Innovation von solchen „hybriden" Leistungsbündeln steuerbar zu machen und in sich überlappenden Produktlebenszyklen zu organisieren (Blinn et al. 2008; Hepperle et al. 2008). Hierdurch sollen u. a. drohende disruptive Veränderungen frühestmöglich erkannt werden und so eine kontrollierte Ablösung von Vorgängerprodukten möglich machen.

Derartige Entwicklungen zeigt der Markt für mobile Endgeräte, der seit dem Aufkommen von Smartphones im Jahr 2007 immer wieder neue Geräteklassen hervorgebracht hat, von *Tablets* über *Smart Watches* bis hin zu den gegenwärtig viel diskutierten *Augmented-* und *Virtual-Reality*-Lösungen. Die Übertragung von IT-Anwendungen auf neue Endgeräte-Klassen und Wiederverwertung von bereits erfolgreich eingesetzten Lösungen wurde dabei immer wieder zum Dreh- und Angelpunkt verfolgter Strategien, da, insb. für die eingesetzte Software, komplette Neuentwicklungen oftmals aus Zeit- und Kostengründen als nachteilig angesehen werden müssen (Tornatzky et al. 1990; Greenfield & Short 2003). Die gegenwärtig zunehmende Digitalisierung von unterschiedlichsten analogen Produkten und Dienstleistungen verkompliziert solche Innovationsansätze, da nun in das Kernprodukt integrierte IT-Komponenten, wie beispielsweise Sensorik, aber auch mobile Assistenzsysteme einen Wandel des gesamten Produkts auslösen können. Gleichzeitig entsteht die Möglichkeit für kurzfristige Erfolge, indem man den IT-Anteil einer anderen Lösung im bzw. für das eigene Produkt adaptiert und so eine Weiterentwicklung anstößt.

Innovation wird also komplexer, da es sich oftmals um komponierte Systeme mit Produkt-, Dienstleistungs- und IT-Anteil handelt, bei denen, aufgrund der zunehmenden Komplexität, nicht alle Aspekte gleichmäßig weiterentwickelt werden können.

Eine mögliche Lösung verspricht „Cross Innovation". Dieser Ansatz schlägt die Adaption von bereits bestehenden Lösungen anderer Branchen und Anpassung an die eigenen Gegebenheiten vor. Dabei geht das begriffliche Verständnis oftmals

---

[2] Disruption tritt laut Christensen auf, wenn Innovationen einen „zerstörerischen" Einfluss auf bestehende Produkte und Dienstleistungen haben und zu deren flächendeckender Ablösung führen. Als Beispiel kann der Effekt der E-Mail auf das Faxgerät genannt werden.

weit auseinander: Von der Adaption bestehender Systeme, über die Erweiterung der erfüllten Funktionalitäten, bis hin zur reinen „Inspiration" des anwendbaren IT-Einsatzes werden unterschiedlichste Interpretationen und ihre Daseinsberechtigung diskutiert.

Der vorliegende Beitrag systematisiert den gegenwärtig diffusen Cross-Innovation-Begriff und definiert Szenarien, in denen Produkte, Dienstleistungen und deren unterstützende IT-Komponenten strukturiert weiterentwickelt werden können. Dabei wird insb. gezeigt, dass die Beherrschung neuer IT-Komponenten und komplexer technischer Konzepte, wie dem *Industrie 4.0*-Gedanken, die Kooperation mehrerer Partner erfordert, um leistungsstarke Lösungen zu erarbeiten. Mit Hilfe der erarbeiteten Innovationsstrategien werden in Abschnitt 3 und 4 Szenarien abgeleitet, in denen die mögliche Adaption und Weiterentwicklung der Smart-Glasses-basierten Systeme skizziert und in Abschnitt 5 anhand von Innovationspfaden aufgezeigt werden.

2 Klassifikation von Adaptionsszenarien

Cross Innovation (engl.: Cross Industry Innovation) wird international als Innovationspfad verstanden, der durch Analogiebildung Ansätze zwischen verschiedenen Kontextfeldern transferiert (Vullings & Heleven 2015, 13). Dabei wird der bestehende Ansatz jedoch nicht zwangsläufig als solcher übertragen, sondern an abweichende Bedürfnisse angepasst. Vullings und Heleven skizzieren dabei Cross Innovation als eine Art „Inspiration" durch funktional anders ausgelegte Produkte in einem anderen Kontext, deren Analogiebildung im eigenen Kontext zu einer Innovation führt. Eine solche adaptive Vorgehensweise kann auch im Falle von IT-Entwicklung stattfinden, die insb. in den letzten Jahren Bemühungen in die Generizität und Wiederverwendung von Software-Komponenten investiert (Greenfield & Short 2003).

Innovationsszenarien bis hin zur „echten" Cross Innovation können daher anhand der zwei Dimensionen „Funktionsspektrum" und „Kontext" beschrieben werden, wobei die Unterscheidung jeweils durch die Anpassung oder Erhaltung der adaptierten Lösung erfolgt. Für den Kontext der Adaption stellt sich die Frage, ob die Lösung zukünftig in einer anderen Branche oder einem anderen Aufgabenbereich eingesetzt werden soll. Gleichzeitig ist aber auch die Notwendigkeit von Anpassungen und Erweiterungen des Funktionsspektrums eine wichtige Entscheidung zur Ableitung konkreter Handlungen. Schlussfolgernd entstehen vier Adaptionsszenarien, die anhand von Abb. 1 verdeutlicht werden sollen.

Wird ein IT-System im gleichen Kontext bei gleichem Funktionsspektrum angewandt, so liegt eine *reine Adaption* vor. Wird der Kontext bei gleichem Funktionsspektrum verändert, so entsteht ein *Kontexttransfer*. Dieser liegt beispielsweise in der Adaption von Head-up-Displays aus der Luftfahrt für Oberklasse-PKW. Von einer *funktionalen Erweiterung* kann gesprochen werden, sofern das IT-System zwar im gleichen Kontext angewandt wird, jedoch wesentliche Veränderungen am Funktionsspektrum erfährt. So ist der Einsatz eines Tablet-basierten Assistenzsystems für den technischen Kundendienst bspw. durch Echtzeit-Analyse-Verfahren erweiterbar, welche die Auswahl von notwendigen Arbeitsschritten und Ersatzteilen vereinfachen. Schlussendlich kann auch eine Veränderung sowohl des Kontexts als auch des Funktionsspektrums vorliegen, sodass eine cross-sektorale Innovation im eingangs beschriebenen Verständnis vorliegt. Dies ist das einzige Szenario, in dem keine Adaption oder inkrementelle Entwicklung, sondern eine radikale Innovation angestrebt wird.

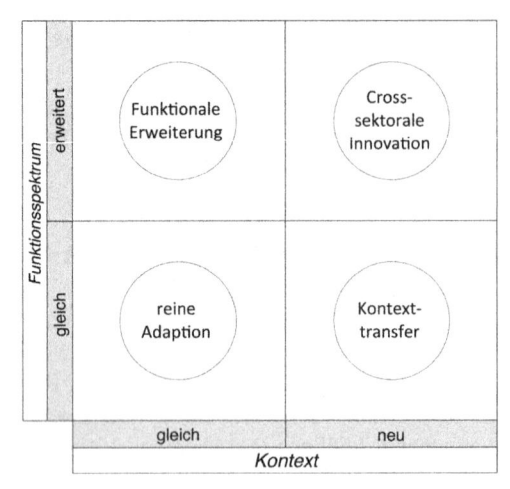

Abb. 1. Ordnungsrahmen zur Klassifikation der Adaptionsszenarien

Das folgende Kapitel beschreibt die Übertragung der Adaptionsszenarien auf die Ergebnisse des GLASSROOM-Projekts. Im Rahmen des vom Bundesministerium für Bildung und Forschung (BMBF) geförderten Projekts wurde ein auf Smart Glasses basierendes System zur Unterstützung von Mitarbeitern im technischen Kundendienst (TKD) entwickelt. Die entstandenen IT-Systeme sind auf die individuellen Gegebenheiten des Maschinen- und Anlagenbaus ausgerichtet und bilden prozessbezogene Informationsbereitstellung und -unterstützung sowie die Aufnahme neuer Arbeitsschritte ab.

3 Transferszenarien

3.1 Reine Adaption

Innerhalb einzelner Branchen, wie dem Maschinen- und Anlagenbau oder bspw. der Logistik, werden oftmals ähnliche oder gleiche IT-Lösungen für branchenspezifische Prozesse verwendet. Dieser Adaptionstyp eines Systems wird in Abb. 1 im Quadranten unten links verortet und beinhaltet IT-Systeme, die sich im Funktionsspektrum sowie dem Kontext der Anwendung entsprechen. Ein entsprechender

IT-Support in der Leistungserstellung und -erbringung erfüllt damit einen branchenüblichen Standard und erschließt keinen individuellen Wettbewerbsvorteil (Carr 2003). In diesem Sinne resultiert aus allen IT-induzierten Veränderungen, wie beispielsweise Prozessrestrukturierungen und Prozessoptimierungen schnell ein neuer Branchenstandard. Dementsprechend sind brancheninterne Lösungen in Form von Standardsoftware weit verbreitet und erwirken unternehmensübergreifend eine Angleichung der beteiligten Prozesse. Die niedrige Integration zwischen Anwendungsfall und Standard-Support-Software ermöglicht dabei eine leichte Adaptierbarkeit und Anpassung an eine veränderte Konkurrenzsituation. Industriestandards können so zur schnellen und einheitlichen Verbreitung einer entsprechenden Technologie führen.

Dieser Argumentation folgend, können Smart-Glasses-basierte Systeme, wie eine Prozessführung für Reparatur- und Wartungsarbeiten technischer Systeme im Projekt GLASSROOM, innerhalb einer Branche breit adaptiert werden und den neuen Status Quo für bestimmte Arbeitsschritte setzen.

Es handelt sich in diesem Sinne um eine 1:1-Übertragung der Technologie zwischen zwei gleichen Anwendungsfällen innerhalb des gleichen wirtschaftlichen Sektors. Aufgrund der vergleichbaren IT-Systeme wird der Anwendungsfall von einem Unternehmen innerhalb der gleichen Branche übernommen, ohne weiterführende Anpassungen vorzunehmen. Die funktionalen Anforderungen des Geschäftsbereiches werden auch im adaptierenden Unternehmen durch die gleiche IT-Lösung erfüllt. So könnte beispielsweise eine Prozessunterstützung im TKD in verschiedenen Unternehmen mit Smart Glasses umgesetzt werden, sofern eine erste marktreife und standardisierte Lösung existiert.

3.2 Funktionale Erweiterung

Der im Ordnungsrahmen oben links dargestellte Quadrant Funktionale Adaption und Erweiterung beschreibt Szenarien, in denen für den selben Kontext erweiterte IT-Lösungen zur Bewältigung von Anforderungen genutzt werden. Im Gegensatz zur reinen Adaption decken in diesem Fall die im ursprünglichen Unternehmen ermittelten funktionalen Anforderungen nicht das gesamte Anforderungsspektrum des adaptierenden Unternehmens ab. So könnte beispielsweise die Verrichtung von Dienstleistungsaufgaben im technischen Kundendienst eines Unternehmens durch eine Prozessführung unterstützt werden, im nächsten Unternehmen aber zusätzlich die Bereitstellung von Katalogdaten für Ersatzteile erfordern. Hierbei kann das ursprüngliche System zwar adaptiert werden, erfordert aber darüber hinaus eine Anpassung an die neuen Gegebenheiten und funktionale Erweiterung. Der Innovationsgrad ist an dieser Stelle als inkrementell und nicht als radikal anzusehen, da es sich lediglich um eine kontinuierliche Modifikation bereits bestehender Lösungen handelt (Norman & Verganti 2014).

Für die Weiterentwicklung von Smart-Glasses-basierten Systemen stellt dieses Szenario eine interessante Perspektive dar. Denn das GLASSROOM-Projekt konnte zwar erste Anforderungen erheben und auf dieser Basis eine geeignete Lösung entwickeln, jedoch ist die Adaptierbarkeit des Systems für geschäftliche Anwendungsfälle ohne zusätzliche Änderungen unwahrscheinlich. Somit kann die Berücksichtigung der Ergebnisse viel eher als „erste Iterationsstufe" erfolgen, auf deren Basissystem aufbauend neue, anwendungsfallspezifische Anforderungen erhoben und zusätzliche Funktionen entwickelt werden. Weiterhin gilt es zu berücksichtigen, dass die Lösung des Projekts mit der ersten Generation von Wearables entwickelt wurde und mittlerweile entstandene Endgeräte hardwareseitig erweiterte Möglichkeiten aufweisen (z. B. Tiefensensorik). Auch die Rückkopplung dieser technischen Möglichkeiten kann zur funktionalen Anpassung des jeweiligen Referenzsystems führen. Schlussendlich kann auch eine Variante auftreten, in der die gegenwärtige Smart-Glasses-Technologie durch eine neue Geräteklasse abgelöst wird. So werden momentan beispielsweise Augmented-Reality-Brillen als möglicher Nachfolger diskutiert, der eine Vielzahl neuer Möglichkeiten mit sich bringen würde, allerdings noch zu vielen Beschränkungen hinsichtlich Mobilität und Rechenleistungen unterliegt. Eine funktionale Anpassung des GLASSROOM-Unterstützungssystems wäre für die neue Technologie zwangsläufig erforderlich, da, neben einer wesentlich breiteren Anzeigefläche, auch die Abbildung und feste Positionierung im dreidimensionalen Raum im Fokus der Augmented-Reality-Lösungen steht. Zusammenfassend behandelt das Szenario funktionale Erweiterung also alle Anwendungsfälle, die die erneute Anforderungsaufnahme und Entwicklung neuer Systemfunktionen erfordern.

3.3 Kontexttransfer

Eine weitere Art des Technologietransfers stellt der Kontexttransfer dar, die Übertragung von vorhandenen IT-Lösungen auf einen anderen Anwendungsfall, positioniert in Abb. 1 im unteren rechten Quadranten. Ein bereits in einer Branche etabliertes IT-System wird auf einen weiteren, sich vom ursprünglichen Kontext unterscheidenden Anwendungsfall adaptiert. Ein konkretes Beispiel ist die Adaption des im Forschungsprojekt GLASSROOM entwickelten, auf Smart Glasses basierenden Informationssystems, für einen Einsatz außerhalb des Maschinen- und Anlagenbaus. Die auf den TKD fokussierte Prozessführung ist dabei die Basis für eine kontextangepasste Tätigkeitsunterstützung für informationsintensive Tätigkeiten (Niemöller et al. 2017), bei denen weiterhin freie Hände benötigt werden. Ein entsprechender Bedarf für ein solches Informationssystem besteht u. a. im Logistiksektor.

Im Projekt GLASSHOUSE[3] kann folglich auf der bereits existenten Smart-Glasses-basierenden Prozessführung aufgebaut werden, indem die Systemkomponenten in der Logistikbranche und somit in einem neuen und veränderten Kontext

---

[3] Das Projekt GLASSHOUSE wird vom Bundesministerium für Bildung und Forschung (BMBF) in der Förderlinie „Dienstleistungsinnovation durch Digitalisierung" unter dem Förderkennzeichen 02K14A090 gefördert.

abgebildet werden. Der Anpassungsaufwand ist dabei abhängig von der Übereinstimmung der Anforderungen aus dem originalen und dem Zielkontext an das IT-System, ist diese hoch, kann das neue IT-System analog implementiert werden. Ein IT-System kann somit im Fall eines ähnlichen Einsatzszenarios kosteneffektiv kontextübergreifend anwendbar gemacht werden. Bei Abweichungen der branchenspezifischen Anforderungen kann eine modulare Entwicklung eines IT-Systems die Flexibilität einer kontextübergreifenden Implementierung steigern. Wenn das System durch eine dynamische Gestaltung von Eingabe- und Ausgabeparametern modular entwickelt wurde, können branchenspezifische Elemente einfach ausgetauscht werden.

Im Beispiel eines Kontexttransfers des Smart-Glasses-basierten Informationssystems aus dem TKD (GLASSROOM) auf die Logistik (GLASSHOUSE) werden die Aktivitäten aus den Wartungs- und Reparaturprozessen durch Handlungsanweisungen in der Einlagerung oder auch Kommissionierung ersetzt. In beiden Anwendungsfällen folgt der Nutzer einer schrittweisen Anleitung zur erfolgreichen Durchführung der jeweiligen Prozesse (Niemöller et al. 2017). Im vorliegenden Fall ist eine Änderung des hinterlegten Prozessmodells, genauer der daraus resultierenden Aktivitäten, ausreichend für eine Implementierung des bereits vorhandenen IT-Systems in einem anderen Kontext. Der entsprechende Aufwand für die Einführung eines Smart-Glasses-basierenden Systems in der Logistik ist damit geringer als eine vollständige Neuentwicklung.

3.4 Cross-sektorale Innovation

Die cross-sektorale Innovation wird durch den oberen rechten Quadranten im Ordnungsrahmen (Erweiterung des Informationssystems, Übertragung in neue Domäne) dargestellt. Diese Form des Transfers zeichnet sich im Vergleich zu den zuvor beschriebenen Arten dadurch aus, dass Anpassungen sowohl auf Seite des konkreten IT-Systems, als auch im Kontext dessen Einsatzes entstehen. Dies erschwert die Verknüpfung zwischen ursprünglicher und neuer Anwendung, birgt aber gleichzeitig das Potenzial einer radikaleren Innovation, die gerade durch die umfangreichen Veränderungen des Anwendungssystems Wettbewerbsvorteile mit sich bringt. Es handelt sich also bei der cross-sektoralen Innovation nicht um eine „Adaption" im engeren Sinne, sondern viel eher um eine „Anregung" zur Entwicklung prinzipiell abweichenden Systemen (Enkel & Gassmann 2010). Als viel genutztes Beispiel der cross-sektoralen Innovation ist die Adaption eines medizinischen Steuerungsinterface durch den Automobilhersteller BMW zu nennen, das mittlerweile als Standard-Bedienelement für das iDrive-System eingesetzt wird.

Die vorgestellten Arbeiten zur Entwicklung von Smart-Glasses-Systemen und deren Weiterentwicklung lassen sich auch in diesem Innovationsschritt verorten. Dabei steht aufgrund der Neuartigkeit der technologischen Plattform das „kreativitätsbasierte" Erschließen von Anwendungsmöglichkeiten und den daraus ableitbaren Geschäftsvorteilen im Zentrum der cross-sektoralen Innovation. Hierzu wird der zentrale Gedanke des Unterstützungssystems zwar weiterverfolgt, jedoch außerhalb der Domäne des TKD, bspw. in der Lagerlogistik oder der Fertigung untersucht. Gleichzeitig geht die Innovation über die bloße Adaption des bestehenden Systems hinaus, indem technische Erweiterungen und Transformationen auf andere Endgeräteplattformen durchgeführt werden. Diese Form der Weiterentwicklung wird bereits im durch das BMBF geförderten Folgeprojekt *smartTCS* erforscht. *smartTCS* nutzt gegenwärtig Teile der Ergebnisse des Projekts GLASS-ROOM zur Entwicklung einer endgeräteunabhängigen Serviceplattform. Dabei steht weder das auf Smart Glasses basierende System, noch der technische Kundendienst als Anwendungsfall im Zentrum der Anwendung. Viel mehr wird das bisherige System in die Serviceplattform integriert und um neue Funktionen, wie beispielsweise den engen Datenaustausch mit beteiligten Maschinen und Anlagen oder die Anbindung an Materialplanungssysteme, erweitert. Gleichzeitig werden Anwendungsfälle aus dem Feld der industriellen Dienstleistungen umgesetzt, unter denen zwar die Unterstützung des TKD im Reparaturprozess mit umgesetzt wurden, aber insb. auch kundenzentrierte Aufgaben der Instandhaltung und Organisation zu finden sind. Die angestrebte Lösung erweitert diese Betrachtung um eine Perspektive, indem die Dienstleistungsunterstützung für verschiedene Akteure erfolgt. So wird auf die Übertragung der eigentlichen Tätigkeiten vom Mitarbeiter des TKD zum Kunden gesetzt und eine Reparatur fortwährend auch im Self-Service ermöglicht.

4 Cooperative Cross Innovation als Treiber des innovativen Technologieeinsatzes

Alle vorgestellten Adaptions- und Innovationskonzepte dienen der Übertragung und Erweiterung von Informationssystemen mit dem Ziel, Geschäftsvorteile zu erschließen und eine höhere Marktdiversifikation zu erreichen. Insbesondere für Smart-Glasses-basierte Systeme muss, aufgrund ihres Neuheitsgrads, geprüft werden, welche der Strategien in zukünftigen Innovationsprojekten erfolgsversprechend umgesetzt werden können. Bei aller Vorteilhaftigkeit der gezeigten Ansätze muss daher kritisch festgestellt werden, dass die betreffenden Systeme im Einsatz, insb. im Feld wissensintensiver Dienstleistungen, teils hochkomplexe Architekturen und Anpassungen an unternehmensinterne und übergreifende Leistungsprozesse erfordern. Gleichzeitig ist der Markt an praxistauglichen Smart-Glasses-Lösungen noch äußerst limitiert und erfordert weitere Entwicklungsarbeit. Die hierfür erforderlichen Ressourcen, sowohl in Bezug auf Implementierung als auch Betrieb der Lösung, übersteigen oftmals die Kapazitäten, die kleine und mittelständische Unternehmen (KMU) für ein solches System einsetzen können.

Für die reine technologische Unterstützung ist zu erwarten, dass deren Tauglichkeit durch Kooperationen schnell erkannt und verbreitet wird und zunehmend Standardlösungen auf dem Markt entstehen, die eventuelle „First-Mover"-Vorteile relativieren (Carr 2003). Deshalb ist es umso wichtiger, bereits zu Beginn der Entwicklung eine hohe Integration der Anwendungssysteme mit Produkten,

Dienstleistungen und Unterstützungsprozessen entlang der gesamten Wertschöpfungskette zu etablieren. An dieser Stelle kann die Kooperation von Unternehmen, die in keiner direkten Konkurrenzsituation zueinanderstehen, eine vorteilhafte Möglichkeit zur Verteilung des Entwicklungsaufwands sein (Keuper et al. 2013, 417–419). Dabei kommen gerade Unternehmen infrage, die durch gemeinsame IT-Entwicklung entlang der Wertschöpfungskette Synergieeffekte erzielen können. Auf diese Weise wird die Minderung des Entwicklungsaufwands zwar zum Teil durch den neu entstehenden Koordinationsaufwand zwischen den Partnern ersetzt, gleichzeitig gewinnt die Lösung aber an Breite und Relevanz für den letztendlichen Einsatz. Im Rahmen des GLASSHOUSE-Projekts könnte so beispielsweise die horizontale Integration von Lieferanten zur verbesserten Ersatzteilversorgung genutzt werden. Eine EDI-Schnittstelle im Unterstützungssystem des technischen Kundendiensts könnte so den Bestellungsprozess automatisch bei Identifikation einer verschlissenen Maschinenkomponente anstoßen. Weiterhin sollte die Möglichkeit berücksichtigt werden, dass Unternehmen aus nichtkonkurrierenden Branchen Kooperationsmöglichkeiten nutzen können, um den Entwicklungsaufwand einer generischen Lösung zu teilen. Dies wird beispielsweise im Rahmen der technischen Standardisierungen durch das *Deutsche Institut für Normung* (DIN), den *Verein Deutscher Ingenieure* (VDI) oder international durch die *International Organization for Standardization* (ISO) verfolgt. Dieser Ansatz wird in der Forschung als „Cooperative Cross Innovation" beschrieben und stellt aufgrund der geringen Überlagerung wirtschaftlicher Interessen eine bedenkenswerte Möglichkeit zur Entwicklung im Verbund, gerade für KMU dar (Leinenbach et al. 2009; Thomas et al. 2014). Gleichzeitig bleibt aber offen, inwieweit die Anpassung und Weiterentwicklung der generischen Lösung in Eigenregie erfolgen kann.

Schlussfolgernd äußern sich Kooperationseffekte, je nach konkretem Szenario, mannigfaltig. Der zentrale Vorteil ist das frühe Erschließen innovativer Anwendungssysteme bei vertretbaren Entwicklungsaufwänden, vorgehend als „First-Mover"-Vorteil beschrieben. Gleichzeitig liegt aber auch eine große Chance in der höheren Integration entlang der Wertschöpfungskette, welche die einzelnen Akteure auf einem einzelnen System miteinander verbindet. Trotz dieser positiven Effekte von Kooperationen gilt es dennoch zu beachten, dass durch die Kooperation auch Wettbewerbsvorteile verloren gehen können, da die Entscheidungsgewalt und Kontrolle über im Verbund entwickelte Systeme im einzelnen Unternehmen nur begrenzt vorliegt.

Die Ergebnisse des Projekts GLASSROOM sind durch die Kooperation von orthogonal zueinanderstehenden Unternehmen entstanden. So konkurrieren die Amazonenwerke als Landmaschinen-Hersteller und Klima Becker als Heizungs- und Klima-Dienstleister nicht miteinander und konnten deshalb erfolgreich zur Entwicklung des Assistenzsystems beitragen. Gleichzeitig fand eine gegenseitige Inspiration zu neuen Anwendungsfeldern und Funktionen statt. In einem weiteren Schritt ist nun zu erwarten, dass die Übertragung vom Forschungsprototyp zum serienmäßig eingesetzten Unterstützungswerkzeug auch die zweite Kooperationsform – entlang der Wertschöpfungskette – aufgreift und die Unternehmen die Integration weiterer Funktionen anstoßen.

5 Auswahl geeigneter Innovationsstrategien

Zur Auswahl geeigneter Innovationsstrategien sind in jedem Fall die aktuellen Gegebenheiten innerhalb der Branche und der Reifegrad der angestrebten IT-Komponente zu berücksichtigen. So muss, neben der allgemeinen Eignung des geplanten Technologieeinsatzes, die Bedeutung der Technologieinnovation für das Gesamtgeschäftsmodell und die Konkurrenzsituation abgeschätzt werden. Gleichzeitig muss der gegenwärtige Zustand der geplanten Technologie aufgenommen werden. Es stellt sich die Frage, ob es sich um eine „reife" Technologie handelt, die in einer anderen Branche bereits erfolgreich eingesetzt wird, funktionale Erweiterungen vorgenommen werden müssen oder sogar ein völlig neues System pilotiert und zur Marktreife gebracht werden muss. Abhängig von diesen Ausgangsparametern und der geplanten Lösungstiefe kann die passende Strategie – von der reinen Adaption bis hin zur „echten" Cross Innovation – gefunden werden.

Abb. 2 zeigt Innovationspfade für die Entwicklung neuer IT-Systeme, die sich aus den in Abschnitt 3 und 4 beschriebenen Strategien ableiten. Dabei stellt die kooperative Cross Innovation eine Strategie für explorative Phasen dar, der weniger Ressourceneinsatz der einzelnen Partner erfordert, jedoch auch sehr generelle Ergebnisse erzeugt. So kann die Kooperation zur Erschließung einer Technologie führen, dabei jedoch keine individuelle, marktreife Lösung produzieren. Denkbar ist in diesem Fall die Verknüpfung verschiedener Strategien, sodass im ersten Schritt eine kooperative Lösung entwickelt wird, die im zweiten Schritt durch die Partner individuell adaptiert und erweitert wird.

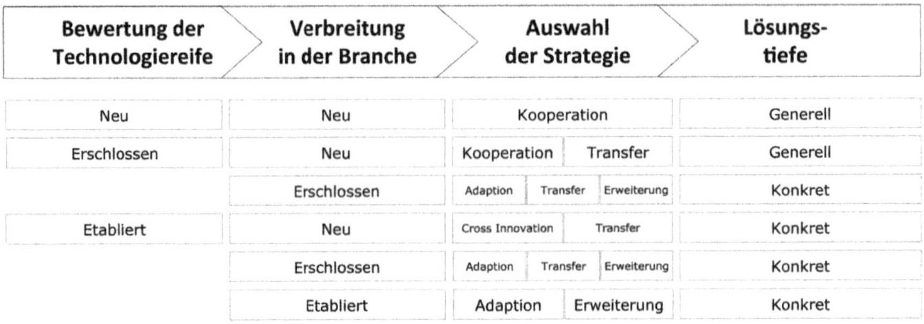

Bewertung der Technologiereife	Verbreitung in der Branche	Auswahl der Strategie			Lösungstiefe
Neu	Neu	Kooperation			Generell
Erschlossen	Neu	Kooperation	Transfer		Generell
	Erschlossen	Adaption	Transfer	Erweiterung	Konkret
Etabliert	Neu	Cross Innovation	Transfer		Konkret
	Erschlossen	Adaption	Transfer	Erweiterung	Konkret
	Etabliert	Adaption	Erweiterung		Konkret

Abb. 2. Aus den vier Strategien abgeleitete Innovationspfade

Reine Adaption, Erweiterung und Branchentransfer eignen sich immer dann als zu verfolgende Strategie, wenn eine Technologie innerhalb der Branche bereits grundsätzlich erschlossen ist. Dabei muss zwischen den verschiedenen Ansätzen anhand der Verbreitung in der eigenen Branche entschieden werden. Soll das in der Branche bereits erschlossene System adaptiert, funktionale Erweiterungen zur Differenzierung entwickelt oder auf eine Adaption branchenfremder Systeme gesetzt werden?

Für etablierte und erschlossene Technologien, die in der Branche noch weitgehend neu sind, gilt es, bei funktionaler Eignung, entweder die Lösung zu transferieren oder durch (kooperative) Cross Innovation die Entwicklung eigener Branchenstandards und Systeme anzustoßen.

Zur Auswahl einer geeigneten Strategie für auf Smart-Glasses-basierende Systeme muss im ersten Schritt die gegenwärtige Technologiereife bewertet werden. Smart Glasses befinden sich technisch in einem vorangeschrittenen Reifestadium, haben bereits einige Produktzyklen durchlaufen und die ersten belastbaren Endgeräte hervorgebracht. Der Einsatz innerhalb geeigneter Branchen und Aufgaben erfolgt aber nur zögerlich, sodass wenige erfolgreich umgesetzte Anwendungsszenarien existieren.

Schlussfolgernd kommen die Adaptions- und Erweiterungsstrategien, wie auch Cross-Innovation-Ansätze aus Ermangelung einer geeigneten Vorlage als gegenwärtige Innovationsstrategie weniger in Frage. Hingegen bleibt offen, inwiefern die kooperative Entwicklung von Branchenstandards die Etablierung des Endgerätetyps weiter stärken und so neue Geschäftsmodelle ermöglichen kann. Schlussendlich existiert die Möglichkeit, bereits kooperativ entwickelte Ansätze weiter auszubauen und so zur Marktfähigkeit zu führen. Das Projekt GLASSROOM legt für eine solche Weiterentwicklung eine Basis, die in individuellen Branchen adaptiert, funktional erweitert und an die jeweiligen Gegebenheiten angepasst werden kann.

6 Fazit

Der vorliegende Beitrag betrachtet die Ergebnisse des Forschungsprojekts im Sinne der bevorstehenden Entwicklung und Weiterführung. Hierzu wurden die Bedeutung des IT-bezogenen Innovationsbegriffs mittels der Dimensionen „Funktionsspektrum" und „Anwendungsfall" analysiert und fünf Strategien herausgearbeitet, die von der einfachen Adaption bestehender Systeme bis hin zur kooperativen Entwicklung völlig neuer Ansätze reichen. Dabei zeigte sich, dass sich für den gegenwärtigen Reifegrad Smart-Glasses-basierter Unterstützungssysteme die kooperative Entwicklung von Standardlösungen sowie deren individuelle Adaption und Anpassung eignen.

Gerade durch die Planung von stärker miteinander vernetzten Produkten und Dienstleistungen rücken diese Strategien in den Fokus zukünftiger Entwicklungen. So erfahren Produkte und Dienstleistung verschiedener Hersteller bereits jetzt die Integration in kooperative Leistungssysteme, in denen sich schlussfolgernd auch die daran angesiedelten IT-Komponenten bewegen müssen. Auf diese Weise können zuvor unerkannte Synergieeffekte erschlossen werden und so Produkte und Dienstleistungen in verbesserter Qualität oder mit erweiterten Eigenschaften angeboten werden. Vor diesem Hintergrund stellt die kooperative Erschließung neuer Technologien wie der von Smart Glasses einen Anreiz dar, der weit über Kosten- und Zeitvorteile in der Entwicklung herausgeht.

7 Literatur

Blinn N, Nüttgens M, Schlicker M, Thomas O, Walter P (2008) Lebenszyklusmodelle hybrider Wertschöpfung: Modellimplikationen und Fallstudie an einem Beispiel des Maschinen- und Anlagenbaus. Multikonferenz Wirtschaftsinformatik. 711–722

Carr NG (2003) IT Doesn't Matter. Harvard Business Review, 81 (5):41–49

Christensen CM (1997) The innovator's dilemma: when new technologies cause great firms to fail. Boston, Mass, Harvard Business School Press

Enkel E, Gassmann O (2010) Creative imitation: exploring the case of cross-industry innovation. R&D Management, 40 (3):256–270

Greenfield J, Short K (2003) Software factories: assembling applications with patterns, models, frameworks and tools. Companion of the 18th annual ACM SIGPLAN conference. ACM, 16–27

Henderson BD (1970) Perspectives on the product portfolio. Boston, Mass, BCG

Hepperle C, Mörtl M, Lindemann U (2008) Innovation cycles concerning strategic planning of product-service-systems. DS 48: Proceedings DESIGN 2008, the 10th International Design Conference, Dubrovnik, Croatia

Keuper F, Hamidian K, Verwaayen E, Kalinowski T, Kraijo C (2013) Digitalisierung und Innovation. Springer Fachmedien Wiesbaden

Leinenbach S, Schlicker M, Dollmann T, Thomas O, Walter P, Blinn N, Nüttgens M (2009) Anforderungen an Informationssysteme zur Erhebung, Kommunikation und Bereitstellung relevanter Serviceinformationen im Technischen Kundendienst. Berlin, Beuth

Niemöller C, Metzger D, Thomas O (2017) Design and Evaluation of a Smart-Glasses-based Service Support System. Informatik 2016

Niemöller C, Zobel B, Berkemeier L, Metzger D, Werning S, Adelmeyer T, Ickerott I, Thomas O (2017) Sind Smart Glasses die Zukunft der Digitalisierung von Arbeitsprozessen? Explorative Fallstudien zukünftiger Einsatzszenarien in der Logistik. Wirtschaftsinformatik 2017

Norman DA, Verganti R (2014) Incremental and Radical Innovation: Design Research vs. Technology and Meaning Change. Design Issues, 30 (1):78–96

Schumpeter J (1939) Business Cycles – A theoretical, historical and statistical analysis of the Capitalist process

Schumpeter J (1987) Theorie der wirtschaftlichen Entwicklung: eine Untersuchung über Unternehmersgewinn, Kapital, Kredit, Zins und den Konjunkturzyklus. Berlin, Duncker & Humblot

Thomas O (mit 14 Koautoren) (2014) Anwendungsfälle für mobile Assistenzsysteme im technischen Kundendienst. Berlin, Beuth

Tornatzky LG, Eveland JD, Fleischer M (1990) Technological innovation as a process. The Processes of Technological Innovation, Lexington Books, Lexington, MA, 27–50

Vernon R (1966) International investment and international trade in the product cycle. The quarterly journal of economics, 190–207

Vullings R, Heleven M (2015) Not Invented Here: Cross-industry Innovation. BIS

Autorenverzeichnis

Thomas Becker
Alfred Becker GmbH
Von-der-Heydt-Str. 21–25, 66115 Saarbrücken
thomas.becker@klima-becker.de

Lisa Berkemeier, M. Sc.
Fachgebiet Informationsmanagement und Wirtschaftsinformatik
Universität Osnabrück
Katharinenstr. 3, 49074 Osnabrück
lisa.berkemeier@uni-osnabrueck.de

Jennifer Braesch, M. Sc.
Fachgebiet Informationsmanagement und Wirtschaftsinformatik
Universität Osnabrück
Katharinenstr. 3, 49074 Osnabrück
jbraesch@uni-osnabrueck.de

Lukas Brenning, M. Sc.
Fachgebiet Informationsmanagement und Wirtschaftsinformatik
Universität Osnabrück
Katharinenstr. 3, 49074 Osnabrück
lbrenning@uni-osnabrueck.de

Dr.-Ing. Matthias Bues
Bereich Visual Technologies
Fraunhofer-Institut für Arbeitswirtschaft und Organisation IAO
Nobelstraße 12, 70569 Stuttgart
matthias.bues@iao.fraunhofer.de

Sven Jannaber, M. Sc.
Fachgebiet Informationsmanagement und Wirtschaftsinformatik
Universität Osnabrück
Katharinenstr. 3, 49074 Osnabrück
sven.jannaber@uni-osnabrueck.de

Friedemann Kammler, M. Sc.
Fachgebiet Informationsmanagement und Wirtschaftsinformatik
Universität Osnabrück
Katharinenstr. 3, 49074 Osnabrück
friedemann.kammler@uni-osnabrueck.de

© Springer-Verlag GmbH Deutschland 2018
O. Thomas et al. (Hrsg.), *Digitalisierung in der Aus- und Weiterbildung*,
https://doi.org/10.1007/978-3-662-56551-3

Dr. Dirk Metzger
Fachgebiet Informationsmanagement und Wirtschaftsinformatik
Universität Osnabrück
Katharinenstr. 3, 49074 Osnabrück
dirk.metzger@uni-osnabrueck.de

Prof. Dr. Helmut Niegemann
Fachgebiet Bildungstechnologie
Universität des Saarlandes
Campus C5 4, 66123 Saarbrücken
helmut.niegemann@uni-saarland.de

Lisa Niegemann, M. A.
Fachgebiet Bildungstechnologie
Universität des Saarlandes
Campus C5 4, 66123 Saarbrücken
elisabeth.niegemann@uni-saarland.de

Dr. Christina Niemöller
Fachgebiet Informationsmanagement und Wirtschaftsinformatik
Universität Osnabrück
Katharinenstr. 3, 49074 Osnabrück
christina.niemoeller@uni-osnabrueck.de

Tim Schomaker, M. Sc.
Fachgebiet Informationsmanagement und Wirtschaftsinformatik
Universität Osnabrück
Katharinenstr. 3, 49074 Osnabrück
tschomaker@uni-osnabrueck.de

Tobias Schultze
Bereich Visual Technologies
Fraunhofer-Institut für Arbeitswirtschaft und Organisation IAO
Nobelstraße 12, 70569 Stuttgart
tobias.schultze@iao.fraunhofer.de

Simon Schwantzer
IMC information multimedia communication AG
Scheer Tower, Uni-Campus Nord, 66123 Saarbrücken
simon.schwantzer@im-c.de

Prof. Dr. Oliver Thomas
Fachgebiet Informationsmanagement und Wirtschaftsinformatik
Universität Osnabrück
Katharinenstr. 3, 49074 Osnabrück
oliver.thomas@uni-osnabrueck.de

Markus Welk
Bereich After Sales
Amazonen-Werke H. Dreyer GmbH & Co. KG
Am Amazonenwerk 9–13, 49205 Hasbergen
markus.welk@amazone.de

Sebastian Werning
Institut für Management und Technik
Hochschule Osnabrück
Kaiserstraße 10c, 49809 Lingen
s.werning@hs-osnabrueck.de

Benjamin Wingert
Bereich Visual Technologies
Fraunhofer-Institut für Arbeitswirtschaft und Organisation IAO
Nobelstraße 12, 70569 Stuttgart
benjamin.wingert@iao.fraunhofer.de

Dr. Novica Zarvić
Fachgebiet Informationsmanagement und Wirtschaftsinformatik
Universität Osnabrück
Katharinenstr. 3, 49074 Osnabrück
novica.zarvic@uni-osnabrueck.de

Benedikt Zobel, M. Sc.
Fachgebiet Informationsmanagement und Wirtschaftsinformatik
Universität Osnabrück
Katharinenstr. 3, 49074 Osnabrück
benedikt.zobel@uni-osnabrueck.de

Printed by Printforce, the Netherlands

novum pro